# 科普活动概论
（修订本）

Introduction to Science Popularization Activities
(Revised Edition)

任福君 等著

中国科学技术出版社
·北京·

图书在版编目（CIP）数据

科普活动概论/任福君等著. —修订本. —北京：中国科学技术出版社，2020.1
（科普人才建设工程丛书）
ISBN 978-7-5046-8419-6

Ⅰ.①科… Ⅱ.①任… Ⅲ.①科普工作—概论—中国 Ⅳ.①G322

中国版本图书馆 CIP 数据核字（2019）第 246846 号

| | |
|---|---|
| 策划编辑 | 王晓义 |
| 责任编辑 | 王晓义 |
| 封面设计 | 孙雪骊 |
| 责任校对 | 焦　宁 |
| 责任印制 | 徐　飞 |

| | |
|---|---|
| 出　　版 | 中国科学技术出版社 |
| 发　　行 | 中国科学技术出版社有限公司发行部 |
| 地　　址 | 北京市海淀区中关村南大街 16 号 |
| 邮　　编 | 100081 |
| 发行电话 | 010-62173865 |
| 传　　真 | 010-62179148 |
| 投稿电话 | 010-63581202 |
| 网　　址 | http://www.cspbooks.com.cn |

| | |
|---|---|
| 开　　本 | 720mm×1000mm　1/16 |
| 字　　数 | 300 千字 |
| 印　　张 | 18.75 |
| 版　　次 | 2020 年 1 月第 1 版 |
| 印　　次 | 2020 年 1 月第 1 次印刷 |
| 印　　刷 | 北京中科印刷有限公司 |
| 书　　号 | ISBN 978-7-5046-8419-6/G·832 |
| 定　　价 | 98.00 元 |

（凡购买本社图书，如有缺页、倒页、脱页者，本社发行部负责调换）

# 修 订 说 明

时间过得飞快，一转眼，《科普活动概论》出版已近6年。在这段时间里，我国的科普活动在形式和效果等方面都有了很大的发展。尤其是以全国科普日、全国科技周为引领的一系列重大科普活动更是精彩纷呈，展现出新时期科普活动的新特点和新气象。

近年来，随着我国科普事业的发展，特别是习近平总书记在"科技三会"上提出"科技创新、科学普及是实现创新发展的两翼，要把科学普及放在与科技创新同等重要的位置"，为新时期科普事业的发展指明了方向，中国的科普事业迎来了最好的历史发展机遇。党的十九大胜利召开之后，中国特色社会主义建设进入新时代，对科普事业繁荣发展提出了新的、更高的要求。在新形势下，很有必要把与科普活动相关的新要求、新情况、新进展等及时地进行更新。因此，我们对《科普活动概论》进行了改写和修订。

本书改写和修订后分为七章。第一章由任福君和任鹏撰写；第二章由任福君撰写；第三章由任鹏和张志敏撰写；第四章由翟立原撰写；第五章、第六章、第七章由张志敏和任福君撰写。

在本书改写和修订工作中，得到了北京青年政治学院王玥博士的帮助，得到了中国科学技术大学博士研究生刘璐的支持，得到了马健铨博士和孙艳秋、齐海伶、马燕洋助理研究员的支持，得到了中国科学技术出版社王晓义等同志的热情帮助，在此一并致谢！

著 者
2019年8月20日

# 第一版前言

21世纪以来，随着国家对公民科学素质建设的重视和科普投入的不断增加，科普已成为当代社会的重要议题。从政策层面看，《中华人民共和国科学技术普及法》（以下简称《科普法》）、《国家中长期科学和技术发展规划纲要（2006—2020年）》和《全民科学素质行动计划纲要（2006—2010—2020年）》（以下简称《全民科学素质纲要》）等一系列政策法规的颁布实施，为科普得到党政部门、社会各界和广大公众的关注与支持营造了有利的社会环境。从经费层面看，科普经费得以保障并逐年增长，经费来源和渠道不断拓宽，经费使用也趋于更加高效。从策略层面看，科普的形式不断创新，措施更加具体和有效。总体上，科普的方方面面都表明，我国的科普事业已经跨进了一个崭新的阶段。

在多元化科普手段之中，开展科普活动始终得到各国科技传播者的青睐。科普活动具有久远的历史，早在19世纪就出现了有组织的科普活动。如今，开展科普活动仍是当代科技传播的常用手段，在国际范围内为各国政府、科学传播组织等广泛使用，并成为社会公众参与科学、走近科学、终身学习的重要社会教育方式。目前，每年世界上开展的科学节活动数以百计，小型科普活动更是不计其数。

同样，开展科普活动也是我国开展科普工作的常用手段。2006年，国务院颁布了《全民科学素质纲要》，明确科普活动是落实《全民科学素质纲要》工作主题的重要抓手，是开展未成年人科学素质行动、农民科学素质行动、领导干部和公务员科学素质行动、社区居民科学素质行动、城镇劳动者科学素质行动的重要措施。因而，在未来一段时期内，科普活动承担着推动《全民科学素质纲要》社会工程实施、促进公民科学素质提升的重任，也势必进一步得到国家和政府在政策上与经费上的支持。《2012中国科普统计》数据表明，我国2011年科普经费中，科普活动经费占支出总额的55.45%；而我国每年开展的科普讲座、科普展览、科普竞赛等类型的科普活动在百万次以上，近4亿人次受益。

国家对科普活动的重视程度与投入力度的加大，一方面促进了科普活动与科普事业发展，另一方面也对科普活动的开展提出了更高要求。

近年来，我国在开展科普活动方面虽然有了较大的发展，但还存在着许多不容忽视的问题。缺乏思考，盲目效仿，追求数量，重形式，搞铺张，不关注活动效果等现象还不同程度存在着。同时，相当一部分参与科普活动设计与组织实施的实践工作者，缺乏科普活动与科技传播相关理论素养和实践经验，因而活动的设计策划水平有限，组织实施过程也不够重视科普效果。总之，我国的科普活动设计与实施水平尚待提升。

本书正是在这样的背景下撰写的。这部著作可以帮助科普领域的管理者、实践者和研究者全面、系统地认识科普活动，了解科普活动的本质、功能、类型、特点，深入学习科普活动设计、组织实施、评估乃至申报的每一个环节。本书希望能对提升科普活动设计与组织工作者的实践工作能力和理论素养有所裨益，为提升科普活动的质量和效果，助力科普事业发展贡献一份力量。

本书作者是中国科普研究所从事科普活动研究的人员。第一章由任福君教授撰写；第二章由翟立原研究员撰写；第三、第四章由张志敏博士和任福君教授撰写，第五章由张志敏博士撰写。在本书撰写过程中，作者参考了大量文献资料，吸收了众多的学术成果，受益匪浅！同时，本书撰写和出版得到了中国科学技术协会、北京市科学技术委员会、中国科普研究所的资助，得到北京市科技进修学院、广西壮族自治区科学技术协会、青海省科学技术协会的支持，并得到中国科学技术出版社的帮助。在此一并表示诚挚感谢！

科技传播与普及是一个快速发展的实践领域，随着科技发展和传播新技术的应用，科普活动在内容、形式等方面都会发生新的变革。目前，关于科普活动的很多结论性观点也有可能在未来被发展、修正，甚至否定。本书虽然取名为《科普活动概论》，但由于时间关系，诸多方面还有待于进一步完善。加之作者水平有限，疏漏和不当之处难以避免，恳请广大专家、学者及读者给予批评指正。

著 者

2013 年 6 月 18 日

# 目　　录

○ 第一章　科普活动概述 / 1
　　第一节　科普和科普活动 / 1
　　　　一、科普 / 1
　　　　二、科普活动 / 8
　　第二节　科普活动研究综述 / 12
　　　　一、国内外研究文献总体情况 / 12
　　　　二、研究主题及主要观点分析 / 13
　　　　三、国内外研究述评 / 43

○ 第二章　我国科普活动及其类型 / 44
　　第一节　我国科普活动概况 / 44
　　　　一、我国科普活动开展概况 / 44
　　　　二、我国科普活动经费投入情况 / 46
　　第二节　科普活动的类型 / 49
　　　　一、科普活动的分类 / 49
　　　　二、常见的科普活动类型及其特点 / 53

○ 第三章　国外科普活动概览 / 77
　　第一节　科学节活动 / 77
　　　　一、科学节活动的历史与发展 / 79
　　　　二、典型国家的科学节活动 / 83
　　　　三、科学节活动的共性与特征 / 92
　　第二节　主题日科学传播活动 / 93
　　　　一、世界水日科学传播活动 / 94
　　　　二、世界地球日科学传播活动 / 95
　　第三节　青少年科学传播活动 / 100

　　　　一、科学人才选拔和培养活动 / 100
　　　　二、面向青少年的科学节活动 / 103
　　第四节　特色科学传播活动 / 105
　　　　一、科学咖啡馆 / 105
　　　　二、英国圣诞讲座 / 106
　　　　三、科学辩论活动 / 108
　　　　四、科学巡游活动 / 108
　　　　五、科学表演秀活动 / 109
　　第五节　科普活动的国内外比较 / 110
　　　　一、主办机构 / 110
　　　　二、活动内容及表现形式 / 111
　　　　三、经费来源及运营模式 / 111
　　　　四、受众 / 113
　　　　五、活动效果 / 113
○第四章　**科普活动的设计** / 115
　　第一节　科普活动设计的主要依据 / 115
　　　　一、科普活动设计的指导思想 / 115
　　　　二、科普活动设计的基本原则 / 116
　　第二节　科普活动设计方案的基本要素 / 130
　　　　一、活动主题 / 130
　　　　二、活动背景 / 131
　　　　三、活动对象 / 132
　　　　四、活动目标 / 132
　　　　五、活动内容 / 133
　　　　六、活动保障 / 134
　　　　七、活动过程及步骤 / 134
　　　　八、活动效果检测 / 136
　　第三节　科普活动设计典型案例 / 137
　　　　一、竞赛类科普活动 / 137
　　　　二、宣讲类科普活动 / 140
　　　　三、展示类科普活动 / 143

　　　　　四、体验类科普活动 / 146

　　　　　五、大型科普活动 / 149

○ 第五章　**科普活动实施组织** / 153

　　第一节　科普活动实施组织的原则与工作阶段 / 153

　　　　　一、科普活动实施的原则 / 153

　　　　　二、科普活动实施的几个工作阶段 / 154

　　第二节　前期准备阶段的工作内容与管理 / 155

　　　　　一、组织动员 / 155

　　　　　二、人员准备 / 164

　　　　　三、科普资源准备 / 178

　　　　　四、场地与设施设备准备 / 179

　　　　　五、宣传工作准备 / 182

　　　　　六、方案审批 / 187

　　第三节　现场实施阶段的工作内容与管理 / 187

　　　　　一、来宾、媒体与公众的接待 / 187

　　　　　二、开幕与启动 / 188

　　　　　三、活动现场的服务和管理 / 189

　　第四节　收尾阶段的工作内容与管理 / 191

　　　　　一、人员安排 / 191

　　　　　二、物资管理 / 191

　　　　　三、活动总结 / 191

　　　　　四、活动后期宣传 / 193

　　第五节　科普活动实施工作手册 / 194

○ 第六章　**科普活动评估** / 196

　　第一节　科普活动评估的类型与社会功能 / 196

　　　　　一、科普活动评估的概念 / 196

　　　　　二、科普活动评估的类型 / 197

　　　　　三、科普活动评估的功能 / 199

　　第二节　科普活动效果评估 / 201

　　　　　一、科普活动效果及其评估 / 201

　　　　　二、科普活动效果评估规划与实施 / 201

第三节 科普活动效果评估指标体系 / 207
　　一、科普活动效果评估指标体系构建 / 207
　　二、评估指标体系解析 / 208
第四节 科普活动效果评估常用角度和方法 / 212
　　一、评估角度 / 212
　　二、评估方法 / 213
第五节 科普活动评估案例——2017年全国科普日北京主场活动评估 / 221
　　一、评估对象与评估目的 / 221
　　二、评估的指标体系、角度和方法 / 222
　　三、评估过程及样本 / 225
　　四、评估数据及主要结论 / 228

○ 第七章　科普活动项目申请 / 247
　第一节 主要的科普活动资助机构 / 247
　　一、中国科协系统的科普活动资助 / 247
　　二、科技部系统的科普活动资助 / 248
　第二节 科普活动项目的申请与评审 / 249
　　一、科普活动项目申请信息发布渠道 / 249
　　二、科普活动项目申请的一般程序 / 257
　　三、科普活动资助项目的评审程序 / 259
　　四、科普活动资助项目手续签订程序 / 260
　第三节 科普活动项目申请书的撰写 / 261
　　一、项目申请书的构成要素 / 261
　　二、如何撰写项目申请书 / 262
　第四节 科普活动资助项目评审答辩 / 266
　　一、答辩材料准备 / 266
　　二、答辩礼仪 / 267
　　三、答辩技巧 / 267

○ 参考文献 / 269
○ 附录《大型群众性活动安全管理条例》/ 280

# 第一章 科普活动概述

本章介绍科普的定义、目标、功能和任务，简要回顾国内外科普发展的历史；讨论科普活动及其特点；对国内外科普活动相关研究文献进行比较全面系统的梳理，按研究主题和主要观点进行比较详细的综述。

## 第一节 科普和科普活动

### 一、科普

#### （一）科普的定义

"科普"是"科技传播与普及"的简称，对应的是社会中面向公众传播普及科学技术的一项极为重要的公益性事业和一个极为重要的工作领域。从科普概念的沿革上看，当代国际学者常使用"科学传播"等不同的表述，比较强调科学传播中的公众参与和科学对话，这种表述与科普的历史发展有关。在科普发展的早期，国际上也强调面向民众普及科学知识，开展"科学普及"。在20世纪70—80年代，发达国家的科普开始重视"公众理解科学"。到20世纪90年代以后，国际学者更关注如何通过科学技术传播推进公众平等地参与科学交流和政策对话，"科学传播"发展成为一个热点研究领域。

科普实践有多种多样的形式，可以分为不同层次，也有不同的目标和任务。有满足公众获取知识、学习科学的科学普及，也有促进公众参与科学对话的科技传播，这些科普实践对提升公众科学素质以及促进社会发展都有重要的价值。笔者曾在相关著作中介绍了一个反映这种"分层"特点的"科技传播与普及整合模型"[1]。"科技传播与普及"可以作为一个包容性和概括性的概念来使用，用这一概念可以包容科学传播、公众理解科学、传统科学普及等更广阔的领域，既能更好地概括当代丰富多彩的各类科普实践，也能让我们有更宽的视野，更好地推进科普的相关研究。而且，我国目前的研究文献及政策文本尽管仍然经常使用"科学普及""科学技术普及"等概念，但科学技术普及实践实际上也已经不再是传统意义上的"科普"，而是融合了许多当代科技传播理念的现代"科普"。

概括地讲，科普就是通过适当的传播媒介和传播活动，促进科学技术的社会扩散和公众分享，提高公众科学意识和科学理解的社会现象、社会过程和社会活动。科普通过在社会范围内充分扩散和共享科学技术知识，促进公众了解必要的科学技术知识，掌握基本的科学方法，树立科学思想，崇尚科学精神，引发公众对科学技术的意识、意见、理解，提高公众科学意识、公众科学理解、科学素质水平，并赋予公众应用科学技术处理实际问题、参与公共事务的一定能力。科普对培育健康的科学文化、发展有公众参与的科学对话、建设科技事务民主决策机制、促进科学技术创新具有非常重要的意义和价值。科普事业的发展不仅有助于让社会全体公民充分享用科学技术带来的好处，而且有助于解决科学技术与社会领域遇到的一系列重大问题，从而建立更有活力的科技创新发展机制[1]。

### （二）科普的目标、功能和任务

#### 1. 科普的基本目标

科普的基本目标是增强公众科学意识、促进公众理解科学、提高公众科学素质、培育社会的科学文化、发展科学领域的民主对话、促进公众参与科学事务。这些目标可以区分为两个基本方面：科普的公众目标和科普的社会目标。

（1）科普的公众目标

在整个社会范围内扩散和共享科学技术知识，增强公众科学意识、促进公众理解科学、提高公众科学素质是科普的公众目标。国务院2006年发布的《全民科学素质纲要》明确指出，要通过发展科学技术教育、传播与普及，使全民科学素质在整体上有大幅提高；公民具备基本科学素质是指公民了解必要的科学技术知识，掌握基本的科学方法，树立科学思想，崇尚科学精神，并具有一定的应用它们处理实际问题、参与公共事务的能力。

（2）科普的社会目标

培育科学文化，促进科学对话、公众参与、科技创新是科普的社会目标。科学文化从广义的角度理解，是基于科学技术的发展及其应用而建立起来的一种社会文化。健康的科学文化拥有一整套促进和规范科学技术发展与创新的价值观念和社会规范。培育科学文化、发展科学对话，是为了激励、促进、引导、规范科学技术的发展、应用和创新。当代科普需要通过传播普及科学技术、培育科学文化、发展科学对话，服务科学技术的发展和创新，让科学技术发展成果广泛惠及社会公众，发挥推动社会前进和发展的最大效用。

2. 科普的社会功能

科普的社会功能（作用）就是最大限度地满足国家、社会和公众的科普需求。科普需求在当代具有层次性、社会性、时代性、差异性、客观性等特点。例如，可以分为国家、社会和公众等不同层次的科普需求，领导干部与公务员、城镇劳动者、农民、未成年人、社区居民等不同群体的科普需求，个性化需求和公共性需求等。最大限度地满足科普需求是科普工作的出发点和归宿，科普需要为提高全民科学素质和经济社会发展服务，为促进社会公平发展和人与人、人与自然、人与社会的和谐服务，为公众的生活改善、自我完善服务。

当代科普需要高度重视来自国家发展的科普需求，立足于国家经济社会发展需要，从促进国家战略发展的角度，围绕经济结构调整、创新型国家建设、可持续发展等重大课题大力开展科普工作，使公民树立科学发展观。当代科普还需要高度重视来自社会的科普需求，为社会提供科普服务，从社会观念、教育、文化和思想方面，促使公众学会利用自然的方法和方式，顺应自然规律，促进人文、社会与自然的融合，实现自然与社会的和谐发展。需要关注不同群体的科普需求，通过广泛深入的科普工作，让社会中的不同人群都能充分掌握现代科学技术，具备基本的科学素质。例如，让领导干部与公务员有更强的科学决策能力和科学管理能力，让农民群众能更好地利用科学技术改善生产生活条件，让城镇劳动者增强就业技能，让未成年人培养良好的科学兴趣、科学探索精神等。

3. 科普的主要任务

科普的主要任务是传播普及科学技术知识、促进公众理解科学、服务公众参与科学、服务科学技术创新，让公众拥有较浓厚的科学兴趣、较强的科学意识和较高水平的科学素质，使社会拥有健康的科学文化和科学对话机制，激励、促进、引导、规范科学技术的发展和创新。

(1) 普及科学技术知识

科普最基本的价值和功能是在科学技术与社会、科学技术与公众之间建立一座知识传递的桥梁，利用适当的传播普及方法、媒介、活动，将科学家群体和科学研究机构创造的知识和成果，传播、输送、普及给社会和公众，促进科学技术知识的社会扩散和公众对科学技术的分享。

(2) 促进公众理解科学

在普及科学技术知识的基础上，促进公众理解科学，增进公众对科学技术及其作用的深刻理解和全面认识。公众对科学的理解程度依赖对科学术语、科学概念、科学理论的理解程度；但更重要的是，要理解科学的方法、过程，以及科学对个人和社会的影响，理解科学技术的局限性和复杂性，从而深刻认识科学技术的本质和特点[2]。

(3) 服务公众参与科学

通过传播普及科学技术知识，增加公众对科学技术及其作用的理解。科普可以提升公众在科技发展与应用问题上的判断力，并利用大众媒体科技传播等手段，以及具有科学对话功能的科技传播活动等形式，激发公众对科技发展与应用问题的思考与讨论，促进公众参与科技政策协商和对话，让公众能够切实参与到科学事务的决策中来。

(4) 服务科学技术创新

通过促进社会和公众对科学技术及其作用的理解、对科学技术问题的思考和讨论，科普有助于促进社会和公众形成理性的态度和行动，培育健康的科学文化和创新文化，建立健康的科学对话机制，从而激励、促进、引导、规范科学技术发展和创新，最终促进社会进步和人的全面发展。

2008年12月，胡锦涛总书记在纪念中国科学技术协会（以下简称"中国科协"）成立50周年大会上的讲话指出："科技工作包括创新科学技术和普及科学技术这两个相辅相成的重要方面。普及科学技术，提高全民科学素质，既是激励科技创新、建设创新型国家的内在要求，也是营造创新环境、培育创新人才的基础工程,必须作为国家的长期任务和全社会的共同任务切实抓紧抓好,为科技进步和创新打下最深厚最持久的基础①。"2016年5月,习近平总书记在"科技三会"上发表重要讲话,指出"科技创新、科学普及是实现创新发展的两翼,要把科学普及放在与科技创新同等重要的位置。没有全民科学素质普遍提高,就难以建立起宏大的高素质创新大军,难以实现科技成果快速转化②。"

(三) 国际科普发展的历史

广义科普具有悠久的历史。古代的科普通常附属于知识的教育和传播,是知识教育和传播的一部分。以国际视野看,科普的转型和独立是随着近代科学技术的发展而实现的。随着近代科学体系的逐步建立和科学家慢慢成长为一个特殊的社会群体,科学知识的传播普及逐渐走向独立。科学技术知识被引进学校教育,学校成为传播科学知识、孕育新科学的重要阵地。

"科普"一词大约出现于19世纪30年代的美国。随着科学技术新发现和新发明在这一时期不断涌现,公众对科学技术的兴趣不断高涨,科学普及由此进入十分活跃的时期,出现了许多热衷普及科技知识的科学家、工程师、发明家、职业演说家。他们通过撰写文章、发表演说、演示表演,向社会大众宣传普及科学技术知识。例如,在美国,1829—1860年,"职业演说家们在全国周游,讲演科学方面的论题,并常常演示其精心制作的、令人惊叹的科学景象"[3]。

从19世纪开始到20世纪中叶之前的这一时期,是科普逐步走向成熟的时期。科学技术本身的加速发展及其在社会生产生活领域的不断运用,使科学共同体内的科学交流和面向公众的科学普及得到快速发展。科学杂志数量迅速增长,到1900年已有约1万种,20世纪中叶则增加到约10万种。报纸和广播等大众媒体也积极传播普及科学技术,科学作家、科学记者加入科学普及队伍,逐渐成为科学技术传播普及的重要力量。科学技术博物馆等科普基础设施在这一时期也得到快速发展。20世纪上半叶是科学技术普及走向成

---

① 胡锦涛. 在纪念中国科协成立50周年大会上的讲话[EB/OL]. (2008 – 12 – 15)[2019 – 06 – 18]. http://news.xinhuanet.com/newscenter/2008 – 12/15/content_10509648.htm.

② 习近平. 为建设世界科技强国而奋斗——在全国科技创新大会、两院院士大会、中国科协第九次全国代表大会上的讲话[EB/OL]. (2016 – 05 – 31)[2019 – 06 – 18]. http://news.xinhuanet.com/politics/2016 – 05/31/c_1118965169.htm.

熟发展的时期，逐步建立起科普的现代体系。概括地讲，这一时期的科普还属于"传统科普"阶段，科学家向公众通俗地"讲授"科学，展示科学技术的美好前景，而对科学充满敬意的公众则从科学家那里学习知识。

科普在20世纪下半叶进入现代发展阶段。这一阶段，随着科学技术广泛运用于社会生产和生活领域，科学技术创新与应用成为经济增长的主导动力，科学技术创新、传播、应用的规模和速度不断提高，这不仅极大地提升了科普的地位，而且也对科普提出了更多要求。许多发达国家纷纷制定政策、采取措施，推进科普事业的发展，包括积极推进科学技术教育改革、加强科普基础设施建设、组织科技周等大型科普活动、开展公众科学素质调查，甚至将科普列入了国家科技战略和科技政策。

20世纪，信息传播技术的突飞猛进也极大地促进了科普的发展，特别是两次重要的媒介革命——电视革命和互联网革命，为科普提供了更强大的新手段。自20世纪下半叶以来，科普各类渠道不断成熟，传播途径不断分化，促进了科学技术在社会范围内传播、扩散和普及，为科学技术发展、创新和应用提供了很好的服务。

与此同时，科普的发展也遇到了科学与公众关系领域中出现的一些新问题的挑战。由于科学技术大规模应用带来了诸如环境污染之类的消极后果，生物工程领域一些研究也在社会上引起了激烈的争论，许多公众开始对科学技术发展和应用感到担忧，公众不再像过去那样对科学技术充满敬意，一些调查也表明公众对科学技术的支持率在下降。于是，一些欧美国家在20世纪80年代以后开始倡导"公众理解科学"，90年代之后又提出了科学对话的议题，到了21世纪又提出了"Science in Society"的新说法，目的是尝试通过广泛的科技传播与普及，促进公众更好地理解当代科学技术及其作用，让公众能够参与科学对话。

在社会发展和技术传播的推动之下，20世纪下半叶以来的科普在许多方面都取得了重要进展，科普理念和模式也有了重要变化，出现了参与主体多元化、传播关系复杂化、社会功能高级化、传播途径多样化、传播手段现代化、传播对象精准化等一系列新的特点。

**（四）我国科普事业的发展**

中华人民共和国成立以来，科普工作一直受到党和国家的高度重视，"普及科学和技术知识"被明确写入了宪法，普及科学技术被纳入国家科学技术事业发展之中，还出台了针对科普工作的专门法规和许多政策。特别是近年来随着《全民科学素质纲要》全面实施，我国科普事业发展迅速，不仅取得丰硕成果，而且迈入了一个重要的发展新阶段。

当前，我国科普政策环境不断优化，科普工作不断向纵深推进，科普理念进一步提升。面对经济社会全面发展、创新型国家建设和建设世界科技强国等方面提出的要求，面对国民科学素质整体水平不高、不同地区和不同群体之间存在较大差异等现实国情，继承我国以往科普工作积累的成功经验，学习和借鉴国际先进理论，融入更多现代传播理念，强调科普公共服务作用，突出服务民生的根本要求，服务经济社会发展、提高全民科学素质、促进科技创新创造，已经成为当前我国科普工作的基本特征。

随着全社会对科普工作认识的不断提高，科普工作的公平普惠原则得到明确和强化，重点科普措施更加注重满足公众需要和科普实效。我国当前的"科普"已不再是局限于普及科学知识和推广实用技术的传统科普，而是包含了新内容、新任务、新观念的"现代科普"，时代特征愈发明显。在目标和任务上不仅包括了普及科学技术知识和方法，而且更加强调促进公众理解科学、提升公民科学素质、服务公众参与公共事务、促进科技创造创新。特别是近年来，公民科学素质建设成效显著。中国科普研究所完成的第十次中国公民科学素质调查结果显示，2018年我国公民具备科学素质的比例已达到8.47%，比2010年的3.27%增长了5.2百分点。

我国目前的科普工作已经形成了综合利用科普基础设施、大众媒体及新媒体、科技教育与培训、群众性科普活动等多种渠道，面向农民、城镇劳动者、未成年人、领导干部和公务员及社区居民等重点人群，围绕"节约能源资源、保护生态环境、保障安全健康、促进创新创造"等主题，结合现实情况因地制宜、结合实际需求因势利导的工作特点。科普实践取得丰硕成果，科普手段创新、渠道拓展、资源建设受到重视，科普对象细分化、科普工作体系化程度明显提高。

近年来，我国科普投入不断增加，现代技术手段得到运用，科普资源建设得到加强，科普产业也在兴起与发展，科普能力整体上有了很大提高，公民科学素质也有了比较明显的提升。当然，我国科普事业发展还面临着许多艰巨的任务，还需要进一步完善科普政策法规体系、加大科普投入、加强科普设施建设、加强科普人才队伍建设、推进科普资源共建共享、调动社会各界参与科普的积极性、繁荣科普创作、创新适应新时代的科普方式方法、培育和扶持科普产业、健全科普公共服务体系、完善公民科学素质建设长效机制等,推进我国科普事业全面发展。

## 二、科普活动

### (一) 活动

"活动"一词的基本含义"doing",即"做"。活动是人类生存与发展的基本形式,是人类与客观事物交流与改造的过程。

活动理论[4]起源于康德与黑格尔的古典哲学,形成于马克思、恩格斯的辩证唯物主义哲学,由维果斯基提出,成熟于苏联心理学家列昂捷夫(A N Leontyev)与鲁利亚(A R Luria),是社会文化活动与社会历史的研究成果。活动理论研究的代表人物库提(Kuutti)认为,"活动理论是一个研究作为发展过程的不同形式人类实践的跨学科框架",包括同时联系的个人和社会层面,以及制品的使用。库提为活动理论的研究范围作出了一定的界定,包括了个人、社会及其联系,是个人在社会中的实践过程。

活动理论研究的基本内容是人类活动的过程,是人与自然环境和社会环境中,以及社会群体与自然环境之间所从事的双向交互的过程,是人类个体和群体的实践过程与结果。强调活动在知识技能内化过程中的桥梁作用,活动构成了心理特别是人的意识发生、发展的基础。活动理论中分析的基本单位是活动。活动系统包含主体、客体、共同体 3 个核心成分和工具、规则、劳动分工 3 个次要成分,次要成分又构成了核心成分之间的联系。它们之间的关系如图 1-1 所示。

图 1-1 活动系统

主体即为学习者，对主体的分析也就是对学习者的分析，通过调查学习者的认知水平、情感、技能等，有利于设计合理的活动目标，组织更有效的活动。客体即为目标或目的，客体的分析与设计方向根据主体的情况不同而异，客体既具有主观性，又具有客观性，活动过程中的目标分析与准确定位，是活动顺利有效进行的前提。共同体是指除学习者自身以外的其他共同学习者，是指与学习者共同完成学习过程的参与者，共同体在整个过程中起重要作用，有时为引导，有时为参与，在活动过程中，共同体不断影响主体，为主体提供所需的资源或资助。

工具包含硬件工具与软件工具及其设计，活动理论认为人类活动离不开工具，如学习资料、计算机等硬件工具，愉悦的心情、良好便捷的网络等软件工具。规则是用来协调主体与客体的，是活动过程中的一种制约。劳动分工是指在完成活动过程中，不同的成员要完成不同的任务，以使活动可以正常进行下去。

活动理论有五大原则，包括以目标为导向、具有层级结构、内化和外化结合、具有工具中介和发展原则。

活动是指向目标的，无论采用什么样的活动形式，什么样的活动过程，目标是一定的。活动理论具有层级的结构形式，列昂捷夫认为活动存在三个层级：活动、行动和操作。操作是在活动中的动作单位，具有较小的目标性，是比较低级的活动层次；行动则是在一系列操作下的活动单元，行动完成一个比操作更大的目标；活动是最高层次的结构，活动的目标是固定的，行动用以完成活动。内化和外化是指活动对人的影响的两个方面。内化是将活动中的知识、技能、理论等内化到人的头脑之中，是学习者对外在世界认识的改变；外化则是因内化而改变学习者行为，改变学习者行为方式的表现。在活动理论中，活动是由内化转向外化，由外化再影响内化的一个过程。外化与内化相互影响，相互作用。活动理论使用大量的工具，如符号、语言、机器、网络平台、自然环境等。发展是活动理论的基本要求。

（二）科普活动及其特点

1. 科普活动的定义

科普活动是指由国家机关、政府部门、社会组织、社会团体等主体面向社会和公众举办的，旨在促进科学技术社会扩散和公众分享、提高公众科学素质、普及科学技术知识、传播科学思想和方法、弘扬科学精神、提升公众运用科学技术和参与公共事务能力的各类活动。科普活动既是最常见和效果最好的科普形式之一，也是推进科普事业发展的有效载体和重要手段，在整个社会的科普体系中具有基础的地位和作用。

科普活动除传播普及科学技术知识、方法、思想、精神，促进公众了解必要的科学技术知识，掌握基本的科学方法，树立科学思想，崇尚科学精神，提高公众科学意识、公众科学理解、科学素质水平，在内容上还包括宣传国家科技方针政策、展示科技发展最新成就、激发公众对科学问题的思考、倡导科学文明的生产和生活方式等。我国各级政府，以及社会组织、机构或团体举办的科技周（月、年）、科普日（周）、科技下乡、科技纪念活动、科普讲座、科普咨询、青少年科技夏（冬）令营、科普展览展示等，都属于科普活动的范畴。

2. 科普活动特点

科普活动的基本特点是科普目的和目标明确、社会公众参与。科普活动的目的和目标是促进参与活动的公众了解科学技术知识和信息，学习科学思想和方法，树立科学精神，增加对科学技术内容的理解与认识。科普活动必须有公众参与，没有公众参与，科普活动就失去了应有的特性。表1-1列出了科普活动与其他科技活动的区别[5]。

表1-1 科普活动与其他科技活动的区别

| 活动名称 | 目的 | 内容 | 组织形式 |
| --- | --- | --- | --- |
| 科普活动 | 普及科学技术知识、倡导科学方法、传播科学思想、弘扬科学精神的社会公益性活动 | 传播内容多样化且非系统化 | 参与人员自愿，普及形式多样化，含语言、图片、实物、音频、视频等，给予人们感性和理性认识 |
| 科学研究与发展活动 | 增加知识总量以及利用这些知识去发现新的用途 | 具有创造性、新颖性因素，运用科学方法，产生新的知识 | 以科学家与工程师为主 |
| 技术创新活动 | 以市场需求为起点和归宿点，带有明显的经济目的 | 产品创新与工艺创新 | 以企业为主，有关科研机构和高等院校等参与 |

续表

| 活动名称 | 目的 | 内容 | 组织形式 |
|---|---|---|---|
| 科技专业学术交流活动 | 传递新的科技研究动向和知识成果，交流研究经验 | 专业科技知识 | 以专业科技人员为主 |
| 正规科学教育 | 向青少年及社会成员进行正规科学课程教学，培养具有初步科学素质和人文素质的劳动者 | 传授系统知识，教材、培训时间和人员比较固定 | 由正式教育单位组织实施，对受教育者具有法律、行政的强制性 |
| 科技商品展览与交易活动 | 向社会展示科技产品，以便扩大商品市场交易规模，经济目的明显 | 通过产品展示，传递科技产品使用方法、用途，推销产品以获得市场效益 | 市场管理部门和企业共同组织 |

现实中的科普活动往往在具体的活动内容、活动方式、组织形式方面存在很大差异，有些活动相对简单，有些活动相对复杂。例如，邀请一位科学家为中学生做一场科普报告就相对比较简单，而举办全国科技活动周、全国科普日这类大型科普活动就很复杂，需要有较大的投入、周密的计划、广泛的社会参与，活动的组织管理等环节也都比较复杂。有些科普活动可能带有明显的"项目"特点，周期性比较强；有些科普活动则可能具有长期性和持续性，例如，科技馆举办的科普专家周末讲座就具有周期性的特点，而其常设展览则是一项持续性的工作。

科普活动的基本构成要素包括传播者（组织者、实施者等）、受众（参与活动的公众等）、传播渠道和载体（语言、图片、视频、实物等）、传播内容（科技知识、科学方法、科学思想、科学精神等）。如果按照布雷多克（Bradock）的"7W"模型分析，科普活动的构成要素有传播情景（背景）、传播目的、传播主体、传播内容、传播渠道、传播对象、传播效果等。科普活动的环节主要包括申报立项、策划设计、组织实施、效果评估等，其中最核心的环节是科普活动的方案策划和组织实施，科学、合理、周密的方案策划，以及认真、规范、有序的组织实施是保证科普活动取得成功的关键[6]。

## 第二节 科普活动研究综述

### 一、国内外研究文献总体情况

#### （一）国内研究文献总体情况

国内学者对于科普活动的研究起步较早，根据中国知网（CNKI）学术文献统计，首篇与科普活动相关的文献发表于1952年，截至2019年3月底，以科普活动作为主题词的论文有2250篇，各阶段论文数量见表1-2和表1-3。可以看出，1979年以前与科普活动相关的文献极少；1980年以后逐渐有了一些相关研究，但文献数量也很少；2000年以后，科普活动研究开始繁荣，特别是2007年以后，每年文献数量都在百篇以上。

表1-2 国内科普活动研究论文数量变化情况

（单位：篇）

| 年份 | 1952—1959 | 1960—1969 | 1970—1979 | 1980—1989 | 1990—1999 | 2000—2009 | 2010—2018 | 合计 |
|---|---|---|---|---|---|---|---|---|
| 文献数量 | 1 | 2 | 2 | 33 | 159 | 781 | 1239 | 2217 |

表1-3 2000年以后国内科普活动研究论文数量变化情况

（单位：篇）

| 年份 | 2000 | 2001 | 2002 | 2003 | 2004 | 2005 | 2006 | 2007 | 2008 | 2009 |
|---|---|---|---|---|---|---|---|---|---|---|
| 文献数量 | 41 | 33 | 51 | 67 | 59 | 70 | 77 | 128 | 127 | 128 |
| 年份 | 2010 | 2011 | 2012 | 2013 | 2014 | 2015 | 2016 | 2017 | 2018 | 2019（1—3月） |
| 文献数量 | 134 | 177 | 164 | 172 | 136 | 135 | 120 | 100 | 100 | 33 |

#### （二）国外研究文献总体情况

国外学者对于科普活动的研究起步也比较早，根据Scopus数据库学术文献统计，首篇与科普活动相关的文献发表于1968年，截至2019年3月月底，以科普活动作为主题词的论文有1578篇，各阶段论文数量见表1-4和表1-5。

可以看出，国外科普活动相关研究文献数量变化情况与国内基本相似，1989年以前研究文献数量极少；1990 年以后逐渐有了一些相关研究，但文献数量也很少；2007 年以后，科普活动研究逐渐繁荣，特别是 2014 年以后，研究文献数量增长较快。

表 1-4　国外科普活动研究论文数量变化情况

（单位：篇）

| 年份 | 1960—1969 | 1970—1979 | 1980—1989 | 1990—1999 | 2000—2009 | 2010—2018 | 合计 |
| --- | --- | --- | --- | --- | --- | --- | --- |
| 文献数量 | 1 | 1 | 7 | 21 | 168 | 1337 | 1535 |

表 1-5　2000 年以后国外科普活动研究论文数量变化情况

（单位：篇）

| 年份 | 2000 | 2001 | 2002 | 2003 | 2004 | 2005 | 2006 | 2007 | 2008 | 2009 |
| --- | --- | --- | --- | --- | --- | --- | --- | --- | --- | --- |
| 文献数量 | 8 | 5 | 5 | 12 | 7 | 8 | 13 | 33 | 39 | 38 |
| 年份 | 2010 | 2011 | 2012 | 2013 | 2014 | 2015 | 2016 | 2017 | 2018 | 2019（1—3 月） |
| 文献数量 | 61 | 49 | 80 | 69 | 153 | 211 | 191 | 268 | 255 | 43 |

## 二、研究主题及主要观点分析

基于国内外的相关研究现况，着重分析近 10 年，特别是近 5 年来研究文献的情况，根据主要研究内容，分主题综述如下。

### （一）科普活动设计和实施的相关研究

有关科普活动策划、设计和实施，国内外学者从多个视角进行了研究。例如，针对国家科技周期间开展某类活动的研究，针对中小学生及大学生科普活动的相关研究，以某个科普活动项目为对象的专题研究，以科技场馆开展科普活动的研究，以公园、植物园或景区开展科普活动的研究等。总体来看，研究某个主题或项目的较多，大型科普活动的综合研究较少。主要研究综述如下。

阿布拉奥·波西克（Abrão Possik P）等（2013）[7]介绍了 2004 年第一届巴西国家科学技术周举办期间，各科学中心、博物馆、大学与中小学均参与了向人们传播科学知识的活动，其中 DNA 学校和信息与生物技术理事会两所机构在巴西 11 个城市的超市中向人们展示了从水果中提取脱氧核糖核酸（DNA）的过程。论文描述了一个全国性网络的形成过程，该网络的参与者热衷向公众传播遗传学知识，同时在全国各地开展低成本的科学传播活动。论文还分析了这些科学传播活动带来的影响及组织参加者的看法。

古兰（Gillan）等（2014）[8]介绍了人民学习城市科学（PLUS）项目通过创建伙伴关系并协调当地动物园、大学和学区的工作，力求向学生灌输自然环境感。他们认为，即使大多数学生生活在混凝土和金属结构中，他们的眼睛和耳朵也可以训练来仔细观察自然。通过 PLUS 项目与社区成员合作，鼓励正规和非正规科学间合作，教师可以将课堂学习扩展到四面墙之外，提高学生的科学知识和技能。论文介绍了如何将当地动物园的典型实地考察转变为真实探究的练习，教师、当地动物园馆长、PLUS 项目合作伙伴、大学生物学家和 PLUS 项目协调员共同设计和实施了四级性能预期体验，要求学生应该论证植物和动物具有支持生存、成长、行为和繁殖的内部和外部结构。

兰兹曼（Landsman Y）等（2015）[9]针对普通大众大多对航天发射、太空观测等成果知之甚少的情况，介绍了一档网络节目"航天飞船"。"航天飞船"节目半月更新一次，隔周周六晚间在谷歌+空中交友和"你的电视"（YouTube）进行直播，是 YouTube 上的一档常规视频节目，可供爱好者们在闲暇时观看。"航天飞船"是一档互动节目，直播期间，观众可向嘉宾提问并可立即得到答复。节目嘉宾为太空爱好者，在宇宙学、天文学、太空系统、推进器等太空相关领域拥有广博的专业知识（至少为硕士学历）。论文介绍了该节目的独特形式（该节目形式的灵感来源于同类英语节目，在此之前，在希伯来语媒体中从未出现过此类节目），讨论了该节目的起源和动机。同时还阐述了现代社交媒体平台对大众科学传播的推动作用。

福格－罗杰斯（Fogg－Rogers L）等（2015）[10]认为研究项目影响力的驱动力使科学传播研究人员和实践者陷入了两难——是否应将公众参与看作一种研究影响力证明机制，或者其本身就是一种影响力？论文介绍了关于近期举行的"公共科学：研究、实践、影响"国际研讨会的五篇评论。这些评论揭示了科学传播者在实施具有影响力的公众科学活动时可能面临的问题，从计划和共同制作有影响力的项目，到组织和运营满足公众需求的活动，最后衡量和评估对科学家和公众的影响，以"捕捉影响"。

邦尼（Bonney R）等（2016）[11]以过去20年在世界各地涌现的公民科学计划为研究对象，回顾了四类公民科学计划的记录结果，这些计划由活动的性质进行定义，这些活动是参与者参加的数据收集、数据处理、课程本位和社区科学。研究发现，有力的证据表明公民科学计划的科学成果已得到充分记录，特别是对数据收集和数据处理计划；有限但越来越多的证据表明，公民科学计划可使参与者获得有关科学及其过程方面的知识，提高公众对科学研究多样性的认识，并为参与者的爱好给予更深层次的意义。还发现一些证据表明，公民科学可以通过影响正在解决的问题并通过让人们在所处环境决策中发表心声，为社会福祉做出积极贡献。虽然并非所有公民科学计划都旨在实现更大程度的公众对科学、社会变革或先进的科学 & 社会关系的理解，但那些确实需要付出资源的计划主要分为四大类：项目设计、成果测定、新受众的参与以及研究的新方向。

阿马拉尔（Amaral S V）等（2017）[12]认为，当代科学面临的主要挑战之一是开发新方法、突破性方法，使社会公众参与科学与科学话题。创造与公众沟通新方式的尝试之一是使用艺术语言来探索科学主题，特别是剧院，可以探索情感，提高对道德和社会问题的认知。这种表达艺术有能力使公众参与到特定主题当中，包括科学相关主题。论文提出了一个创意项目，阐明科学和戏剧可为研究人员与公众之间的沟通鸿沟搭建桥梁。欧洲研究人员之夜（ERN）是欧盟一种寓教于乐型活动，将教育与娱乐结合起来，使公众走近研究人员及其世界。牵线木偶（Marionet）剧院公司与科英布拉大学研究人员一起接受这一挑战，创作并表演一出戏剧，作为欧洲研究人员之夜活动的一部分。从2009年开始，在38名研究人员的积极参与下，他们作为演员、作者或灵感来源，设计并上演了5部戏剧。论文探讨了在这一研究中，研究人员在创作与演出过程中的参与情况、他们的动机、局限性、专业和个人成果，以及公众对戏剧揭示科学世界、传播科学思想潜力的反馈。

张波（2015）[13]以"飞机探秘"科普展教活动方案为例，通过活动设计方案验证论文提出理论的可行性。活动设计方案包括活动主题的选择、情境创设（包括常设展览布置、环境氛围布置以及临展活动布置）、活动实施（包括辨认识别飞机、竞技折纸飞机、驾驶模拟飞机、组装模型飞机4个子活动）以及活动实施过程中的发现问题、协作学习、完成意义建构、分享展示和拓展延伸等。

高爱等（2015）[14]研究了"互联网+"新形势下科普这一社会活动的外部环境变化及受到的影响。他们在分析我国科普活动现状的基础上，从"互联网+"背景下的科普契机、科普主题转变、科普传播方式转变、科普对象转变等方面进行了研究，提出了开拓科普活动策划的新思路。

张辉（2017）[15]以具身认知理论和活动设计为主线，对科普场馆教育活动的设计进行了研究。首先分析了具身认知理论对科普场馆教育活动设计的启示，挖掘其教学价值；其次通过阐述具身教学的基本内涵，分析具身教学的要素并提出具身教学设计的基本框架；最后以仿生机器人制作活动为例呈现了一个完整的具身教学活动案例。张娅菲（2017）[16]以武汉科技馆与本地小学联合开展的"寰宇川行"主题科普探究活动为例，从传播学视角分析科技馆开展科普探究活动时，传播模式产生的变化及其特点，引发相关人员对科普活动中传播内容设计、传播模式创新、传播效果优化的思考。陈冰等（2018）[17]根据亚洲潜水学院潜水展览馆现有资源及其服务面向和功能定位，基于推进潜水科普发展与教育的目的，对潜水科普活动进行了总体规划与设计，初步探究了潜水虚拟现实技术（VR）素材的开发策略。

徐海等（2018）[18]利用《名侦探柯南》开展化学科普这一创新型科普方式，以科学知识为主线，将柯南剧情巧妙融入科普推广中，结合相关剧情开展化学科普，为相关科普活动提供了一种可供借鉴和推广的模式。

何家琪等（2018）[19]认为科普教育使公园或景区更具内涵和文化性，南宁市青秀山风景区具有较好的科普教育基础条件。论文根据景区目前组织开展的科普教育活动和存在的问题，提出了科普活动策划和建议。阎姝伊等（2018）[20]通过研究当代植物园科普教育发展的情况，总结出植物园科普教育系统规划设计的4种策略：游线体系、教育及展示系统、互动体验系统和解说系统，为植物园的科普教育系统规划设计提供借鉴与参考。

张丹丹等（2015）[21]介绍了东莞市科学技术博物馆开展的"科技梦·少年梦·飞行梦"科普活动。从2012年起东莞市科学技术博物馆在不断创新中逐渐开展了"科技梦·少年梦·飞行梦"科普活动，经过几年的精心开展，该活动已从简单的飞行原理课件的开发做成集展览、互动、体验、参与及培训等多种形式为一体的大型公益活动，形成了很好的社会影响力和社会知名度。文章从"科技梦·少年梦·飞行梦"科普活动的开展背景、设计理念、发展历程、活动特色、取得的成效及开发成果等方面进行全面介绍，最后分享了活动的经验和存在的不足。吴晶平等（2019）[22]介绍了广州科普交流系列活动项目，该项目于2015年正式创立，是广州科普品牌活动项目，也是全国科技活动周六大重点示范项目之一。项目内容主要包括策划组织两岸及港澳地区科普论坛、科普联展、科普表演秀，邀请港澳台地区科学家和科普专家出席科普讲座、参加科普讲解赛事、组织科普人才互访交流培训、参加澳门科技活动周、组织青少年科普教育营等系列活动。论文对项目的背景、内容和创新点进行了总结和剖析，为我国科普交流合作，特别是粤港澳大湾区科普合作提供借鉴。

**（二）基于调查的科普活动研究**

基于调查数据开展相关研究是科学研究的主要方法之一。在科普活动相关研究中，学者们或通过实地调研访谈获取数据，或通过问卷调查取得数据，或借助互联网在线取得数据，或线上线下相结合取得数据。研究涵盖了众多主题，这些研究成果也为政府部门的相关决策提供了参考和依据。主要研究综述如下。

琼斯·盖尔（Jones Gail）等（2012）[23]讨论了"公民科学"和"公民科学家"两词各种不同的含义。"公民科学"被称为"以社区为中心的科学""社区科学参与式社区行动""街头科学""传统生态知识、社会正义、科学素养和人文科学教育"。"公民科学家"可以指为特定科学研究收集信息的人或为其社区游说环保的人。论文基于公民科学课程在教师、学生和家庭中越来越受欢迎的情况，提供大量公民科学项目实例，这些项目为学生提供了有意义的、真实的环境，使他们能够参与科学进程。这些项目都包括与科学家和其他人一起收集和共享数据的任务，涵盖了众多主题，教师可以将这些主题或其他主题作为实验室、现场或补充学习经历的一部分，或作为独立观察使用。

奥利维拉（Gaio-Oliveira G）等（2017）[24]研究植物园作为传播植物多样性和保护植物的教育机构的作用，进行在线调查，评估世界各地植物园为到访公众所制定的现行战略。所有植物园均依据其人力资源、财力资源等，寻求实现《全球植物保护战略》目标，提高人类对造成植物多样性损失的认识。植物多样性和保护活动的多样性受到植物园工作人员规模和数量的影响，只有一半受访植物园有专门用于教育活动的房间，专门用于教育活动的景点数量则更少。在线资源主要集中于北美洲和大洋洲的植物园，大部分植物园都将生物多样性和植物识别作为传播主题，除物种标签信息和讲解小组，自助游览、导游参观或活动/研讨会也是吸引公众的常见方式。学校访客（包括6—13 岁的儿童）不到访客总数的一半，学校访客需要更多的导游参观和活动，而一般公众则选择自助游览。

贝斯勒（Besley J C）等（2018）[25]通过对多个科学协会的科学家进行的一系列平行调查发现，科学家们乐意与公众一起参与活动的最主要原因是她或他享受这种体验（态度），认为可通过参与活动使人们作出一些改变（反应效能），而年龄、性别、科学领域、科学家对公众的看法、提高个人参与技能（自我效能），以及科学家对她或他同事的看法均不是科学家乐意参与活动的主要原因。如何以有效和可接受的方式塑造科学家们的参与观还需进一步研究。

加藤·新田（Kato-Nitta N）等（2018）[26]研究发现，尽管一直提倡公众参与科学，但是有关科学传播活动参与者的社会文化和态度特征，以及这些参与者能在多大程度上代表总体人口的实证研究却很少。论文通过对比访客调查和全国代表性调查样本，调查统计了科研机构参观者的独特性，发现参观者文化素养较高，且比普通大众更相信科学的价值，但其在评估国家科学或国民经济水平方面没有差别。对访客观看展览行为的变化所做的进一步调查显示，科技文化素养越高的人观看展览的次数越多，且在活动中停留的时间越长。该种观看展览的行为趋势与不同问卷调查和智能卡记录中显示的结果一致。

尼尔森（Nielsen K）等（2019）[27]通过对 24 个科学节近 10000 名参与者的资料进行调查，探讨了参加美国科学节的观众类型，以全面描述参与节日的观众，并与全国人口普查和投票数据进行比较。调查结果与其他公共科学活动相似，大多数参与者为受过良好教育的人士和中产阶级人士，即便如此，每年仍约有 2/3 的节日参与者为首次参加者。研究结果为建立有关公共科学活动参与者类型及"新"与"不同"受众的需求满足提供证据。

黄文超等（2015）[28]依托广州市海珠区科技活动周，通过在科普活动现场发放调查问卷的方式，对以"海珠湿地环保科普宣传"为主题的科普活动的效果进行了问卷调查。调查问卷分析结果表明，有 97.8% 的市民认为自己学到了较多东西，有 95% 的市民认为自己的环保意识增强了；而从科普宣传方式的认同度来看，有 45% 的人对于人工湿地的模型讲解的内容印象深刻，有 39.1%的人对科普展板的内容印象较深刻,23.8%的人对仪器互动体验的内容有印象,但大多数人对采用视频播放和宣传小册子宣传的内容没有太多的印象。从印象深刻的宣传方式来看,基本都是有专业人员讲解的部分,因此,解说和互动环节是进行环保科普宣传较有效的一种方式。这为政府部门后续选用何种科普宣传方式提供了借鉴。

余小英(2015)[29]以广西崇左市为研究对象,对边境地区青少年开展科普教育活动的现状进行了调查,分析其存在的问题和影响因素。文章考虑边境地区青少年所处的家庭和社会环境,提出边境地区青少年科普教育应和学校教育有机结合,学校和相关的教育管理部门应积极探索并建立校外科技活动场所与学校科学课程相衔接的有效机制,提高边境地区青少年开展科普教育活动的成效。

李宏等(2017)[30]通过对黑龙江省科技场馆教育活动开展情况进行实地考察和研究,分析了黑龙江省科技场馆展教模式及教育活动开展现状、存在的问题及原因,提出了提升黑龙江省科技场馆教育活动水平的对策和建议。余炳宁等(2018)[31]通过剖析青少年科普活动项目实例,思考新时代植物科普基地科普教育工作的新方向,策划提出"走出去""请进来"相结合的科普模式,通过发放问卷的形式,获得学校和社会团体的反馈意见,问卷从普及效果、内容期待、活动时间等多个方面进行调查,科普基地对这些反馈意见进行分析,应用于活动方案的设置与调整中。并对今后开展科普活动提出了思考和建议。

白莹等(2017)[32]为了解云南省居民对健康科普的需求,为健康科普工作的开展提供合理化建议,采用问卷调查(纸质版问卷和网络在线问卷)的方式在全省范围内进行调查。问卷调查结果显示:公众对健康科普知识持认可态度,公众对健康生活指导、食品安全、应急自救技能 3 类科普话题;以及心理健康、传染病、慢性病这 3 类健康话题关注度较高;网络、电视、图书是公众获取健康知识的主要途径。

杨露(2015)[33]通过文献资料法、调查研究法、问卷调查法,对长沙县农村科普的主要措施,以及农村科普的效果进行分析与评价,全面分析长沙县农村科普工作现状,对长沙县农村科普工作建设提供一定理论基础。

陈少婷等(2017)[34]在广东省广州市番禺区和从化区选取有代表性的农业镇(街)各 20 个,分层次调研示范村、示范合作社、示范户、农户等科普工作基本情况。结果表明：村级涉农科普干部占村级干部的24%，其中涉农科普人员中设有科普员的占36%；村级宣传栏拥有量最多，平均每村有0.9个；村民对《食品安全法》和《农产品质量安全法》了解最多；村民感兴趣话题中以农业生产和医疗卫生的最多；村民近一年参与科普活动最多的是技术培训班和宣传栏；村民今后最想了解的科普内容是种养技术和农产品安全生产知识；村民最想参加或组织的科普活动与形式是技术培训班，其次是外出参观。文末提出了对广州"三农"科普的发展建议。

赵兰兰（2018）[35]为更好地根据居民需要有针对性地开展科普活动，采用问卷调查、小组访谈、实地考察等方法对北京市某区的社区居民和科普工作者展开调查，结果显示社区居民对科普内容的需求和兴趣是多样化的，每种科普形式都有很多居民喜欢。社区科普工作者通常利用科普活动或科普资源开展科普工作，社区居民对社区开展的科普工作和具体科普项目比较满意。进一步做好社区科普工作，不仅要丰富科普内容，创新科普形式，也要完善社区科普工作机制，盘活社区科普资源，最好通过信息化手段，实现需求和服务的精准对接。

原野等（2017）[36]利用4种科普活动（气象专家讲座、发放气象宣传手册、组织观看气象宣传视频、组织学生通过游戏获取气象知识）后所收集的贵阳市4所中小学1300份气象知识答题试卷，分析了不同科普形式下不同受众群体对校园科普的接收效果。研究结果表明：最容易被小学生接受的科普传播形式是专家讲座，视频类科普是最不受小学生欢迎的科普形式；中学生接受4种科普形式的能力则较为均衡。俄沂彤等（2019）[37]以天津市高校大学生为主要调查对象，采用问卷调查和现场咨询的调查方法，了解大学生对科普活动的满意度、参加各种科普活动的意愿、参加科普活动的主要目的，以及对科普活动的类型、内容及媒介等方面的需求。

### （三）科普活动案例研究

案例研究是从微观的角度，通过具体案例的分析、解剖，更加深入地了解科普活动的实际，分析科普活动的某些具体环节和具体问题，已经成为一种广泛使用的研究方法。学者们选取科普活动中的典型项目、系列活动、获奖作品等进行案例剖析，涉及天文、地球地质、气象、海洋、环境、戏剧、艺术、科学节日等角度。主要研究综述如下。

阿蒂加斯（A Artigas）等（2011）[38]介绍了埃拉托色尼（Eratosthenes）

实验活动及其效果。欧洲天文教育协会（EAAE）与埃及亚历山大图书馆合作，于 2010 年 6 月 21 日进行了埃拉托色尼实验活动，该活动被 Ciencia en Accion 选为第 11 届国际奖入围项目之一。埃拉托色尼实验在不离开自己位置的情况下计算地球周长，这项活动的目标是创建一个国际网络，在世界各地复制埃拉托色尼实验，并提供执行测量所需的科学知识。EAAE 创建网站为此活动提供支持，并作为所有参与者的会面点。EAAE 网站还提供了有关地球—太阳系统动态的补充材料，教师将其作为准备实验的背景。来自五大洲 20 个国家的学校参加了这一活动，每个参与学校都进行计算，以推断地球周长，并通过专门网页和两个现场国际视频会议分享结果。来自参与学校的学生用它来分享所采用方法的信息、在进行测量时遇到的问题以及他们的计算结果。通过群际交流激发学生，他们可以更好地理解实验之外的科学方法。

麦卡尔平（McAlpine K）（2015）[39] 介绍了 2010—2015 年，剑桥大学科学历史与哲学系和国家海事博物馆研究人员参与的艺术与人文研究理事会资助的项目"经济局 1714—1828：格鲁吉亚世界的科学、创新与帝国"。项目团队还包括一名专职公众参与官，职责是让受众参与研究项目。国家海事博物馆通过一项重要展览来庆祝 1714 年《经度法》发布 300 周年——船舶、时钟和星星：寻求经度的故事，讲述了 18 世纪对经度的追求，以及一系列以经度为主题的活动。为了纪念这一纪念日，NESTA 推出了 2014 经度奖，这是一个挑战，通过公众投票选出问题，寻找解决今天相当于经度问题的解决方案。作者以上述例子作为案例研究，探讨了科学史如何帮助科学传播组织将人们与科学联系起来，反之亦然。

法布里（Fabbri F）等（2016）[40] 通过 2 个项目探讨了在中小学里采用和推广科学和艺术。"在课堂上采用科学和艺术"（Adotta Scienza e Arte nella tua classe）是意大利中学学生的一个项目，该项目于 2012 年 2 月进入 Aplimat 会议的核心设计，现已进入第四版。从百里挑一选择科学格言开始，学生们将自己投入测试绘画科学当中，由教师沿着实践科学与艺术之间联系的教育路径进行指导。在过去几年中，186 所学校加入其中，遍及意大利各省，涉及 400 多个班级、286 名教师和 6294 名学生，在网络上发表了 1726 件原创艺术品，已经开展了诸多辅助活动，包括学生作品展览、当地比赛、当地和网络活动等。第二个项目"在小学里采用科学和艺术"（Adotta Scienza e Arte nella scuola primaria），从第一个项目改编，适用于 6—10 岁的学生，由 Esplica 非营利机构和 CIRD – UNIUdine 及其他相关合作伙伴进行合作推广。论文介绍了"Adotta Scienza e Arte nella tua classe"的里程碑事件,展示了学生们创作的几部最有代表性的作品。论文还提到,将项目扩展到国外的意大利学校,实现巡回展览以及"100 + 1 frasi famose sulla scienza"数字馆藏v. 4demo的印刷版。文中还分析了前两个版本中制作的一些图形作品,代表了年轻人推广科学方法中的一些常见过程及其与艺术的关系。

皮特曼(Pittman)等(2016)[41]介绍了为取代公式化的科学展览项目,一些学校采取科学学习庆祝活动的方式。这些活动在希望更加重视社区和效能的学校中越来越普遍。庆祝方面是社区参与,以及和学习者的互动,学生是活动主体,像在学校表演那样表现,或者像在足球比赛中那样运用知识和技能。观众尽可能广泛,不仅仅是学生的同学,还有父母、科学专业人士和消费者,他们的加入可极大地提升学生的表达能力和反思能力。学习庆祝活动不仅在学生和学业目标之间建立重要纽带,也与家庭和社区建立重要纽带。在该文中,作者描述了学生对新学期的探究活动的设计,他们探究内容关注点为"从分子到生物:结构和过程",他们花很多时间在校园中提出问题和解决问题,包括创建学校花园。在讨论过程中,学生们决定通过举办一次晚间餐厅活动来展示他们的学习经历。为此,该班同学联系了一个能够创建临时餐厅的组织,并共同创建了一个科学学习庆祝活动,尽管学生们准备这次活动需要花费很多时间,但作者发现这场活动非常令学生们难忘。

舍尔德格尔·尼尔森(Skjoldager – Nielsen K)等(2017)[42]探讨了戏剧、科学和大众化之间的关系,目的是介绍和了解戏剧可以向公众传播科学的各种方式。其出发点是三个概念之间关系的历史发展和埃德蒙德·胡塞尔对现代科学的现象学批判。两个分析范例为瑞典人(Charlotte Engelkes)和导演(Peder Bjurman)的"黑洞—量子杂耍表演"(2014)和丹麦酒店为儿童准备的例行成人表演"关于宇宙奇迹的宇宙大爆炸表演"(2014)。科学史揭示了在戏剧活动中科学与大众化的复杂结合,那么观众对科学主题本身的理解是否一直是或必须是科普表演的目的,或者它是否在某种程度上曾是并且现在也是通过激发人们对科学、对生活和前景的影响方面的好奇和反思,来激发人们的兴趣。较新的概念发展也表明,戏剧是科普的工具,但并非总是如此。作为特定类型的科学戏剧,科学信息和概念是由戏剧进行艺术性地解释,而不总是以对科学作出肯定的方式来解释。这个后来的变种被称为"戏剧中的科学"。通过对"黑洞"和"宇宙"戏剧作品的分析，证明了这两种类型。

哈格曼（Hagmann D）（2018）[43]基于案例研究，分析了在信息与通信技术（ICT）应用于考古学的背景下，社交媒体作为科学传播工具的可能性。除讨论数字考古学特征外，社交网站推特、帆博和研究之窗被整合到数字研究数据传播工具当中。结果表明，观察到参与率虽然高于平均水平，但几乎没有留下什么印象。与此相比，关注实地工作和其他研究活动的状态更新获得了较高的印象，但参与率低于平均水平。作者认为大多数互动局限于核心受众，并且明确指出社交媒体策略是考古学研究数据传播成功及社交网站常规推文的必要条件。

格林贝格（Grimberg B I）等（2019）[44]通过"庆祝爱因斯坦节日"活动，关注和了解参与者对科学的兴趣和参加科学艺术活动的意愿，并评估该节日的影响。爱因斯坦预测的引力波的最新发现及持续探测，为公众参与科学提供令人兴奋的机会。为了吸引更广泛的人群参与其中，"庆祝爱因斯坦节日"融合了科学、舞蹈和音乐。节日组成包括：以展示黑洞和引力波为灵感的舞蹈编舞；与物理学家进行现场访谈，直面科学、哲学、宗教、艺术和教育问题。作者通过在美国（北部、南部和中部）不同地点举办的3个庆祝爱因斯坦节日活动，以及在一个地点采访一部分与会者，并对这个节日的影响进行了评估。该研究的关注点是参与者的知识获取、对科学的兴趣及对这一科学艺术活动的情感反应。他们探讨知识增益如何因参与者人口统计数据而变化，如何与对科学的兴趣增加及参加未来科学艺术活动的意愿相关，以及参与者如何从情感上参与其中。结果表明，科学艺术形式有效触及大量群体，显著提高参与者的知识、对科学和科学艺术活动的兴趣，并扩大了他们对科学家的认知。

闻娟等（2016）[45]以中国科学技术馆为例，对3D打印的操作流程、优势及相关的展教活动等方面进行了探讨，分析解决3D打印在展教中普遍存在的问题，推动创客教育，激发公众的创新思维并提高自身的科学、技术、工程与教学（STEM）素养。郭峰等（2017）[46]介绍了国土资源实物地质资料中心依据其科普基地的资源优势，开展各种科普活动，创新科普活动形式的经验。

张静蓉等（2016）[47]通过分析"大学生志愿者千乡万村环保科普行动"实例，得出农村环境科普存在资源节约、环境友好、耕地保护等可持续发展理念缺乏，科技知识普及传播效率低下、覆盖面小等问题。基于农村科普的需求分析，认为农村环境科普应包括农村环境综合整治涉及的知识和理念、工业污染防治知识、环境友好型农业发展技术。提出农村环境科普工作的建议，包括需要提高基层领导干部的环保决策能力，以服务农民为目标；充分发挥志愿者力量；针对领导干部、农村妇女、青少年开展差异化环境科普工作等。

王冠（2018）[48]在回顾全国青少年高校科学营活动走过的7年历程的基础上，重点介绍了已形成拥有5个科学营地、数量排名全国前三的稳定格局的高校科学营湖北营。文章阐述了高校科学营湖北营7年来创新发展的探索与实践、社会意义与影响力，分析了科学营活动对省内科技教育的推动作用，以探索青少年科技教育新模式。

张建华（2018）[49]以苏州青少年科技馆开展的"科普欢乐行进校园"系列活动为例，从学校科学课程实施需求出发，依托馆校双方合作，以科技馆为科普教育主阵地，整合区域内的社会科普资源，设计符合学生或活动对象认知发展水平的"菜单式"团队活动，并对"菜单式"团队活动模式进行了评价和反思。

刘强（2018）[50]介绍了济南市长清区近几年开展的一种由政府组织，民间自发参与的科普教育形式——专利年度大集。专利年度大集是以政府政策为引导、本地区科学技术成果展示、商业技术成果与产品介绍、学校师生团队科普宣传、与群众大众面对面对话、发明爱好者个人作品展示等多项内容于一体的一种半官方半民间的科普教育活动形式。济南市长清区专利年度大集科普活动的打造与尝试，成为公众参与科普活动的新形式，专利年度大集巧妙利用春节休闲假期展览，丰富了春节文化，拓展了科普宣传的新视角，为区域性科普活动带来一些启示。

敖妮花（2018）[51]基于中国科学院在专题展、综合展方面的实践，尤其是"中国科学院科技创新年度巡展"的6年实践，总结了科普展览作为重要的科普活动形式，在组织实施方面需要综合考虑的"五个程序"：前置性策划、展项制作、实施与整合、传播与品牌和总结提高，并归纳了科普展览组织实施的基本经验。

董青等（2018）[52]以2013年以来中国气象局创办的直击天气——与科学家聊"天"活动为研究对象，直击天气活动的开展满足了社会公众对最新气象话题的诉求与期盼，拓展了气象宣传科普传播内容，扩大了气象科普知识传播的广度和深度，提升了气象科普知识大众传播的效果。文章梳理了活动的成效，反思活动主题和形式及面临的困境，提出应对方法，以期进一步提升活动的传播力、影响力和实效性，打造气象宣传科普全媒体新型平台。该活动截至 2018 年 5 月已成功举办 26 期。达月珍等（2019）[53]以中小学校进行气象科普教育的载体——校园气象站为例。从校园气象站建设规模、经验做法、存在的问题 3 个方面分析了当前我国校园气象站的科普功效。认为我国大部分校园气象站的观测数据没有被采用，辅导员队伍建设参差不齐，校园气象站活动形式与内容单调枯燥。提出了针对校园气象站未来发展的思考。

### （四） 新媒体、互联网等科普活动的相关研究

新媒体、互联网的发展为科普活动提供了平台，也拓展了科普活动研究的空间和内容，为科普工作和科普活动插上了腾飞的翅膀。为此，学者们从多角度展开了广泛的研究探讨，如：互联网和新媒体时代科普传播方式的转变，互联网发展与科学家及公众在线活动，大型活动中互联网和新媒体的作用，互联网和新媒体时代科普活动的模式、途径及建议等。主要研究综述如下。

福维尔（Fauville G）等（2015）[54]研究了互联网发展为科学家提供与公众直接接触机会的背景下，了解社交网站如何作为互动舞台、如何提高公众参与程度，对指导科学家在线活动，提高公众的科学素养非常重要。以蒙特雷湾水族馆研究所的脸书（Facebook）页面为例，评估其对用户海洋文化的影响。作者调查了哪些做法可以增加 Facebook 故事的用户数量，研究还发现 Facebook 页面没有提供适当的社交背景来提高参与程度，因为它只有场所的少许特征可以发展实践。阿蒂加斯（A Artigas）等（2011）[38]介绍了欧洲天文教育协会（EAAE）与埃及亚历山大图书馆合作进行的 Eratosthenes 实验活动。EAAE 创建网站为此活动提供支持，并作为所有参与者的会面点，EAAE 网站还提供了有关地球—太阳系统动态的补充材料，教师将其作为准备实验的背景。来自五大洲的 20 个国家的学校参加了这一活动，通过专门网页和两个现场国际视频会议分享成果。

马赫（Maher Z）等（2015）[55]为了甄别公民的科学公众传播体验（公民与科学家及其研究成果交流的手段），研究了媒体在公民中为 PCS 和 PUS 做贡献的角色。采用聚焦小组技术来发现媒体对公众理解科学的不同方面的贡献，并测定公民在科学传播方面的经验，以及他们与科学家交流的方式及其

对科学作品的熟悉程度。在这一研究中，使用"混合目的性采样"，成立了三个焦点小组，每个小组 8 人。研究结果如下：媒体通过转换和简化科学概念来提高受众的传播能力；媒体在再现社会主流心理和文化生活世界中有一定作用；通过转换和简化科学，提高受众与科学家交流的能力；媒体增加了公众对科技项目的参与。在媒体中再现和传输公民的隐性知识，有助于提高公众对科技的理解。在媒体中再现科学相关问题，例如介绍科学为人类努力的结果，再现科技在促进人类福祉方面的优势和劣势，为科学研究进行论证等。

迈克尔（Michael A）（2017）[56]认为互联网视频已成为主要传播媒介，科学家们可以利用这种传播媒介将他们工作的目的、过程和产品传达给不同受众。在该文中，作者讲述自己作为海洋生物学家的研究和职业生涯，介绍自己如何使用互联视频激发公众对科学的广泛兴趣。通过优兔视频，作者已经达到多元化且有不断增长的全球观看率，在撰写该文时，累计超过 10000 小时收看时间。观众调查显示，作者的视频改善了个人对科学和科学事业的看法，尤其是女性和少数群体。研究结论是，互联网视频作为一种占主导地位、不断发展的传播媒介，为科学家提供了前所未有但尚未完全开发的机会，可以广泛传播他们的研究成果并激发公众对 STEM 职业的不同兴趣。兰兹曼（Landsman Y）等（2015）[9]介绍了网络节目《航天飞船》，该节目隔周周六晚间在谷歌＋空中交友和优兔进行直播，是优兔上的一档常规视频节目。《航天飞船》是一档互动节目，直播期间，观众可向嘉宾提问并可立即收到答复。论文介绍了该节目的独特形式，阐述了现代社交媒体平台对大众科学传播的推动作用。

斯托扬诺夫斯基（Stojanovski L）（2017）[57]除分析了电视、广播、公共事件（如讲座和专家小组）和专业空间教育中心等传统交互方式，还分析了互联网在线内容平台的作用。在线内容平台（例如，优兔）允许用户从近乎无限数量的"频道"中进行选择，搜索他们感兴趣的内容，并直接与内容创建者或其他观看者互动。这创造了积极的参与体验，并且更有可能为用户带来积极的参与结果。因此，近年来，空间机构和其他空间外联行动者使用优兔来提供具有活跃用户体验的内容。该文研究优兔在空间拓展中的用途，并运用科学传播理论来确定有效的空间拓展内容创建策略。目前，科学传播领域的最佳做法是倡导对话和参与式外展模式，以产生最有效的参与结果。增加用户参与优兔内容创建的一种可能方法是通过实时视频流和使用直播聊天室的组合。这为在创建内容时用户交互和反馈提供了渠道。这种内容创建的"实时反馈"模式将内容从单向转换为双向信息转移，或从独白转换为对话。该文将标准优兔内容创建方法与优兔内容创建的"实时反馈"模型进行了比较，优兔节目"TMRO：Space"采用这一模型，作者也参与其中，以了解积极参与如何增强观众与空间的互动外展内容。

帕西尼（Pacini G）等（2017）[58]认为数字时代应重新定义当代科学期刊活动，为了捕捉对科学、公众的兴趣，并产生更大影响，从而弥补印刷版本订阅损失，使用社交网络已经变得普遍。该文通过对脸书和推特社交网络的存在及活动进行分析，调查了影响西班牙不同科普期刊工作的扩散、可见度和影响力的因素。

莱萨德（Lessard B D）等（2017）[59]认为社交媒体通过实时传播知识和信息，彻底改变了研究、博物馆馆藏与公众沟通的方式。当前，对博物馆和昆虫学收藏品使用社交媒体进行在线调查的研究相对有限。社交媒体有能力促进博物馆和馆藏活动，促进研究和工作人员提高对昆虫学收藏的认识，展示其与公众、行业、政策制定者和昆虫学潜在学生的相关性。在该文中，作者介绍了SCOPE，一个使用社交媒体推广博物馆和昆虫学收藏的新框架。SCOPE框架简化了战略制定、内容选择、在线参与细化，社交媒体平台选择及使用替代量表（altmetrics）评估社交媒体活动。根据SCOPE框架提供来自澳大利亚国家昆虫馆、CSIRO和苏格兰国家博物馆的案例研究，以便其他博物馆、昆虫学馆藏、工作人员和学生可以复制仿效，开发和维护各自的社交媒体。

吴晶平（2015）[60]在介绍大众媒体形式和特点的基础上，阐述了科普活动借助大众媒体力量开展的优势，以广东科学中心近年来与大众媒体合作的实践（联合报刊和网络媒体打造科普讲坛，联合广播电台策划科普节目内容，联合电视台和网络媒体打造全国科普讲解大赛，联合微博、微信和QQ等新媒体平台策划系列科普活动），探索了科技馆运用大众媒体开展科普活动，提升场馆科普能力，扩大科学传播效果的方法。刘启强等（2017）[61]在总结梳理广东省科普宣传现状与任务的基础上，结合全媒体发展趋势，指出广东科普宣传面临的挑战，并基于新媒介生态环境，提出全媒体时代广东省科普宣传创新发展的对策建议。

张加春（2016）[62]认为新媒体对科普的影响是全方位的、深远的，为科普带来了新的活力，改变了科普传播的时空结构，科普更加注重互动性、参与性和体验性。然而，我国目前的科普体制形成了同新媒体发展不相适应的制度安排，重点表现在制度依赖、技术轨迹依赖和科普内容依赖三个层面。面对媒介融合的趋势，关键还是要积极转换科普工作的体制机制，建立适合新媒体取向的工作体系，培育与弘扬适合互联网时代的科学文化。

孙静等（2016）[63]认为作为即时通信工具用户排名前三的社会化媒体——微信媒介，可以尝试在新媒体环境下发挥自身优势助益科学传播，即通过"以科普微信公众号为核心、以朋友圈与微信群为两翼的全方位互动辐射"模式，为新媒体环境下科学传播新模式的探索提供有益的参考。钟声贤（2017）[64]分析了新媒体时代科普传播方式的转变，介绍了广西科学技术情报研究所利用传统媒体进行科普传播的品牌优势，打造科普微信公众平台，形成以科普微信公众号为核心、以期刊媒体与线下科普活动为两翼的全方位互动辐射模式，并提出了新媒体时代科普传播的对策建议。

潘龙飞等（2016）[65]利用新媒体手段对2015年全国科普日活动进行了评估，并利用微信收集公众评价，同时也利用微博和传统新闻报道考察媒体评价，较好地获取了相关数据，为大型科普活动的评估拓展了新方法。他们认为利用新媒体手段可以较全面便捷地对大型科普活动进行评估，能够更加客观地反映公众和媒体对于大型科普活动的评价。以全国科普日为代表的大型科普活动已经具有了较大的影响力，活动的组织也是较为成功的，而活动的进一步优化可以参考来自新媒体的相关数据。

刘菁（2017）[66]分析了传统天文科普方式普遍存在的不足，探索在互联网条件下天文科普活动的实现方法，发挥互联网在天文科普活动资源配置中的优化和集成作用，为科技馆体系天文科普工作提出了建议。陈艳红等（2018）[67]认为互联网强大的传播能力为传统形式下的航天科普事业插上了双翼，航天科普事业的发展已经迎来了新的契机。文章分析了"互联网＋"背景下航天科普传播路径，并从航天科普事业传播者角度、航天科普内容和受众容易接受的角度，提出了"互联网＋"背景下航天科普需要加强的工作。刘美等（2018）[68]运用建构主义学习理论和贝尔纳提出的公众理解科学科普思想，提出了深度参与模式在气象科普宣传教育中的两种应用途径。结合新媒体技术的日益发展和漳州气象科普实践，探讨了深度参与科普模式的途径。

刘道华等（2018）[69]认为大数据应用的科普知识同公民自身文化素养、

不同时期社会的教育发展程度，以及不同时期社会经济、生产力水平相对应。给出了提高公民大数据科普知识的具体实施路径及方法，先收集大数据在生活、军事、科学研究等方面的应用研究实例；其次将大数据应用实例简化或提炼成科普资源，并针对不同的人群采用不同的推送方式；最后给出了科普资源精准推送的具体实施路径或方法，并强调也要充分利用网络等新兴传播媒体进行科普宣传。

**（五）人工智能、机器人等前沿技术的科普活动相关研究**

智能装备行业的发展，推动了机器人产品的发展，机器人科普教育有广阔的市场。从国内外研究文献来看，有关人工智能、机器人等前沿科技的科普活动的研究近年来才刚刚开始，相关文献不多。主要研究综述如下。

科奇盖尔（Kochigami K）等（2018）[70]认为科学传播的任务之一是公民与科学家就有关科学技术的共同问题进行讨论。该文基于科学交流活动，探讨了人们对日常生活中的互动机器人的看法，机器人喜欢什么样的角色，机器人是否有必要在我们的生活中与人交朋友等。

迪代歌（Didegah F）等（2018）[71]通过调查五大科学领域学术论文的样本，在推特上探索科学传播。对科学传播者的规范、行动发起人的特征、反应的程度和质量、个人和群体的互动，以及在科学传播过程中参与各种推文的分布进行了研究。大量参与者参与推特上的科学传播，其中，个体市民和个体研究者发挥着重要作用。这项研究的另一个发现是机器人账户在推特上的科学传播领域发挥了重要作用。

杨嘉樑（2017）[72]在对设计型学习（DBL）的理论研究基础上，结合青少年机器人科普活动的特点，设计实施科普活动。主要研究内容包括：基于设计型学习的模式，设计面向青少年机器人科普的系列活动；基于设计型学习的青少年机器人科普活动的实施与效果分析；探讨在中国青少年机器人科普活动中设计型学习模式的应用。

钱航等（2018）[73]介绍了北京宇航系统工程研究所的领航科普志愿服务队，通过丰富多彩的科普活动，向青少年普及航天知识、传播航天精神，激发青少年求知欲、提升青少年科学素养，特别是为北京市偏远郊县、航天发射基地周边学校的青少年传播航天热点，受到了青少年的欢迎和社会各界的好评。他们将单位的专业优势、人才优势转化为航天科普教育优势，编制了系列化、结构化的创新课程体系，自主研发航天虚拟现实体验项目，撰写多本航天科普书籍，平均每周开展一次科普活动。

罗隆（2018）[74]分析了近年来我国智能装备行业规模的不断扩大，推动了面向市场的机器人联盟的形成，机器人科普教育和竞赛有广阔的市场。论文介绍了广州工程技术职业学院机器人专业教师团队借助广东省品牌专业建设契机，开展机器人科学普及，并从资金、制度、管理等多方面予以保障，从政策层面、专业建设、学生实践等多方面进行探索实践，对推动机器人技术的发展和人们的应用能力起到了良好的促进作用。申耀武等（2018）[75]以广州南洋理工职业学院开展的系列机器人科普活动为例，介绍了依托工业机器人技术专业组建学生职业技能教导队、依托机器人技能教导队组建机器人科普志愿者团队、依托专业综合实训室建设机器人科普基地等开展科普活动的实践，包括机器人科普进中小学校园活动、工业机器人技术宣传推广活动、社会公众进入机器人综合实训室科普一日游活动等，探索高等职业院校依托专业优势开展科普活动的途径。李成范（2018）[76]阐述了高校利用自身优势开展人工智能科普工作的必要性和具体措施，在分析人工智能和高校特征的基础上，提出了高校开展人工智能科普的四条具体举措：建设与完善人工智能科普制度、科普团队、开发系列科普产品、积极筹划相关科普活动。

陶红梅等（2018）[77]介绍了曲靖市青少年校外科技活动中心开展科普活动的情况，包括中心科技活动周开展情况、向广大青少年及市民开展科普活动的情况、开展科普进校园活动情况、青少年机器人培训推广活动情况以及承办曲靖市科普讲解大赛等，并分析了这些科普活动的作用及效果。

**（六）科普活动评估的研究**

科普活动评估的相关研究较多，研究成果也较丰富。研究重点主要包括：科普活动评估方法的研究，以某类科普活动为例探讨其评估方法的应用及推广；科普活动评估指标体系的构建，以某类或某地区科普活动为例，应用和检验构建的指标体系等。主要研究综述如下。

萨尔多（Sardo A M）等（2016）[78]探讨了促成人们选择参加夏季文化节科学活动的因素。评估了此类活动对受众的影响：包括受众的参与度、参与原因以及他们对活动的看法和反应。面对各种文化活动，观众参与以科学为基础的活动的人数很多，其与科学家和其他演讲者都有很高的享受和参与度。此外，观众认为科学不是与文化截然不同的事物，科学就是文化。

格林贝格（Grimberg B I）等（2019）[44]通过"庆祝爱因斯坦节日"活

动,关注和了解参与者的知识获取、对科学的兴趣和参加科学艺术活动的意愿,对这个节目的影响进行了评估。

藏(Zang T)等(2016)[79]将科普基地作为独立机构,提出了一种利用诱导有序加权平均(IOWA)算子和粒子群优化算法(PSO)进行科普自主评估的方法。首先,选择科普人才、空间、资金、媒体、活动和影响6个因素构建科普评估指标体系。在此基础上,将评价指标的绝对优势和相对优势作为诱导成分,确定评价指标的先后顺序。其次,IOWA算子建立指标加权向量的优化模型,通过粒子群优化算法计算指标加权向量,得到指标加权向量和评价值向量。最后,根据佩龙-弗罗贝尼乌斯(Perron-Frobenius)决策特征值定理给出了最优评估向量和评估结果。

桑切斯-莫拉(Sánchez-Mora MC)(2016)[80]认为由于公共科学传播(PCS)活动所使用的媒体数量众多,所追求的目标也各不相同,评估变成了一项艰巨的任务。因此,对公共科学传播所使用的所有方法进行一个通用的分类可能有助于区分其影响,测量其结果。论文提出了一种通用格式,用于快速简便地评估公共科学传播工作,并与所有科学传播者分享共同语言,可以轻松比较这种不断增长的活动结果。

安·格兰德(Ann Grand)等(2017)[81]根据目前在世界各地参加非正式科学活动的人员越来越多,而这些非正式科学活动通常是跨文化的活动节日的一部分。认为对于参与的研究人员和组织者来说,评估事件的成功、价值和有效性非常重要,但使用书面调查、正式结构化访谈等传统评估方法在非正式、动态背景下会产生问题。论文借鉴了对实际发生在某个领域的事件进行评估的经验,讨论在这种情况下他们发现的简单而有用的评估方法。

塔伊梅尔(Tajmel T)等(2017)[82]对2013年舞台科学节(SonS)这一大型教师培训活动进行了评估。SonS是一项欧洲倡议,在国家和国际层面为教师提供分享想法和教学实践的机会。作者评估了该项目在实现明确目标、明确定义目标群体,以及国际传播教学项目方面的有效性。作者记录从艺术节到课堂的知识转移,旨在确定其先决条件,最后提出未来成功举办大规模科学交流活动的关键因素。

谭超(2011)[83]以2010年全国科普日北京主场活动的宣传评估工作作为案例,探讨了前期宣传效果评估对于大型科普活动绩效改进及可持续性运作的指导意义。采用问卷调查法和访谈法针对2010年北京科普日主场活动的3

种宣传方式的效果进行了调查评估，提出了相关建议和对策。

张志敏等（2013）[84]在综述国内外科普活动效果评估的研究进展的基础上，探讨了大型科普活动的特点及效果体现，并在此基础上构建了大型科普活动效果评估的指标体系及理论框架，阐述了指标体系的构建方法。大型科普活动效果评估指标体系分为3个层级，包括4个一级指标，12个二级指标和36个三级指标。4个一级指标分别是"策划与设计、宣传与知晓、组织与实施、影响与效果"，涵盖了一次大型科普活动初期的策划、中期的宣传、后期的组织实施和影响效果发挥各个阶段。关注大型科普活动前期策划设计工作的效果检验，是该效果评估框架的特点之一。同时，解析了大型科普活动效果评估角度与评估方法，认为科普活动效果评估需要定性描述，也需要定量分析。在该评估框架中，评估角度指评估指标体系对应的视角，对大型科普活动而言，公众、组织与服务者、专家和宣传是通常要考虑的评估角度。评估指标不同、角度不同，选用的评估方法也有差异。该大型科普活动效果评估框架在2007—2011年的全国科普日北京主场活动、2010年和2011年全国科技活动周北京主场活动、2012年北京科技周中关村主场活动、2012年北京科学嘉年华活动的评估中被采用。通过上述大型科普活动评估实践对本评估框架进行了功能检验。

何丹等（2014）[85]设计了科普工作社会化格局评价指标体系，分别从科普工作有效形式、科普人员与机构规模、科普经费配置规模、科普活动组织规模、外部环境因素5个维度对北京市科普工作社会化格局情况进行数据调查，并通过数学方法对影响因素进行量化处理。由于不同因素对科普工作社会化格局的影响力度不同，通过模糊层次分析法，分别对指标体系中不同指标的影响因素进行量化处理，以实现对科普工作社会化格局更科学准确的评价。最后，以北京市科研院所为例，分析了该方法的科学性和实用性。

王江平等（2015）[86]从科普活动的基本概念和内涵出发，结合科普效果评价的发展阶段、发展层次和天津市科普活动的开展实际，研究制定了科普活动绩效评价指标体系。该指标体系包括3项一级指标、7项二级指标、20项三级指标，一级指标包括科普投入、科普活动和科普效果。采集2013年全国科普活动统计数据开展绩效评价，数据显示，北京、上海和天津位列三甲。文中对天津市的评估结果进行了分析，提出了相关建议。

严波等（2017）[87]采取理论研究与实践相结合的方式，针对专题科普活动的属性，构建了"专题科普活动成效监测评估指标体系"，指标体系包含 4 个一级指标，分别是策划与设计、宣传与知晓、组织与实施、影响与效果，12 个二级指标和 35 个三级指标。

王荣泉等（2015）[88]通过梳理中美两国科普展览评估的发展历程与制度要求等现状，对比发现：美国的科普展览评估兴起于 20 世纪初，经百年发展已形成系统规范、制度化、注重量化的三段式评估体系，对科普展览评估的要求业已制度化；中国到 20 世纪 80 年代才开始关注展览评估，20 多年来的观众研究和评估实践较为有限，尚未建立长效的展览评估机制。

齐培潇等（2016）[89]在综述科普活动效果评估的研究进展、总结研究现状、探讨科普活动效果评估特点的基础上，将经济学和系统科学的相关知识运用到科普活动评估的领域，利用"吸引子"的概念将经济学上的需求与供给以及投资与收益引入评估的系统模型，分别得出在需求吸引和投资吸引下的科普活动效果评估数学表达式。该文着重于数学理论模型的推导和求解，也是对科普活动效果评估领域一个引入新变量的模型的初步探索，对于经验数据的实证分析，则有待在今后的研究中，在进一步完善理论模型的基础上做深入分析。

潘龙飞等（2016）[65]认为一项大型科普活动，其效果是否理想、在哪些方面存在需要提升的空间，是需要反馈的重要信息，而相关信息都需要适时地监测评估来获取和实现。全国科普日是我国最重要的大型科普活动，活动覆盖全国，评估难度较大，主要体现在如何准确获得公众及媒体的态度和反馈上。该研究利用新媒体手段对 2015 年全国科普日活动进行了评估，并利用微信收集公众评价，同时也利用微博和传统新闻报道考察媒体评价，较好地获取了相关数据，为大型科普活动的评估拓展了新方法。同时，结合调研内容讨论了优化大型科普活动的相关建议。作者认为利用新媒体手段可以较全面便捷地对大型科普活动进行评估，能够更加客观地反映公众和媒体对于大型科普活动的评价。但是相关评估不应只在大型科普活动之后，在活动之前就应该运用类似方法评估公众关心的相关内容，更有针对性地布置相关活动。以全国科普日为代表的大型科普活动的进一步优化可以参考来自新媒体的相关数据。

张思光等（2017）[90]运用 3E 绩效评估理论，将科普产出、科普效率和科普效果联系在一起，结合科研机构所开展科普活动的实际情况，将 3E 理论引入科研院所开展科普活动的成效评价体系,提出面向我国科研机构科普成效评估逻辑模型和指标体系,成效评估将开展科普工作的总体目标分解为具体的服务目标,科研院所针对具体服务目标开展科普活动投入,成效评估主要从产出、成效和影响三个方面进行结果监测,并与总体服务目标进行对比和测度,从而对科研院所的科普活动进行综合成效评估。以中科院A所为例,对模型进行了验证。最后,基于评价结果以及科研机构科普工作所面临的形势,提出了提升国立科研机构科普工作成效的思路和建议。

汤乐明等(2018)[91]以科普互动厅为研究对象,选择了2017年某城市70家社区科普互动厅为主要评估对象,采取了问卷调查、实地访谈和案例分析等方式结合的方法,从目标、组织管理、产出情况、社会效益4个方面设计了评估指标,并对70家科普互动厅进行了评估。结论是科普互动厅总体建设和运营情况良好,城区和郊区没有明显区别,但部分科普互动厅存在地址选择失误、环境营造不佳、管理制度不完善等问题。

(七)科普活动的国内外比较研究

近年来,我国学者也开展了一些国内外科普活动的对比研究,他们通过介绍和对比国外科普活动,探讨对我国开展科普活动的启示。从研究内容看,与科技传播或科普工作结合进行分析得较多,专门针对科普活动的国内外比较研究较少。主要研究综述如下。

马磊(2006)[92]通过介绍国外的科普活动,例如,德国的"科学年"和"科普之夜"活动,法国的"科学节"(被称为"公民科学的大聚会"),美国的"科学促进会"和"家庭科学日"等,并与中国的"科技活动周"和"科技活动月"进行了对比分析,提出了对广东科普活动的启示。

田何志等(2012)[93]从发达国家对青少年科普(技)教育基地的政策支持、经费来源、人员配置和科普活动开展等方面进行了分析,探讨了发达国家青少年科普(技)教育基地建设的趋势,得出对广东省青少年科技教育基地建设,以及开展科普活动的一些启示。

李忠明等(2013)[94]以气象科普为例,分析和总结了美国、英国、德国等发达国家发展气象科普的经验,在此基础上,分析了我国气象科普的现状及亟待解决的问题,结合我国实际,提出我国进一步发展气象科普的建议。

潘津等(2014)[95]通过对美国互联网科普案例的研究,认为互联网作为信息时代科普的重要平台,使科技传播成为公众的共同事业,而不仅仅是少数人的职业。公众既是科技信息的接受者，又是科技信息的传播者。基于互联网的科普，能够给我国的科普事业带来"介入科技传播的人越来越多、介入欲望越来越强烈、介入能力越来越强大"的良性循环局面。论文还针对我国目前科普工作存在的问题特别是网络科普的现状，提出了开设大规模开放式线上课程、开设"虚拟实验室"、引进和开发科学游戏等具体实施方案，特别对科学游戏在青少年科普方面的作用做了较为详尽的论述。

周彧（2017）[96]从传播主体、传播对象、传播方式等方面介绍了美国"互联网+科普"的经验。美国"互联网+科普"不仅内容丰富，形式多样，而且方便快捷，不仅让公众真正成为了科技知识和信息的接受者，同时也让他们成为创造者与分享者。美国"互联网+科普"的经验，可以为新时期中国开展科普工作带来一些启发。

胡熳华（2015）[97]从科普组织和宣传、城乡科普、校园科普和随处可见的科普等方面介绍了美国科普工作的特点。官方开展科普工作，民间力量也在自觉行动，体现了社会对科普的重视，科普工作几乎渗透了社会生活的各个角落。同时，对我国科普工作提出了建议。

王梅奚（2017）[98]分析了美国农村科普体系的构成、实效及运作方式，总结了美国农村科普基本做法和经验。在此基础上，分析了中国当前农村科普工作中存在的问题，提出了增强中国农村科普实效性的相关对策。

刘振军等（2017）[99]通过对深圳市科普情况的调查研究，综合国外科普工作的实践经验，提出我国城市社区科普模式改善的建议和意见。

郭朝晖（2017）[100]通过调研，以及与科普领域专家进行访谈，分析了目前我国省级科普场所中科学实验室的运营情况及存在的问题。研究了美国旧金山探索馆和芝加哥工业博物馆、加拿大安大略科技馆、德国曼海姆科学中心等国外知名科普场所科学实验室的建设及运营经验。对比国内和国外科学实验室运营情况，提出针对国内科学实验室的运营方案和构建科学实验室评估指标体系两个途径来更好地促进国内科学实验室的长期运营和发展的设计。

齐海伶等（2018）[101]基于对国外科普机构建设的典型案例分析，结合我国科普设施、科普资源和科普活动的现状，得出对我国科普工作的几点启示。

**（八）科普活动问题及建议方面的研究**

科普活动或科普工作存在的问题及对策建议研究是学者们关注和研究的热点，相关的研究文献也比较多。学者们从调研、案例剖析、评估评价、国内外比较等不同的研究视角寻找和发现问题，从不同的角度提出建议。

一些学者采用各种调查方法，发现问题，提出建议。主要研究如下。

普罗科普（Prokop A）等（2016）[102]认为向更广泛的非专业受众传播科学是科学家职责中一个越来越重要的部分，也是许多科学家热衷于接受的事情。然而，根据在英国公众中进行调查的结果，以及作者在制订活动方案和开展这类活动方面的经验，发现这些活动并不总是能够有效地吸引广大公众的参与。作者认为，为了实现更有效的科学交流，需要更客观、更长远的主动行动，除了由科学家自己实施之外，资助组织在帮助推动这类倡议方面也可以发挥重要作用，他们建议列出一份可采取行动的项目清单，以便能够实施其中的一些想法。

桑斯·梅里诺（Sanz Merino N）等（2019）[103]总结了国家科学技术委员会（CONACYT）研究人员对科学和技术公众传播的看法和态度，以便对墨西哥科学家参与公共传播的方式进行分析，了解研究人员在普及科学方面的需求。研究结果表明，研究人员对科学传播的看法、参与PUS活动的方式以及所确定出的各自的需求方面存在显著差异。一般而言，CONACYT的研究人员认为公众传播非常重要，然而，时间不足和缺乏学术认可问题尤为突出，是其对科普工作贡献少的决定因素。研究结论是，要在研发机构间形成公众参与科学和技术公众传播的文化，墨西哥政府应解决上述不利的职业环境问题。

杨晶等（2015）[104]选取哈尔滨工程大学、中国科学院上海昆虫博物馆、华中农业大学等国内优秀大学和科研机构作为调研和访谈对象，从日常科普工作管理、常见科普途径、科普活动组织形式，以及科普人才建设等方面分析了当前我国大学和科研机构的科普活动情况。调研发现，许多单位对科普重要性认识不足，科普活动缺乏品牌和特色，科普资源创新不足，科普专业人才缺乏。提出建立激励科普的工作机制，构建合理的科普人才结构，创建品牌和特色科普活动，尝试与社会各界联办科普等建议。

陈少婷等（2017）[34]在广州市番禺区和从化区选取有代表性的农业镇（街）各20个，分层次调研示范村、示范合作社、示范户、农户等科普工作基本情况。针对调查结果，提出了对广州"三农"科普发展的建议。余炳宁等（2018）[31]通过发放问卷的形式，获得学校和社会团体的反馈意见，思考新时代植物科普基地科普教育工作的新方向，并依据基地对这些反馈意见进行分析，应用于活动方案的设置与调整中，对今后开展科普活动提出了思考和建议。赵兰兰（2018）[35]采用问卷调查、小组访谈、实地考察等方法对北京市某区的社区居民和科普工作者展开调查。根据调查分析，提出进一步做好社区科普工作，不仅要丰富科普内容，创新科普形式，而且要完善社区科普工作机制，盘活社区科普资源，最好通过信息化手段，实现需求和服务的精准对接。

一些学者通过案例剖析，寻找问题，提出建议。这方面的研究文献最多，主要研究如下。

奇腾登（Chittenden D）（2011）[105]认为，即使粗略地浏览过去10年中公众参与科学（PES）的文献，也可以看出，公众参与正在成为"21世纪科学政策的正统"的一部分。展望未来，似乎有一种强烈的共识：①公众参与是制定健全科学政策、研究议程和治理结构的重要组成部分；②需要开发和实施更多可获得、可成功的公众参与科学机会，以产生有意义的影响；③通过公众参与科学活动，需要实现更广泛、更多样化的公众参与。该文探讨了美国科学博物馆和科学中心在创建和提供公众参与科学规划方面可以发挥的作用，重点关注当前的科学技术发展和相关问题。还讨论了科学博物馆增加公众参与科学的一些支持因素、博物馆为了维持当前公众参与科学需要克服的一些难题，以及提出通过科学博物馆参与实现更广泛的公众参与科学影响的若干建议。

奥库萨（Okusa Y）（2014）[106]认为，科学日活动，应在"感受科学过程"概念下为所有年龄段的群体提供实操课程。对于下一代，希望建立一个社区，通过模拟科技"当地生产，当地消费"，让大家接近科学，成为各自文化的一部分。

哈恩（Han H）等（2015）[107]通过研究认为，在气候变化传播方面存在着研究与实践的差距，即从业者没有充分利用现有知识，学者也没有回答与从业者最相关的问题。学者和从业者之间紧密合作则可以缩小这一差距，作者回顾与Sierra集团员工和志愿者的合作情况，一起致力于改善气候宣传和组织活动。通过合作，出现了四种改善未来合作的方式：涉及沟通建议的适用性宽与窄、战略与策略、学术与经验、主动与被动支持。

石原-标叶（Ishihara-Shineha S）（2017）[108]认为，由于2011年发生的东日本大地震，日本正处于重新评估其关于公众科学传播政策的重点时期，但是政府对关于科学传播的措施和政策进行的自我反思却不充分。该研究通过定量和定性混合方法，回顾并分析了日本在 1958—2015 年所有科学和技术白皮书中描述的与科学相关的公众传播，发现传统的启蒙活动总是受重视，即使在实现双向科学传播的"科学技术基本计划"出台后依然如此，且传统的启蒙活动曾以"年轻人避开科技""研究投资责任"及"解决科技和社会相关的问题"为理由，而不去考虑科学传播的现实状况。

姚锦烽等（2017）[109]以近年来中国气象局有组织有计划开展的一些较大规模的主题气象科普活动为研究对象，分析了这些活动的作用和存在的问题，从政策支持、队伍建设、全媒体联动、效果评估等方面，对气象科普活动发展提出了对策与建议。

王红强（2017）[110]介绍了北京国家地球观象台的主要科普活动和讲解者的心得体会，从合理安排参观行程，切合听众接受能力，提高讲解质量，对讲解者进行培训，制作宣传片和科普视频进行线上传播等方面提出了组织科普活动、提高科普活动质量的具体措施。

周静等（2018）[111]以广东科学中心科普交流系列活动为例，该活动自 2013 年起每年举办 1 届，成为全国科技活动周的重要组成部分，也是广州科技活动周的重点项目和品牌活动。文章从活动主题、活动内容、活动亮点和活动成效等方面介绍了广州推动区域科普交流与合作方面的探索和实践，并提出了加强"一带一路"科普交流的建议。廖珊等（2018）[112]介绍了湖南省地质博物馆科普创新活动，从科普形式、科普方法和科普模式等方面积极探索，设计适合不同人群、不同科普需求的科普活动，积累了丰富的活动经验，取得了较好的科普成效，提出了要做好新时代科普教育工作的建议。

吴晶平等（2019）[113]以全国科普讲解大赛为研究对象，全国科普讲解大赛于 2014 年启动，是全国科技活动周的重大示范活动，也是目前全国范围最大、水平最高、代表性最强、最具权威性的科普讲解比赛。尝试通过竞赛和奖励的方式激励科普讲解者加强讲解能力培养，提高科普讲解水平。文章总结了历届大赛的特点，提出比赛如何与实践统一、与时代同步，体现内涵价值与个性化策略的思考，为科普活动组织和科普讲解工作提供参考。

一些学者通过科普活动的评估或国内外对比分析发现问题，提出建议。主要研究如下。

谭超（2011）[83]采用问卷调查法和访谈法针对 2010 北京科普日主场活动的 3 种宣传方式的效果进行了调查评估，提出了相关建议和对策。王江平等

(2015)[86]构建科普活动绩效评价指标体系,采集2013年全国科普活动统计数据开展绩效评价,并对天津市的评估结果进行了分析,提出了相关建议。

马磊(2006)[92]通过德国的"科学年"和"科普之夜"、法国的"科学节"、美国的"科学促进会"和"家庭科学日"等与中国"科技活动周"和"科技活动月"的对比分析,提出了对广东科普活动的启示——应借鉴观念而不是借鉴形式。

胡熳华(2015)[97]介绍了美国科普工作的特点。官方开展科普工作,民间力量也在自觉行动,科普工作几乎渗透了社会生活的各个角落。并对我国科普工作提出了建议。周彧(2017)[96]介绍了美国"互联网+科普"的经验,让公众真正成为了科技知识和信息的接受者,也让他们成为创造者与分享者。其经验可以为新时期中国开展科普工作带来一些启发。

一些学者通过多角度综合分析,发现问题,提出建议。主要研究如下。

"创新我国科技馆科普教育活动对策研究"课题组(2017)[114]在对科技教育以及教育传播学理论进行研究、对科技馆教育活动的需求进行调研、对国内外科学中心(或科技馆)现状进行调研的基础上,剖析了我国内地科技馆教育活动存在的主要问题,并重点从科技馆教育历史沿革、教育传播学理论,以及海外科学中心教育活动发展趋势三大视角出发,对如何提升我国内地科技馆教育活动的水平和质量,如何开发具有创新性的科普教育活动提出了对策和建议。

"科技馆教育活动创新与发展研究"课题组(2017)[115]认为"十二五"期间在全国科技馆开展的各种普及性科学教育和传播活动取得了诸多突出成就的同时,也存在一些问题,总体可归结为教育活动开发与实施能力薄弱,主要原因是观念意识偏差、制度机制缺失、展教人员定位被矮化和学术建设滞后。课题组借鉴世界科技博物馆教育活动的趋势,分析我国科技馆教育活动创新与发展的需求,提出我国科技馆教育活动创新与发展的三层次目标,提出"十三五"时期我国科技馆教育活动创新与发展的目标,以及实施以展教资源建设、制度机制建设、人才队伍建设、理论学术建设为核心的"科技馆教育活动能力建设工程"建议。

李陶陶(2018)[116]认为面对科学知识供给来源多元化、内容碎片化、效益浅层化的新情况,我国当前科普供给存在显著的不适应。论文从科普供给的提供者、科普途径和科普内容三个方面分析了科普供给存在的主要问题,并从理念和目的两个方面进行了归因分析。基于问题梳理和成因分析，提出了提升科普供给水平的对策。

符昌昭（2018）[117]阐述了高校科普资源多样性开发利用的意义，分析了我国高校科普资源开发利用现状，认为总体上高校科普资源开发利用依旧处在发展阶段，高校科技工作者开展科普工作缺乏足够的主观能动性。文章最后从革新观念，营造高校良好的科普氛围；依托志愿服务及品牌建设，提高科普资源开发利用实效性；加强对高校科普资源的优化整合，提高科普资源开发利用效益等方面提出了高校科普资源多样性开发利用对策。

### （九）科普活动其他方面的研究

有一些学者对科普活动或科学传播的方法、科普活动或科学传播理论和方法的应用、实证分析，以及科普活动的其他方面也开展了一些研究，主要研究综述如下。

斯梅尔衲约（Smyrnaiou）等（2012）[118]认为，学习科学需要理解概念与形式的关系，对学生而言，已经证明这些过程本身就很困难，因为他们似乎在他们参与的大多数探究——学习过程中都遇到了实质性问题。基于探究的学习模型被认为是有力的"工具"，可以帮助学生增强他们的推理活动，提高他们对科学概念的理解。而且，以探索、设计和建立复杂科学现象计算机模型的形式建模也已嵌入建构主义学习方法中。通过设计邀请学生探索构建游戏的错误模型并进行改变以创建新游戏，与建构主义游戏微观世界合作等方式，可以为学生提供机会，将他们与牛顿空间中与运动相关的概念性理解带到前台，对它们进行测试，同时使它们成为集团成员之间讨论和反思的对象。此外，该文还研究了学生的小组学习过程，即构建紧急活动地图，以便在他们参与游戏建模活动时规划他们的行为，或报告实施这些行动时产生的结果。建构主义媒介下的学生活动与探究性活动之间的联系也是该文研究的主要问题之一。

奥利维拉（Oliveira L T）等（2015）[119]认为，科学传播关心的是公民在多大程度上可以参与并涉足与科学技术发展相关的辩论和监管过程，因为这有助于保证科学成果的质量和决策的民主化。过去20年里，公众参与科学与技术的理念已成为分析公民与科学技术之间关系的核心。但是，因不同来源间存在歧义和分歧，其含义并不总是很明确。该文阐述了不同学者的观点，帮助人们更清楚地理解公众参与科学与技术的概念及含义，还通过分析法律文本及研究机构与高等教育机构的使命和目标评估了葡萄牙使用该概念的方式。作者得出的结论是，工具性论点在阐述葡萄牙科学活动的规范性论述中仍占主导地位。

马赫（Maher Z）等（2015）[55]采用聚焦小组技术来发现媒体对公众理解科学贡献的不同方面，并测定公民与科学家交流的方式及其对科学作品的熟悉程度。研究中使用了"混合目的性采样"，成立了三个焦点小组，每个小组有8个人。研究结果表明：媒体通过转换和简化科学概念来提高其受众的传播能力，提高受众与科学家交流的能力，媒体增加了公众对科技项目的参与。

梅德韦基（Medvecky F）等（2017）[120]认为，经济学学科与公众之间存在差距，这种差距使人想起导致公众理解自然科学和公众参与运动的分歧，这是知识、信任和意见的差距，但最重要的是在参与方面存在差距。文中提出：我们需要考虑什么，我们需要做些什么，以便使经济学与公众产生更紧密的对话。在研究方法上，作者在公众理解科学和科学研究的领域，找到三个特别相关的主题：理解、专业知识和受众。然后，作者把参与式预算作为公众积极参与的例子进行讨论。

哈德（Harder I）等（2017）[121]介绍了"科学传播成功三合一"（TSSC）。TSSC是一种先进的方法，可以弥合工程科学的精心讨论与公共话语可理解性需求之间的差距。到目前为止，工程科学传播领域主要基于反复试错实验，而TSSC是帮助工程师和科学家选择合适的科学传播工具的首个实用指南概念。为了使实际实施可行，该方法结合基于在线科学传播的测量、与成人和儿童的直接互动等案例进行研究。结果表明，使用TSSC对设计此类活动的帮助很大，可以在工程科学与公众之间进行生动有效的对话。

梅郎雄（Torras–Melenchon, Nuria）等（2017）[122]研究调查中学生参加知识博览会对科技态度的影响，该博览会是加泰罗尼亚（西班牙东北部）的科学传播活动。本研究重点回答了以下问题：学生参加知识博览会后，是否改变了对科技的态度，加泰罗尼亚23所中学1293名学生（14—18岁）按照准实验、实验前、实验后的研究设计参加了这项调查。数据收集于举办第四届、第五届知识博览会的2014年4月和2015年4月，在活动开始和结束时进行两轮问卷调查。评估了四种态度：对科学、技术、工程和数学等学科的学习兴趣，对科技教育的看法，科技研究对社会重要性的看法，未来研究领域的选择，并使用描述性统计和统计检验进行数据分析。研究结果表明，参加知识博览会后,学生对科技的态度更加积极,男女学生之间没有显著差异。

尼曼(Niemann P)等(2017)[123]提出外部科学传播各种展示的类型学,包含多个理论概念,但从实践而言仍适用于科学传播。依据实证基础对现有展示种类进行系统筛选与研究,分别作为"科学展示"研究项目的一部分,研究使用了如下甄别标准:多模态程度、交互程度、事件和娱乐导向程度及表现程度。通过4个真实案例研究来说明这一类型学,每个案例说明一个标准:科学视野(多模态),科学咖啡馆(互动),科学大满贯(事件和娱乐导向)和圣诞讲座(表现)。

加藤-新田(Kato-Nitta N)等(2018)[26]研究发现有关科学传播活动参与者的社会文化和态度特征,以及这些参与者能在多大程度上代表总体人口的实证研究很少。论文通过对比访客调查和全国代表性调查样本,调查统计了科研机构参观者的独特性。

张辉(2017)[124]以5—12岁儿童为对象,以"遇见·光"活动作为案例,观察与分析儿童前科学概念向科学概念转变的过程,从6个活动环节和3个方面(学习关键期、教学策略、活动支架),探讨了如何通过科普场馆活动引领儿童认识科学概念。

戴泓博(2017)[125]基于科普的基本理论、科技馆建设理念和科普效果评估理论,采用文献分析、案例分析、问卷分析等方法,研究深圳市科学馆展教活动发展现状。主要从科技馆的传播内容、传播方式及传播效果等方面展开,对深圳市科学馆展品和活动内容及展品与活动效果进行分析,得出深圳市科学馆必须保持展品与活动两翼齐飞,共同发展的结论。

许玉球等(2018)[126]介绍了2016年广东科学中心利用科技发展专项资金建设的增强现实实验室,在Z Space增强现实教学平台基础上,对增强现实技术在科普教育活动中的应用进行了研究,从物理、生命科学、数学和地理4个学科做了示例分析。结合科普场馆的科普功能和资源优势,设计了3种有针对性的教育活动:展馆体验活动、常规预约体验课和暑期夏令营。

邓国英等(2018)[127]通过2016年1月1日至2017年1月1日上海交通大学附属上海市第一人民医院青年专科医生为核心的科普队伍,借助已有的科普平台对上海市松江区普通群众进行医疗常识和疾病常识的科普教育,收集科普讲座前后听众对医患关系、医患矛盾的认知情况,并进行统计学比较。研究结果表明,开展医疗科普活动,可以促进互信、增进了解,起到明显改善群众对医生群体的观念,有助于改善医患关系。作者认为在有效提高医学人文素养,协调医院管理之外,医疗科普活动是缓解医患矛盾最有潜力的途径。

蔡黎明(2018)[128]认为科普场馆学习是非正式学习的重要场所,在场馆中的学习活动更具有真实性和情境性,并以上海自然博物馆开展的"我的自然百宝箱"科普活动为例,探讨了科普教育活动利用线上和线下资源的方式。

### 三、国内外研究述评

上述 9 方面的研究进展表明,科普活动的研究已经在多个维度和层面广泛展开,取得了一批研究成果。研究现状及特点概括如下。

(1) 研究主题较为广泛,文献较为丰富,但研究深度不够。
(2) 实践研究成果较为丰富,理论研究较少。
(3) 对国内的科普活动实践研究,结合作者实际工作的较多,但大多是介绍活动做法等概况性总结,研究深度不够。
(4) 国内的科普活动实践研究中,开展科普活动或者科普工作的现存问题及对策建议的研究较多,对开展科普活动的策略、具体效果评价的研究则不够。
(5) 国外的研究更侧重于方法和具体研究对象的深入剖析,国内的研究概述性的较多。
(6) 人工智能、机器人等前沿技术的科普活动研究刚刚起步,且主要是国内的研究,国外研究文献较少。

从发展的角度看,科普活动研究应在以下几方面深度开展。

(1) 科普活动的理论研究将会有所深入。
(2) 科普活动的国际比较研究将会全面开展。
(3) 科普活动与其他活动的融合研究将会有所发展。
(4) 科普活动的实证研究将会有所深入。
(5) 人工智能、机器人等前沿技术的科普活动研究将会广泛开展。
(6) 新媒体、互联网等科普活动的相关研究会更加地深入开展。

# 第二章 我国科普活动及其类型

本章介绍我国科普活动开展概况和经费投入情况；讨论科普活动的分类，对其中一些常见科普活动的特点和具体形式进行分析，以期对科普活动策划、组织与实施起到指导作用。

## 第一节 我国科普活动概况

### 一、我国科普活动开展概况

中华人民共和国成立以来，党和政府十分重视科普工作，出台了一系列旨在推动科普事业发展的科普政策法规，极大地推动了我国科普事业发展，同时也丰富了我国科普活动。目前，我国科普活动正在走向形式多样化、组织规范化、内容综合化、程序系列化和标准化、活动资源有效化、活动手段现代化的快速发展轨道。

根据中华人民共和国科学技术部发布的《中国科普统计》数据，2008—2017年我国科普活动概况如表2-1和表2-2所示[129]。

科技活动周是我国规模最大、影响力最大的群众性科普活动之一，近10年来科技活动周每年举办科普专题活动次数小幅波动增长，参加人数不断增加；科普（技）讲座、科普（技）展览、科普（技）竞赛三项科普活动，每项活动每年举办次数和参加人数都有所波动，但三项之和相对比较稳定。科普国际交流活动每年举办次数变化不大,参加人数近年有明显的增加;全国的科研机构、大学进一步加大向社会开放力度,开放单位的数量逐年增加,2017年已经有8461个科研机构和大学向社会开放,比2008年增长了147%;各地举办青少年科技兴趣小组数量2013年以来逐年减少,参加人数也波动下降,但2017年有所回升,科技夏(冬)令营活动举办次数相对稳定,但参加人数近两年有所减少,青少年科普活动需要进一步加强;举办实用技术培训次数在2012年以后逐年减少,参加人数也逐年下降;全国开展1000人次以上的重大科普活动次数相对稳定,近两年略有减少。总体看,近10年来我国各类科普活动举办次数和参加人数相对稳定。

表2-1 2008—2017年我国各类科普活动概况(1)

(参加人次单位:万次)

| 年份 | 科普(技)讲座 | | 科普(技)展览 | | 科普(技)竞赛 | | 科技活动周 | | 科普国际交流 | |
|---|---|---|---|---|---|---|---|---|---|---|
| | 举办次数/次 | 参加人次 | 举办次数/次 | 参加人次 | 举办次数/次 | 参加人次 | 举办次数/次 | 参加人次 | 举办次数/次 | 参加人次 |
| 2008 | 955142 | 15972 | 115339 | 19720 | 46933 | 4849 | 96335 | 8987 | 2365 | 47 |
| 2009 | 849483 | 16940 | 130198 | 19669 | 52807 | 5164 | 98409 | 9733 | 2553 | 51 |
| 2010 | 813421 | 16889 | 127345 | 20055 | 54180 | 5407 | 98857 | 10795 | 3029 | 68 |
| 2011 | 832215 | 17906 | 136174 | 22394 | 53443 | 13978 | 112453 | 11130 | 2842 | 42 |
| 2012 | 897462 | 17105 | 160224 | 23270 | 56666 | 11411 | 121451 | 11162 | 2562 | 32 |
| 2013 | 912111 | 16474 | 161278 | 22637 | 61808 | 6396 | 125045 | 10582 | 2540 | 46 |
| 2014 | 899679 | 15723 | 146390 | 24034 | 48840 | 11961 | 117238 | 15726 | 2223 | 33 |
| 2015 | 888496 | 15043 | 161050 | 24936 | 55424 | 15724 | 117506 | 15753 | 2279 | 73 |
| 2016 | 856884 | 14584 | 165754 | 21267 | 64468 | 11250 | 128545 | 14741 | 2481 | 62 |
| 2017 | 880097 | 14615 | 119943 | 25603 | 48900 | 10143 | 115999 | 16434 | 2713 | 70 |
| 年均 | 878499 | 16125 | 142370 | 22359 | 54347 | 9628 | 113184 | 12504 | 2559 | 52 |

表2-2 2008—2017年我国各类科普活动概况(2)

(参加人次单位:万次)

| 年份 | 青少年科技兴趣小组 | | 科技夏(冬)令营 | | 举办实用技术培训 | | 科研机构、大学向社会开放 | | 重大科普活动 |
|---|---|---|---|---|---|---|---|---|---|
| | 小组个数/个 | 参加人次 | 举办次数/次 | 参加人次 | 举办次数/次 | 参加人次 | 开放单位个数/个 | 参观人次 | 次数 |
| 2008 | 318230 | 2154 | 14386 | 353 | — | — | 3422 | 538 | 26152 |
| 2009 | 317482 | 2230 | 14043 | 379 | 761052 | 10217 | 3692 | 1062 | 29667 |

续表

| 年份 | 青少年科技兴趣小组 小组个数/个 | 青少年科技兴趣小组 参加人次 | 科技夏(冬)令营 举办次数/次 | 科技夏(冬)令营 参加人次 | 举办实用技术培训 举办次数/次 | 举办实用技术培训 参加人次 | 科研机构、大学向社会开放 开放单位个数/个 | 科研机构、大学向社会开放 参观人次 | 重大科普活动 次数 |
|---|---|---|---|---|---|---|---|---|---|
| 2010 | 284686 | 1858 | 12459 | 363 | 811798 | 10906 | 5033 | 755 | 28109 |
| 2011 | 321463 | 2399 | 14502 | 394 | 935405 | 12414 | 5386 | 750 | 30655 |
| 2012 | 305042 | 2533 | 17875 | 388 | 913855 | 12292 | 6495 | 666 | 32874 |
| 2013 | 280425 | 2031 | 15026 | 345 | 875962 | 11299 | 6583 | 801 | 38801 |
| 2014 | 237736 | 2331 | 13114 | 335 | 774189 | 10460 | 6712 | 832 | 29058 |
| 2015 | 228616 | 1770 | 14292 | 355 | 726024 | 9094 | 7241 | 831 | 36428 |
| 2016 | 222446 | 1715 | 14094 | 304 | 646933 | 7747 | 8080 | 863 | 27582 |
| 2017 | 213280 | 1883 | 15617 | 303 | 598385 | 7174 | 8461 | 879 | 27802 |
| 年均 | 272940 | 2090 | 14540 | 352 | 782622 | 10178 | 6110 | 798 | 30713 |

## 二、我国科普活动经费投入情况

根据《中国科普统计》可知，我国科普经费使用构成包括科普活动支出、科普场馆基建支出、行政支出和其他支出四大部分。2008—2017年我国科普经费支出和科普活动支出情况见表2-3和表2-4[129]。

表2-3　2008—2017年我国科普经费支出情况

（数额单位：亿元）

| 年份 | 科普活动支出 数额 | 科普活动支出 占比/% | 科普场馆基建支出 数额 | 科普场馆基建支出 占比/% | 行政支出 数额 | 行政支出 占比/% | 其他支出 数额 | 其他支出 占比/% | 经费使用总额 数额 | 经费使用总额 占比/% |
|---|---|---|---|---|---|---|---|---|---|---|
| 2008 | 36.02 | 57.76 | 11.90 | 19.09 | 8.87 | 14.22 | 5.57 | 8.93 | 62.36 | 100 |
| 2009 | 48.20 | 53.58 | 23.16 | 25.74 | 12.80 | 14.23 | 5.80 | 6.45 | 89.96 | 100 |
| 2010 | 53.68 | 53.31 | 25.20 | 25.02 | 15.07 | 14.97 | 6.75 | 6.70 | 100.70 | 100 |
| 2011 | 58.94 | 55.45 | 21.97 | 20.67 | 16.85 | 15.85 | 8.54 | 8.03 | 106.30 | 100 |
| 2012 | 69.48 | 55.28 | 28.70 | 22.83 | 18.95 | 15.08 | 8.56 | 6.81 | 125.69 | 100 |
| 2013 | 73.34 | 55.22 | 31.91 | 24.03 | 19.37 | 14.58 | 8.19 | 6.17 | 132.81 | 100 |
| 2014 | 74.10 | 49.74 | 45.68 | 30.66 | 19.36 | 13.00 | 9.84 | 6.60 | 148.98 | 100 |
| 2015 | 84.83 | 58.38 | 28.70 | 19.75 | 22.62 | 15.57 | 9.15 | 6.30 | 145.30 | 100 |
| 2016 | 83.74 | 55.02 | 33.84 | 22.23 | 25.03 | 16.44 | 9.60 | 6.31 | 152.21 | 100 |
| 2017 | 87.59 | 54.30 | 37.42 | 23.20 | 24.43 | 15.15 | 11.86 | 7.35 | 161.30 | 100 |
| 年均 | 66.99 | 54.66 | 28.85 | 23.54 | 18.34 | 14.96 | 8.38 | 6.84 | 122.56 | 100 |

表 2-4　2008—2017 年我国科普活动经费支出增长情况

| 年份 | 2008 | 2009 | 2010 | 2011 | 2012 | 2013 | 2014 | 2015 | 2016 | 2017 |
|---|---|---|---|---|---|---|---|---|---|---|
| 经费支出/亿元 | 36.02 | 48.20 | 53.68 | 58.94 | 69.48 | 73.34 | 74.10 | 84.83 | 83.74 | 87.59 |
| 增长率（环比）% | — | 33.8 | 11.4 | 9.8 | 17.9 | 5.6 | 1.0 | 14.5 | -1.3 | 4.6 |
| 增长率（定比）% | — | 33.8 | 49.0 | 63.6 | 92.9 | 103.6 | 105.7 | 135.5 | 132.5 | 143.2 |

可见，我国科普经费的主要支出用于科普活动，科普活动支出占科普经费使用总额的一半以上，年均约 55%。科普活动支出逐年增长，2017 年比 2008 年增长了 143%。

由于科普经费筹集额不同，各省、自治区、直辖市科普活动经费支出差异较大，但从各地科普经费使用额的具体构成看，科普活动支出是大多数省、自治区、直辖市科普经费最主要的使用方向。

近年来各省、自治区、直辖市科普活动经费使用情况见表 2-5 和表 2-6 [129]。

表 2-5　2008—2017 年各省、自治区、直辖市科普活动经费支出情况

（单位：亿元）

| 序号 | 省份 | 2008 | 2009 | 2010 | 2011 | 2012 | 2013 | 2014 | 2015 | 2016 | 2017 | 年均 |
|---|---|---|---|---|---|---|---|---|---|---|---|---|
| 1 | 北京 | 5.094 | 6.764 | 8.698 | 8.018 | 9.458 | 10.590 | 11.285 | 12.632 | 14.433 | 15.264 | 10.22 |
| 2 | 上海 | 2.890 | 3.612 | 4.938 | 5.397 | 6.872 | 7.594 | 7.905 | 8.714 | 9.941 | 10.482 | 6.83 |
| 3 | 江苏 | 2.631 | 3.650 | 3.819 | 4.622 | 4.808 | 4.838 | 5.553 | 5.900 | 5.214 | 5.319 | 4.63 |
| 4 | 广东 | 2.714 | 5.227 | 4.469 | 4.328 | 4.252 | 4.451 | 4.662 | 5.230 | 5.154 | 5.103 | 4.56 |
| 5 | 浙江 | 2.657 | 3.578 | 4.134 | 3.869 | 4.898 | 4.415 | 4.498 | 4.671 | 4.549 | 4.688 | 4.20 |
| 6 | 湖北 | 2.354 | 2.876 | 2.500 | 2.717 | 2.674 | 2.669 | 3.485 | 4.978 | 3.490 | 3.343 | 3.11 |
| 7 | 云南 | 1.576 | 1.613 | 1.900 | 2.913 | 3.055 | 2.766 | 3.332 | 4.201 | 4.178 | 4.025 | 2.96 |
| 8 | 四川 | 1.382 | 2.117 | 1.578 | 1.971 | 2.714 | 3.070 | 2.805 | 3.031 | 3.140 | 3.882 | 2.57 |
| 9 | 辽宁 | 1.068 | 2.274 | 1.913 | 1.935 | 2.095 | 2.266 | 2.257 | 2.624 | 3.036 | 1.752 | 2.12 |
| 10 | 湖南 | 1.406 | 1.326 | 1.584 | 1.750 | 2.534 | 2.384 | 2.438 | 2.376 | 2.832 | 2.537 | 2.12 |
| 11 | 山东 | 0.950 | 1.192 | 1.440 | 1.605 | 1.752 | 2.044 | 2.538 | 3.074 | 2.144 | 2.447 | 1.92 |
| 12 | 福建 | 1.126 | 1.246 | 1.180 | 1.841 | 1.852 | 1.977 | 1.794 | 2.137 | 1.891 | 3.610 | 1.86 |
| 13 | 广西 | 1.146 | 1.243 | 1.361 | 1.293 | 3.208 | 2.972 | 1.515 | 1.822 | 1.908 | 1.924 | 1.84 |
| 14 | 重庆 | 0.560 | 0.692 | 1.262 | 1.514 | 1.439 | 1.841 | 1.915 | 3.931 | 2.939 | 2.193 | 1.83 |

续表

| 序号 | 省份 | 2008 | 2009 | 2010 | 2011 | 2012 | 2013 | 2014 | 2015 | 2016 | 2017 | 年均 |
|---|---|---|---|---|---|---|---|---|---|---|---|---|
| 15 | 安徽 | 0.964 | 1.442 | 1.557 | 1.690 | 1.849 | 1.558 | 1.825 | 1.732 | 1.797 | 2.747 | 1.72 |
| 16 | 陕西 | 0.605 | 0.819 | 1.190 | 1.403 | 1.899 | 2.472 | 1.894 | 2.009 | 2.235 | 2.493 | 1.70 |
| 17 | 贵州 | 0.681 | 0.868 | 0.908 | 1.479 | 1.952 | 2.201 | 1.816 | 1.992 | 2.289 | 2.033 | 1.62 |
| 18 | 河南 | 1.195 | 1.257 | 1.332 | 1.758 | 2.029 | 1.637 | 1.792 | 1.568 | 1.536 | 2.112 | 1.62 |
| 19 | 天津 | 0.738 | 1.122 | 1.245 | 1.249 | 1.567 | 1.713 | 1.922 | 1.563 | 1.605 | 1.076 | 1.38 |
| 20 | 河北 | 0.518 | 0.660 | 0.978 | 1.102 | 1.070 | 1.169 | 1.263 | 2.387 | 2.298 | 1.563 | 1.30 |
| 21 | 江西 | 0.705 | 0.939 | 1.099 | 1.156 | 1.361 | 1.237 | 1.504 | 1.707 | 1.404 | 1.503 | 1.26 |
| 22 | 新疆 | 0.847 | 0.855 | 0.939 | 1.100 | 1.148 | 2.164 | 1.104 | 1.406 | 0.928 | 1.320 | 1.18 |
| 23 | 内蒙古 | 0.267 | 0.455 | 0.688 | 1.004 | 0.836 | 1.001 | 0.779 | 1.171 | 0.962 | 0.947 | 0.81 |
| 24 | 山西 | 0.427 | 0.563 | 0.676 | 0.916 | 0.917 | 0.847 | 1.023 | 0.337 | 0.482 | 1.071 | 0.73 |
| 25 | 甘肃 | 0.363 | 0.366 | 0.265 | 0.298 | 0.494 | 0.602 | 1.005 | 0.940 | 1.001 | 0.891 | 0.62 |
| 26 | 黑龙江 | 0.231 | 0.319 | 0.427 | 0.527 | 0.484 | 0.726 | 0.604 | 0.491 | 0.911 | 0.834 | 0.56 |
| 27 | 青海 | 0.104 | 0.107 | 0.506 | 0.331 | 0.731 | 0.496 | 0.496 | 0.391 | 0.388 | 0.437 | 0.40 |
| 28 | 海南 | 0.260 | 0.326 | 0.374 | 0.364 | 0.364 | 0.496 | 0.333 | 0.471 | 0.314 | 0.523 | 0.38 |
| 29 | 吉林 | 0.284 | 0.238 | 0.346 | 0.498 | 0.667 | 0.670 | 0.252 | 0.282 | 0.091 | 0.369 | 0.37 |
| 30 | 宁夏 | 0.264 | 0.378 | 0.320 | 0.230 | 0.421 | 0.314 | 0.341 | 0.301 | 0.432 | 0.636 | 0.36 |
| 31 | 西藏 | 0.022 | 0.073 | 0.053 | 0.062 | 0.081 | 0.161 | 0.165 | 0.759 | 0.218 | 0.462 | 0.21 |
| | 全国 | 36.02 | 48.20 | 53.68 | 58.94 | 69.48 | 73.34 | 74.10 | 84.83 | 83.74 | 87.59 | 66.99 |

表2−6　2008—2017年各省、自治区、直辖市科普活动支出占全国科普活动经费总额的比例

（单位:%）

| 序号 | 省份 | 2008 | 2009 | 2010 | 2011 | 2012 | 2013 | 2014 | 2015 | 2016 | 2017 | 年均 |
|---|---|---|---|---|---|---|---|---|---|---|---|---|
| 1 | 北京 | 14.14 | 14.03 | 16.20 | 13.60 | 13.61 | 14.44 | 15.23 | 14.89 | 17.23 | 17.43 | 15.26 |
| 2 | 上海 | 8.02 | 7.49 | 9.20 | 9.16 | 9.89 | 10.35 | 10.67 | 10.27 | 11.87 | 11.97 | 10.20 |
| 3 | 江苏 | 7.30 | 7.57 | 7.11 | 7.84 | 6.92 | 6.60 | 7.49 | 6.95 | 6.23 | 6.07 | 6.91 |
| 4 | 广东 | 7.53 | 10.84 | 8.32 | 7.34 | 6.12 | 6.07 | 6.29 | 6.16 | 6.15 | 5.83 | 6.81 |
| 5 | 浙江 | 7.38 | 7.42 | 7.70 | 6.56 | 7.05 | 6.02 | 6.07 | 5.50 | 5.43 | 5.35 | 6.27 |
| 6 | 湖北 | 6.53 | 5.97 | 4.66 | 4.61 | 3.85 | 3.64 | 4.70 | 5.87 | 4.17 | 3.82 | 4.64 |
| 7 | 云南 | 4.37 | 3.35 | 3.54 | 4.94 | 4.40 | 3.77 | 4.50 | 4.95 | 4.99 | 4.59 | 4.42 |
| 8 | 四川 | 3.84 | 4.39 | 2.94 | 3.34 | 3.91 | 4.19 | 3.79 | 3.57 | 3.75 | 4.43 | 3.84 |
| 9 | 辽宁 | 2.96 | 4.72 | 3.56 | 3.28 | 3.01 | 3.09 | 3.05 | 3.09 | 3.63 | 2.00 | 3.16 |
| 10 | 湖南 | 3.90 | 2.75 | 2.95 | 2.97 | 2.53 | 3.25 | 3.29 | 2.80 | 3.38 | 2.90 | 3.16 |
| 11 | 山东 | 2.64 | 2.47 | 2.68 | 2.72 | 3.65 | 2.79 | 3.42 | 3.62 | 2.56 | 2.79 | 2.87 |
| 12 | 福建 | 3.13 | 2.59 | 2.20 | 3.12 | 2.67 | 2.70 | 2.42 | 2.52 | 2.26 | 4.12 | 2.78 |
| 13 | 广西 | 3.18 | 2.58 | 2.53 | 2.19 | 4.62 | 4.05 | 2.05 | 2.15 | 2.28 | 2.20 | 2.75 |
| 14 | 重庆 | 1.55 | 1.44 | 2.35 | 2.57 | 2.07 | 2.51 | 2.58 | 4.63 | 3.51 | 2.50 | 2.73 |
| 15 | 安徽 | 2.68 | 2.99 | 2.90 | 2.87 | 2.66 | 2.12 | 2.46 | 2.04 | 2.15 | 3.14 | 2.57 |

续表

| 序号 | 省份 | 2008 | 2009 | 2010 | 2011 | 2012 | 2013 | 2014 | 2015 | 2016 | 2017 | 年均 |
|---|---|---|---|---|---|---|---|---|---|---|---|---|
| 16 | 陕西 | 1.68 | 1.70 | 2.22 | 2.38 | 2.73 | 3.37 | 2.56 | 2.37 | 2.67 | 2.85 | 2.54 |
| 17 | 贵州 | 1.89 | 1.80 | 1.69 | 2.51 | 2.81 | 3.00 | 2.45 | 2.35 | 2.73 | 2.32 | 2.42 |
| 18 | 河南 | 3.32 | 2.61 | 2.48 | 2.98 | 2.92 | 2.23 | 2.42 | 1.85 | 1.83 | 2.41 | 2.42 |
| 19 | 天津 | 2.05 | 2.33 | 2.32 | 2.12 | 2.26 | 2.34 | 2.59 | 1.84 | 1.92 | 1.23 | 2.06 |
| 20 | 河北 | 1.44 | 1.37 | 1.82 | 1.87 | 1.54 | 1.59 | 1.70 | 2.81 | 2.74 | 1.78 | 1.94 |
| 21 | 江西 | 1.96 | 1.95 | 2.05 | 1.96 | 1.96 | 1.69 | 2.03 | 2.01 | 1.68 | 1.72 | 1.88 |
| 22 | 新疆 | 2.35 | 1.77 | 1.75 | 1.87 | 1.65 | 2.95 | 1.49 | 1.66 | 1.11 | 1.51 | 1.76 |
| 23 | 内蒙古 | 0.74 | 0.94 | 1.28 | 1.70 | 1.20 | 1.36 | 1.05 | 1.38 | 1.15 | 1.08 | 1.21 |
| 24 | 山西 | 1.18 | 1.17 | 1.26 | 1.55 | 1.32 | 1.15 | 1.38 | 0.40 | 0.58 | 1.22 | 1.09 |
| 25 | 甘肃 | 1.01 | 0.76 | 0.50 | 0.51 | 0.71 | 0.82 | 1.36 | 1.11 | 1.19 | 1.02 | 0.92 |
| 26 | 黑龙江 | 0.64 | 0.66 | 0.80 | 0.89 | 0.70 | 0.99 | 0.82 | 0.58 | 1.09 | 0.95 | 0.84 |
| 27 | 青海 | 0.29 | 0.22 | 0.94 | 0.56 | 1.05 | 0.68 | 0.67 | 0.46 | 0.46 | 0.50 | 0.60 |
| 28 | 海南 | 0.72 | 0.68 | 0.70 | 0.62 | 0.52 | 0.68 | 0.45 | 0.55 | 0.37 | 0.60 | 0.57 |
| 29 | 吉林 | 0.79 | 0.49 | 0.65 | 0.85 | 0.96 | 0.91 | 0.34 | 0.33 | 0.11 | 0.42 | 0.55 |
| 30 | 宁夏 | 0.73 | 0.79 | 0.60 | 0.39 | 0.61 | 0.43 | 0.46 | 0.35 | 0.52 | 0.73 | 0.54 |
| 31 | 西藏 | 0.06 | 0.15 | 0.10 | 0.11 | 0.12 | 0.22 | 0.22 | 0.94 | 0.26 | 0.53 | 0.31 |
| | 全国 | 100 | 100 | 100 | 100 | 100 | 100 | 100 | 100 | 100 | 100 | 100 |

北京市科普活动经费支出最多，2012年后逐年增长，近10年年均科普活动支出为10.22亿元人民币，占全国科普活动支出总额的15.26%。其次是上海，近10年科普活动经费支出一直保持稳定增长，年均科普活动支出为6.83亿元人民币，占全国科普活动支出总额的10.20%。

总体来看，科普活动经费支出较高的大多是东部地区。其中，江苏、广东、浙江等发达地区近10年年均科普活动支出占全国科普活动支出总额的比例在6%以上。科普活动经费支出较低的大多是西部地区，其中，西藏、宁夏、青海、甘肃等地区近10年年均科普活动支出占全国科普活动支出总额的比例在1%以下。

## 第二节　科普活动的类型

### 一、科普活动的分类

科普活动具有类型多样的特点。英国科技办公室和维尔康信托基金曾对英国开展的各种科学传播活动进行过专门的调查。调查发现，学术团体、大学、工业公司、媒体组织、地方政府、科学中心、博物馆等许多组织积极参与科学传播活动，科学传播活动在类型上呈现出复杂多样的特点（图2-1）[130]。

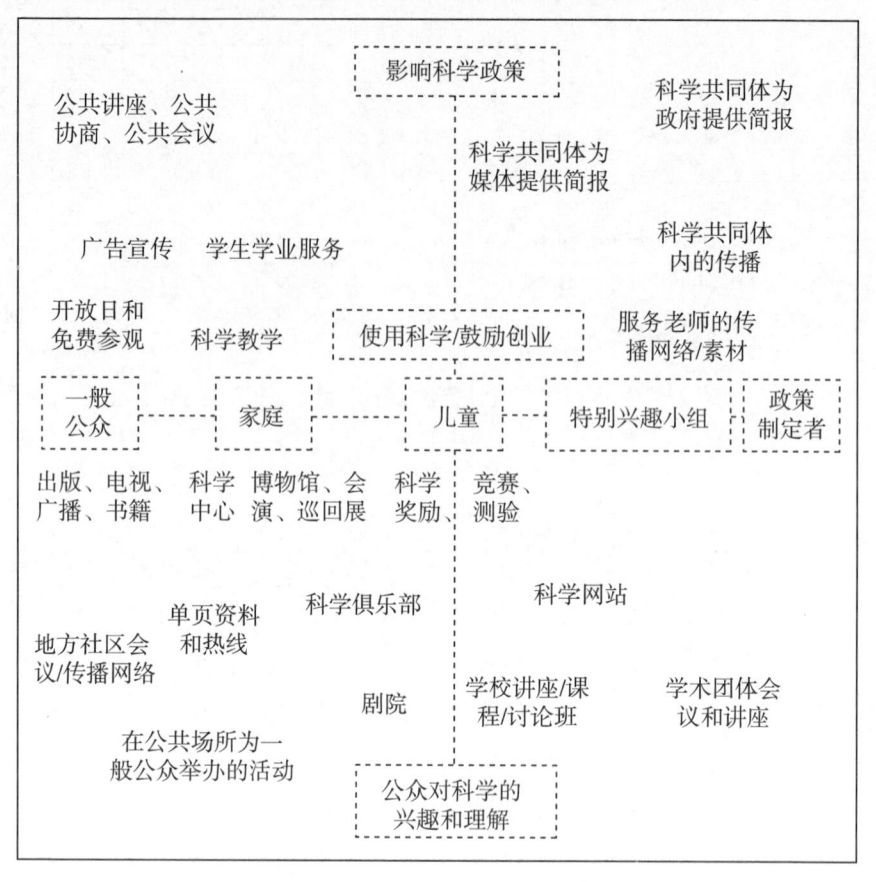

**图2-1　科学传播活动类型**①

科技部在"全国科普统计方案"中，基于科普统计需要，将科普活动分为科普（技）讲座、科普（技）展览、科普（技）竞赛、科普国际交流、青少年科技兴趣小组和科技夏（冬）令营、科技活动周、实用技术培训、科研机构和大学向社会开放、重大科普活动九大类[129]。《科技传播与普及概论》一书按照传播途径和活动形式的分类标准，将科普活动分为群众性科普活动、探究性科普活动、传播媒体类科普活动、展览展示类科普活动、科技培训类科普活动、咨询推广类科普活动、示范引导类科普活动等类型[130]。《科普活

---

① 资料来源：*Science and the Public: Mapping Science Communication Activities*, Prepared by Research International, 1999.

动的策划与组织实施》一书将科普活动分为属于组织传播的科普活动和属于利用大众媒体进行的科普活动两大类，具体分为科普讲座/报告、科普展览、科普咨询、科技竞赛、科技论坛、科普导游、科普大篷车、科学体验活动、科普创作和网络科普10小类[131]。

科普活动可以进行多维度划分。在分析国内外科普活动分类的基础上，我们尝试按照以下标准分类。

（一）按照规模标准分类

科普活动是面向社会公众开展的活动，属于群众性文化活动的一种。因此，科普活动按规模标准分类，可以参考群众性活动规模标准分类。

国务院2007年颁布实施的《大型群众性活动安全管理条例》（见本书附录）规定："大型群众性活动的预计参加人数在1000人以上5000人以下的，由活动所在地县级人民政府公安机关实施安全许可；预计参加人数在5000人以上的，由活动所在地设区的市级人民政府公安机关或者直辖市人民政府公安机关实施安全许可；跨省、自治区、直辖市举办大型群众性活动的，由国务院公安部门实施安全许可①。"

据此，可以将参加人数在1000人以下的科普活动视为中小型科普活动，1000人以上至5000人以下的视为大型科普活动，5000人及以上的视为特大型科普活动。

（二）按照利用的设施（传播途径）标准分类

按照利用的设施（传播途径）标准，可以将科普活动划分为利用科普场馆开展的科普活动，利用大众媒体开展的科普活动，利用流动科普设施开展的科普活动，利用新媒体开展的科普活动，利用学校、科研机构、工厂、自然保护区、旅游区等科普教育基地开展的科普活动等。

利用科普场馆开展的科普活动，主要有各类科普展览、科普讲座（报告、研讨）、科学体验、科技竞赛、科普培训、科技咨询、科普剧表演等。

利用大众媒体开展的科普活动，主要有科普图书创作与传播、科普影视作品创作与传播、科普期刊文章创作与传播、科普剧创作与表演、科普影视大赛等。

---

① 中华人民共和国国务院令第505号[EB/OL].（2007–09–21）[2013–01–20]. http://www.gov.cn/flfg/2007–09/21/content_759965.htm.

利用流动科普设施开展的科普活动，主要有流动科技馆展览、技术咨询、科普资料发放、科学影视放映、科普大篷车展览与技术咨询，以及利用其他形式的流动科普设施开展的活动等。

利用新媒体开展的科普活动，主要有科普动漫作品创作与传播、网上科普影视作品创作与传播、网上科普讲座或报告、科学博客以及微博和微信等的创作与传播、各类网络科普竞赛等。

利用学校、科研机构、工厂、自然保护区、旅游区等科普教育基地开展的科普活动，主要有各类科普展览、科普讲座（报告、研讨）、科学体验、科技竞赛、科普培训、科技咨询、科普旅游、科普参观、科普剧表演、生产场所开放、实验室开放等。

### （三）按照活动形式标准分类

按照活动形式可以将科普活动分成展示类科普活动、宣讲类科普活动、体验类科普活动、竞赛类科普活动、培训类科普活动、综合类科普活动等。

展示类科普活动有展板展示、实物展示、实验展示、影视展示、多媒体展示等。

宣讲类科普活动有讲座式、授课式、沙龙式、表演式等。

体验类科普活动有真实场景体验、模拟场景体验、虚拟场景体验等。

竞赛类科普活动有笔试型、操作型、答辩型、复合型等。

培训类科普活动有讲授型、研讨型、训练型等。

综合类科普活动可以包括所有的科普活动形式。

此外，还有科普国际交流活动、科普论坛（研讨会、交流会）等交流类科普活动等。

### （四）按照目标人群标准分类

按照目标人群标准分类，可以将科普活动划分为面向全体公众的科普活动，即面向未成年人、农民、社区居民、领导干部和公务员、城镇劳动者等重点人群的科普活动，面向妇女、解放军和武警部队官兵、少数民族或民族地区居民、城市流动人口、农民工、残疾人等特定人群的科普活动等。

### （五）其他科普活动类型

其他科普活动类型，如项目支撑类科普活动、应急类科普活动、科学艺术类科普活动等。

项目支撑类科普活动主要指国家或者多部委以及地方通过实施重大科普

项目支撑开展的科普活动。例如"科普惠农兴村计划""社区科普益民计划""西部科普工程""阳光工程""科普列车西部行""农村中学科技馆行动"等。

应急类科普活动主要指为应对重大热点、焦点问题、突发性灾难等开展的各类科普活动。例如近年来影响不断扩大的"谣言粉碎机""科学咖啡屋"等科普活动。

科学艺术类科普活动有科学商店活动、科学节、科学嘉年华、科普文艺活动等。

## 二、常见的科普活动类型及其特点

### （一）展示类科普活动

1. 展示类科普活动的特点

展示类科普活动一般具有展示主题明确、活动场地相对固定、展品或者传播者（演示者）比较固定、受众广但不确定等特点。这类科普活动通常在科普场馆、科普教育基地等公共场所举办，也可以利用信息化科普设施开展；可以面向所有公众也可以针对特定人群，可以是单一主题也可以是系列主题，可以通过科普橱窗、科普画廊、科普展板、科普挂图、科普图片、实物展示、影视展示或者实验展示等形式开展。

2. 展示类科普活动的具体形式

（1）展板（挂图）展示

将精选出与主题相关的各类图片、照片，加上适当文字说明，形成挂图或者展板。如果再配以声音解说、灯光配合等，科普活动效果会更好，如"中国航天科普图片展"等科普活动。

（2）实物展示

将最能反映主题的实物（可以是实际产品、实物模型、科研装置、发明成果等）在适当场所展出，加上一定的文字说明，再配以声音解说、多媒体配合等，科普活动效果会更好。如中国科技馆与新加坡科学中心共同举办的"中国古代科技发明展"等。

（3）实验演示

将反映主题的科学实验在一定时间内和相对固定场所，由实验者真实演示实验过程，如果能有受众参与的互动环节以及声像等配合，科普效果会更好。如近年来的北京科学嘉年华活动中，在舞台上表演的液氮等化学实验十分受欢迎。

（4）影视作品展播

将相关主题内容制作成影视作品或公益性科普广告，在相对固定场所定时展播，或在相对固定时段通过电视台播出，如2008年科普大篷车特别节目等。电视台、广播电台、互联网、广告牌等各类数字终端都可以成为科普影视作品的展播平台。

（5）多媒体展示

多媒体展示通过屏幕、按钮、音效，以及新兴的虚拟现实、增强现实等手段，形成对展品的扩充或增补。如虚拟翻书、互动投影、幻影成像、悬浮成像、电子留言、互动沙盘、多媒体故事墙等。

（二）宣讲类科普活动

1. 宣讲类科普活动的特点

宣讲类科普活动一般会有比较明确的主题、相对固定的活动场地、比较明确的时间阶段和相对固定的受众。举办地点可以是科普场馆、科普教育基地等，也可以在机关、学校、企事业单位内。主题和内容可以涉及节约能源资源、保护生态环境、保障安全健康、促进创造创新，也可以围绕党和国家的科技政策、科技发展、重要科技事件和人物开展。可以面向不同的特定人群，还可以利用各类科普图片、挂图、音像制品、动漫（画）作品等作为宣讲的辅助手段。

2. 宣讲类科普活动的具体形式

（1）讲座式

讲座式科普活动有各类科普讲座、科普报告和科普讲演等形式。如2012年8月5日下午，诺贝尔物理学奖获得者杨振宁先生在清华大学新清华学堂，为全国青少年高校科学营——北京科学营约1300名营员进行了题为《我的中学与大学经历1933—1942》的成才励志报告。每年全国各地都有规模不等、内容各异的此类讲座式科普活动。表2-1列出了我国近年来举办的科普（技）讲座次数和参加人数等情况。

（2）授课式

授课式科普活动主要体现为由科学家或专业科普人员在相对固定时间、固定地点，对全体公众或者特定人群讲解特定主题的相关知识等。如某电视台就专门为年轻妈妈开设了"科学育儿讲堂",请部分年轻妈妈到现场听课并向公众播出录制的节目。

(3) 沙龙式

沙龙式科普活动是在一定时间内,在相对固定地点,由科学家等科技人员与公众或媒体人员,就特定主题进行面对面讨论、交流等。如中国科协定期组织的"科学家与媒体面对面"活动,就是请科学家和媒体人员就当前社会热点和焦点中的科学问题进行深入地讨论、问答,并由媒体向公众传播。

(4) 表演式

表演式科普活动是就特定主题,以戏剧、歌曲、舞蹈、朗诵、相声、小品或多种艺术形式相结合的形式开展的科学普及活动。例如,近年来广东、江苏等多地都开展了科普剧大赛。

### (三) 体验类科普活动

1. 体验类科普活动的特点

这类活动通常有比较明确的主题、相对固定的活动场地或网络平台、比较明确的时间段、比较固定的体验装置或形式,面向所有公众或特定人群开展。体验类科普活动可以在科普场馆、科普教育基地等实体科普设施开展,也可以借助网络在个人计算机或移动端进行。体验类科普活动充分考虑了人的心理认知,更强调参与者的感受、理解和体验,能够帮助参与者获得科学知识、方法和过程的体验,参与者也最感兴趣。

2. 体验类科普活动的具体形式

(1) 真实场景体验

在高等学校、科研院所实验室开放日或科学营举办期间参观实验室,到工厂生产车间、科普旅游场所、森林公园等地参观,甚至在科技人员指导下参与实验和制作活动,都属于通过真实场景获得体验的活动。如2012年8月,全国青少年高校科学营活动中,北京航空航天大学的营员们在老师指导下进行了航模制作,体验了从图纸设计、板材切割、材料打磨,到模板拼接、零件组装的实际制作过程(图2-2,图片源自《2012全国青少年高校科学营活动》)。

(2) 模拟场景体验

模拟场景体验科普活动包括利用各种模拟装置或实验装置体验科学实验过程等。例如,范德格拉夫静电演示体验、椎体上行演示体验等。广西科技馆有一个展品名为"方轮车",可在凹凸不平的路面上顺利行驶,观众可以亲自骑行体验(图2-3,广西壮族自治区科学技术协会提供)。

图2-2 全国青少年高校科学营营员进行航模制作

图2-3 广西科技馆的方轮车骑行体验

(3)虚拟场景体验

借助可操作的虚拟现实和增强现实等虚拟技术在数字化网络平台实现的科技体验活动等就属于虚拟场景体验类科普活动。在中国数字科技馆,网民可以通过点击深海科学、月球探测、亲近北极、水资源等栏目进行基于互联网的虚拟场景体验(图2-4)。

体验类科普活动目前在我国已经开展得比较普遍，特别是针对青少年的科学体验活动更是蓬勃发展。如青少年生命科学体验活动、低碳与环境保护体验活动、天文及航天体验活动、模型或标本制作体验活动、简易机器人制作体验活动、电子制作和无线电测向体验活动，以及小种植和小养殖体验活动等[132]。

图 2-4  中国数字科技馆体验

### （四）竞赛类科普活动

1. 竞赛类科普活动的特点

竞赛类科普活动是在一定时间阶段，结合某一主题或某一类主题，针对特定人群或全体公众开展的知识问答、科学创意比赛等科普活动。国内外对科技竞赛活动都特别重视，科技竞赛活动的开展也非常广泛。

2. 竞赛类科普活动的具体形式

（1）笔试型

笔试型竞赛类科普活动围绕某个（类）主题，组织公众或者特定人群通过笔试答题形式回答科学技术知识方面的问题，并以笔试结果作为评定成绩的主要依据。如我国奥林匹克数学竞赛等活动。

（2）操作型

操作型竞赛类科普活动是围绕某个（类）主题，组织公众或者特定人群参与，让参与者通过实际操作、制作来完成特定工作。如图 2-5（广西壮族自治区科学技术协会提供）所示，2011 年广西青少年科技创新大赛机器人竞赛中，参赛队员正在紧张调试足球机器人。

图 2-5　操作型竞赛活动

(3) 答辩型

围绕某一（类）主题，组织公众或者特定人群，通过现场答辩形式，回答科学技术知识等方面问题。如全国公民科学素质知识电视大赛等。

(4) 复合型

复合型竞赛类科普活动是包括了笔试型、操作型、答辩型等基本特征在内的综合性科技竞赛。如在全国各地开展的青少年科技创新大赛等。

竞赛类科普活动虽然形式上重在检测参与者对科学技术知识、技能等的掌握程度，但具有很强的科普带动功能。

3. 我国主要的青少年科技竞赛活动简介

科技竞赛是深受公众特别是青少年喜爱的科普活动，在各国都普遍受到重视。例如，美国英特尔国际科学与工程大赛（Intel International Science and Engineering，Intel ISEF）、PLL 青少年机器人竞赛、奥林匹克学科竞赛、欧盟的科技竞赛，以及瑞典斯德哥尔摩青少年大奖赛等都享誉世界。

我国青少年科技竞赛活动主要有基础学科（数学、物理、化学、生物及信息学）竞赛活动、探究学习及论文撰写竞赛、技术设计与发明竞赛、科幻绘画创作竞赛以及智能机器人制作竞赛等。其中，全国青少年科技创新大赛（China

Adolescents Science & Technology Innovation Contest，CASTIC)、奥林匹克学科五项竞赛、中国青少年机器人竞赛是影响最大、参与范围最广的3类比赛。

这3个大类别主要是按参加竞赛的内容来分的。全国青少年科技创新大赛系列竞赛主要内容是学生研究项目竞赛，奥林匹克学科五项竞赛是以各学科知识为基础的竞赛，中国青少年机器人竞赛是专项竞赛。这3类赛事各自成体系、成规模，有独立的竞赛章程和标准。

(1) 全国青少年科技创新大赛[①]

全国青少年科技创新大赛是我国学生科学研究项目类竞赛的代表。科学研究项目类竞赛的参赛单元是学生独立完成的科学研究项目。在国际上，学生研究项目竞赛被称为科学大奖赛（Science Fair），科学大奖赛的历史非常悠久，参与范围也特别广泛。每年5月在美国举办的英特尔国际科学与工程大奖赛，已经成为全世界中学生研究项目的"奥林匹克"。我国也非常重视促进学生研究项目竞赛的发展，全国青少年科技创新大赛是一项具有近40年历史的全国性青少年科学探究项目的综合性科技竞赛，也是英特尔国际科学与工程大奖赛中国地区联席赛事。学生研究项目竞赛分为学校级科学大奖赛、地区级科学大奖赛、国家级科学大奖赛和国际级科学大奖赛等不同级别。学生研究项目类竞赛的目的是促进学生的科学学习，发展学生学习科学的兴趣，鼓励学生树立科学研究的职业追求。

全国青少年科技创新大赛是由中国科协、教育部、科技部、生态环境部、体育总局、知识产权局、自然科学基金会、共青团中央、全国妇联共同主办的一项全国性的青少年科技竞赛活动，是目前我国中小学各类科技活动优秀成果集中展示的一种形式。全国青少年科技创新大赛的前身是1979年由中国科协牵头举办的首届全国青少年科技作品展览。40年来，在党中央高度重视和亲切关怀下，在各方面的共同努力下，大赛已成为亚洲规模最大、参赛国别最多的青少年科技赛事，为科技后备人才培养提供了坚实支撑，为各国青少年体验科学之美、创新之妙搭建起广阔的舞台。

全国青少年科技创新大赛具有广泛的活动基础，从基层学校到全国大赛，每年约有1000万名青少年参加不同层次的活动。全国青少年科技创新大赛不

---

① 全国青少年科技创新大赛[EB/OL]. (2018-08-20)[2019-06-10]. http://castic.xiaoxiaotong.org/index.aspx.

仅是国内青少年科技爱好者的一项重要赛事，而且已与国际上许多青少年科技竞赛活动建立了联系，每年都从大赛中选拔优秀的科学研究项目参加国际科学与工程大奖赛（ISEF）、欧盟青少年科学家竞赛等国际青少年科技竞赛活动。全国青少年科技创新大赛分为小学生项目和中学生项目。小学生项目设置物质科学、生命科学、地球环境与宇宙科学、技术、行为与社会科学 5 个参赛项目学科。中学生项目设置数学、物理学与天文学、化学、动物学、植物学、微生物学、生物化学与分子生物学、生物医学、环境科学与工程、计算机科学、工程学、能源科学、行为与社会科学 13 个参赛项目学科。

全国青少年科技创新大赛包括初评和终评。初评采用网络评审的形式，通过参赛资格审查的项目由评委会组织学科专家对申报材料进行网络评审，项目初评通过率约为 80%。终评分为等级奖评审和专项奖评审，大赛组委会选聘国内外高等院校、科研院所的学科专家组成终评评审委员会，通过现场审阅材料和项目问辩，评选产生大赛各等级奖项。专项奖评审由设奖单位单独评选或委托大赛评委会评选。全国青少年科技创新大赛终评一般在每年的 8 月举行，每年在不同的申办城市举办，设有一等奖、二等奖、三等奖和专项奖。创新大赛的评审依据为三自原则和三性原则。三自原则包括自己选题、自己设计和研究、自己制作和撰写；三性原则包括创新性、科学性和实用性。

第 33 届全国青少年科技创新大赛于 2018 年 8 月在重庆举办。该届大赛有来自全国各地的 500 多名青少年科技爱好者和 200 多名科技辅导员，以及来自亚洲、欧洲、大洋洲、北美洲、南美洲、非洲等 50 多个国家和地区的 300 多名青少年和科技教育工作者代表参加。该届大赛共评选出青少年项目一等奖 59 项、二等奖 136 项、三等奖 192 项；科技辅导员项目一等奖 30 项、二等奖 70 项、三等奖 95 项，十佳优秀科技辅导员奖 10 人；国际选手项目一等奖 13 项、二等奖 29 项、三等奖 43 项。从一等奖项目中评选出本届大赛最高奖项——中国科协主席奖 3 项。此奖项旨在鼓励热爱科学、敢于创新的优秀青少年，授予大赛中最具创新性、科学性和实用性的青少年项目。

（2）全国中学生五项学科奥林匹克竞赛[1]

全国中学生五项学科奥林匹克竞赛包括数学、物理、化学、生物学和信

---

[1] 全国中学生五项学科奥林匹克竞赛活动网站[EB/OL]．(2019 - 05 - 30) [2019 - 06 - 18]．http://cso.xiaoxiaotong.org/indexnewsview.aspx? ColumnID = 10180006&AID = 201905.

息学竞赛。全国中学生五项学科奥林匹克竞赛是由中国科协主管，中国数学会、中国物理学会、中国化学会、中国计算机学会、中国动物学会和中国植物学会6个全国学会主办，面向全国中学生开展的课外科学竞赛活动。宗旨是：向中学生普及科学知识，激发他们学习科学的兴趣和积极性，为优秀学生提供相互交流和学习的机会，促进中学教学改革；通过竞赛和相关活动培养和选拔优秀学生，为参加国际奥林匹克学科竞赛选拔参赛选手。学科竞赛属于课外活动，是在教师指导下学生研究性学习的重要方式，始终坚持学有余力、对学科学习有兴趣的学生自愿参加的原则。学科竞赛的具体管理工作由中国科协青少年科技中心承担。学科奥林匹克竞赛比赛时以考察学生理解学科知识为主，一般包括理论题和实验题两部分，涉及范围广泛，很多时候题目难度远远超出中学学习范围。考试以笔试为主，考试时间普遍较长。全国中学生奥林匹克竞赛活动得到了教育部及各级教育主管部门的支持，在国内具有广泛的影响。

国际学科奥林匹克竞赛是世界上最有影响的中学生学科竞赛活动，其宗旨是促进学科知识的普及，培养中学生对学科知识的兴趣。比赛每年在世界不同国家和地区轮流举办。中国在1985年首次派队参加这项活动，几十年来，中国学生取得了优异的成绩。

国际数学奥林匹克竞赛以培养学生巧妙运算，严密逻辑思考和灵活分析、解决问题为目标，已成为全球历史悠久、影响广泛且权威性极高的国际学科奥林匹克竞赛活动之一。我国自1985年起由中国科协组织中学生参加国际数学奥林匹克竞赛，成绩一直保持优异。以2014年7月在南非开普敦举办的第55届国际数学奥林匹克竞赛为例，此次竞赛有来自101个国家和地区的560名中学生参加，中国代表队获得5枚金牌、1枚银牌，并取得了团体总分第一的优异成绩，其中上海中学高继扬同学以满分的成绩获得本届比赛第一名。参加这项国际性数学竞赛，拓展了国内数学基础教育工作者的视野与思路，激发了很多学生从青少年时期对学习数学的浓厚兴趣，加强了各国优秀青少年间的交流与友谊，而且给有数学天赋的学生提供了更有挑战的学习目标，发现和培养了一批优秀的数理学科后备人才。

国际物理奥林匹克竞赛旨在通过国际中学生物理竞赛促进学校物理教育的国际交流与发展，强调物理学在科学技术和基础教育中日益增长的重要性。该项赛事经过40余年的成功举办，国际声望越来越高，所发挥的作用已被联合国教科文组织（UNESCO）和欧洲物理学会（EPS）肯定。我国自1986年首次参加该项赛事以来，历届参赛成绩均名列前茅，派出选手几乎每次全部获得金牌，并且多次获得个人或团体总分第一。例如，2014年7月第45届国际物理奥林匹克竞赛在哈萨克斯坦首都阿斯塔纳举行，共有86个国家和地区的374名选手参加比赛，中国代表队5名选手全部获得金牌，并取得团体总分第一的佳绩，中国人民大学附属中学的胥晓宇同学获得本届比赛个人总分第一的优异成绩（图2-6，图片来自全国中学生五项学科奥林匹克竞赛活动网站）。

图2-6 第45届国际物理奥林匹克竞赛中国代表队

国际化学奥林匹克竞赛是世界上规模和影响最大的中学生化学学科竞赛活动。我国自1987年中国科协组织选派优秀中学生参赛以来，一直保持优异的成绩。例如，2016年7月第48届国际化学奥林匹克竞赛在格鲁吉亚第比利斯举行，共有76个国家和地区的264名选手参加了本届竞赛，中国代表队4名选手全部获得金牌。其中，北京市育英学校刘静嘉同学还获得理论成绩第一名（图2-7，图片来自全国中学生五项学科奥林匹克竞赛活动网站）。2018年7月，第50届国际化学奥林匹克竞赛在斯洛伐克首都布拉迪斯拉发和捷克首都布拉格举行，来自全球76个国家和地区的300名选手参加此次竞赛，中国代表队4名选手凭借细致的实验操作和扎实的理论功底全部斩获金牌。其中，聂翊宸同学还获得理论成绩第一名，陈庆雨同学获得了个人总分第一和实验成绩第一的佳绩。第一届国际化学奥林匹克竞赛于1968年在捷克斯洛伐克共和国举办，2018年主办方为纪念竞赛举办50周年，在竞赛期间还组织开展了丰富多彩的文化体验活动、体育活动、科技交流活动和专家讲座等，让选手们在紧张的考试之余，加强交流、增进友谊、促进成长。

图2-7  第48届国际化学奥林匹克竞赛中国代表队选手

国际生物学奥林匹克竞赛是一项对生命科学有浓厚兴趣的高中学生的竞赛活动。竞赛中的实验和笔试涉及细胞生物学、分子生物学、植物解剖与生理学、动物解剖与生理学、动物行为学、基因与演化学、生态学和生物系统学等非常广泛的基础和前沿生命科学领域。竞赛活动旨在为酷爱生物学科的中学生搭建展示与交流平台，通过解答科学问题、动手实验等方法，激发他们对生物学科的兴趣和创造力，引导和影响优秀中学生在科学研究领域的专业选择。学科竞赛对教师改革传统教学方法，更新知识储备和提升教学水平发挥了积极作用。我国选手在竞赛中取得了优异的成绩。例如，第25届国际生物学奥林匹克竞赛于2014年7月在印度尼西亚巴厘岛举办，共有来自62个国家和地区的200余名学生参赛，中国代表队4名参赛选手获得了3枚金牌和1枚银牌；第26届国际生物学奥林匹克竞赛于2015年7月在丹麦奥尔胡斯举办，共有来自60多个国家和地区的200余名学生参赛，中国代表队的4名参赛选手均获得了金牌，中国代表队是本届比赛唯一包揽4枚金牌的参赛队伍。

第一届国际信息学奥林匹克竞赛于1989年在保加利亚布拉维茨举行，创立该项赛事的最初目的是宣传信息学这一新兴学科，给学校开设信息技术课程增加动力，启发教育和学习的新思路。经过30年的发展，该比赛已成为一项在全球具有影响力的青少年计算机编程能力竞赛，是一项应用计算机解决问题的智力挑战。我国自1989年派队参加第一届国际信息学奥林匹克竞赛以来，成绩在各国的参赛队中一直领先。例如，第26届国际信息学奥林匹克竞赛于2014年7月在台北市举行，来自83个国家和地区的311名选手参加了该届竞赛，中国代表队的4名参赛选手赢得了4枚金牌。其中，杭州学军中学的徐寅展同学的竞赛成绩在全体参赛学生中排名第一。中国选派的学生在国际竞赛中的优异表现，得益于全国青少年信息学奥林匹克竞赛在国内的推广普及，参赛学生对信息技术学科有强烈的兴趣和较强的综合能力。

(3) 中国青少年机器人竞赛①

中国青少年机器人竞赛活动是中国科协面向全国中小学生开展的一项将知识积累、技能培养、探究性学习融为一体的普及性科技教育活动，是中国科协主办的面向21世纪青少年的系列科技创新活动之一。该竞赛活动始办于2001年，竞赛为广大青少年机器人爱好者在电子信息、自动控制以及机器人高新科技领域进行学习、探索、研究、实践搭建成果展示和竞技交流的平台，旨在通过富有挑战性的比赛项目，将学生在课程中的多学科知识和技能融入竞赛过程中，培养学生的创新意识、动手实践能力和团队精神，激发他们对科学技术以及机器人研究应用的兴趣，提高他们的科学素质。同时，该活动还选拔国内优秀青少年参与国际青少年机器人竞赛和交流活动。经过近20年的发展，已成为国内规模最大、组织最为规范、影响范围最广的青少年科技竞赛活动之一，在普及机器人工程技术知识、推广机器人教育等方面发挥了重要作用，培养了一大批酷爱工程技术、具有较强实践操作和团队合作能力的优秀青少年科技创新人才。

中国青少年机器人竞赛每年举办1次。由中国科协和承办省、自治区、

---

① 中国青少年机器人竞赛[EB/OL]. (2018–08–20) [2019–06–18]. http://robot.xiaoxiaotong.org/index.aspx.

直辖市人民政府主办,由中国科协青少年科技中心和主办省、自治区、直辖市科协承办及有关部门协办。2001 年,首届全国青少年机器人竞赛在广东省广州市举办,2002—2018 年第二届至第十八届全国青少年机器人竞赛依次在广州、郑州、南宁、西安、昆明、重庆、长沙、西宁、北京、郑州、天津、长春、乌鲁木齐、鄂尔多斯、北京、中山、贵阳举办。每年,全国有 9000 多支队伍、25000 多名中小学生参加省级青少年机器人竞赛选拔赛,辅导教练员超过 5000 人,参与学校数量达 3700 所。经过省级竞赛选拔,有来自 30 多个省、自治区、直辖市,以及新疆生产建设兵团,香港和澳门特别行政区的约 500 支参赛队、1400 多名选手、500 多名教练员入围全国竞赛。经过十多年的发展,中国青少年机器人竞赛在普及机器人工程技术知识,推动机器人教育活动开展等方面发挥了积极作用,已成为国内面向青少年机器人爱好者举办的规模最大、管理规范、认可度高、影响广泛的竞赛活动。

2016 年起,中国青少年机器人竞赛整合为机器人综合技能比赛、机器人创意比赛、FLL 机器人工程挑战赛、VEX 机器人工程挑战赛和教育机器人工程挑战赛 5 个竞赛项目,集知识性、竞技性、趣味性为一体的竞赛一直吸引着广大青少年。①机器人综合技能比赛面向中小学生,在一块固定的场地上设置数个不同难度的任务,要求参加比赛的代表队在完全封闭的现场自行拼装机器人、编制机器人运行程序、调试和操作机器人。机器人综合技能比赛可以检验青少年对机器人技术的理解、对机械结构的认识,以及对基本程序编写的掌握程度。②机器人创意比赛是一项自由度比较高的竞赛,每年设置一个主题,学生在辅导老师的指导下以个人或小组的方式进行智能机器人的创意、设计、编程与制作,完成机器人创意作品参加大赛展示和评选,整个制作过程可以持续 6 个月左右。这是一项充分发挥青少年创新性思维,培养团队协作能力,展现他们综合素质的竞赛项目。③FLL 机器人工程挑战赛是青少年国际机器人比赛项目,整个竞赛分为现场竞技、技术问辩、课题研究几个部分,在培养青少年机器人兴趣和技能的同时鼓励他们关注社会,积极运用科学和工程学知识解决各种问题。比赛每年设置一个主题,围绕主题设计十余项任务,由机器人在固定场地内完成,同时要求参赛团队结合生活对这个主题开展课题研究,最后还要在技术问辩时进行课题介绍和展示团队风采,这也是对参赛青少年的一次综合、全面的考察。④VEX 机器人工程挑战赛也是一项国际青少年机器人比赛项目,每年设置一个主题并设计新的竞技内容。比赛采用联队对抗形式，参赛青少年通过遥控器控制己方的两个机器人获得尽量多的分数，同时还要合理运用战略防止对方得分。VEX 比赛对抗性强、展示性高，深受青少年的喜爱。⑤教育机器人工程挑战赛设置与年度主题有关的模拟场景任务，要求参赛队在现场拼装、编程、调试和操作机器人，完成比赛任务。比赛检验青少年对机器人技术的理解和掌握程度，激发青少年对机器人技术的兴趣，培养动手能力。

下面以第十八届中国青少年机器人竞赛为例进行简单的介绍。第十八届中国青少年机器人竞赛暨 2018 世界青少年机器人邀请赛于 2018 年 7 月在贵州省贵阳市举办，该届机器人创意比赛的主题是"我的学习伙伴"，旨在促进学生了解人类学习方式的转变、新技术如何辅助人类学习，提高教育质量，同时尝试创意一个改善或辅助人学习的机器人作品。该届竞赛共有来自全国 31 个省、自治区、直辖市，以及新疆生产建设兵团，香港和澳门特别行政区的 518 支参赛队、1454 名学生、509 名教练员参加（图 2-8 为选手在参赛现场操作机器人，图片来自中国青少年机器人竞赛官网），竞赛首次同期举办世界青少年机器人邀请赛，有来自亚洲、非洲、欧洲、北美洲和大洋洲的 28 个国家和地区共 94 支队伍、266 名学生和 101 名教练员参加了邀请赛（图 2-9，图片来自中国青少年机器人竞赛官网）。经过激烈的角逐，本届竞赛共产生 7 支冠军队，7 支亚军队，4 支季军队；5 个竞赛项目共产生一等奖 87 项、二等奖 167 项、三等奖 264 项。该届竞赛规模进一步扩大，国际化水平显著提升，赛事组织信息化水平进一步提升，有效提高了竞赛的组织效率和透明度，竞赛活动内容丰富，突出科技人文特色，打造了青少年机器人爱好者的科技嘉年华。

**（五）培训类科普活动**

1. 培训类科普活动的特点

培训类科普活动，是为了让某一特定人群或所有公众了解特定科技知识和科学方法、掌握特定技能，在一定时间内和相对固定场所，开展有针对性的培训。科普对象接受培训后，要将所学的科学技术知识和技能付诸实践环节。例如，在农村开展的移风易俗、科学新生活培训，为提高城镇劳动者就业和再就业能力开展的职业技能培训等。

图 2-8　第十八届中国青少年机器人竞赛选手在操作机器人

图 2-9　2018 世界青少年机器人邀请赛参赛国家队伍

2. 培训类科普活动的类型

（1）讲授型

讲授型培训是邀请专家就特定主题，以讲座与报告形式对特定受众（培训对象）进行知识传播，特别是技能方面培训。例如，请农业专家给农民培训种植或养殖技能。讲授型培训可以是现场讲座或报告，也可以利用音像制品、结合科普读物进行网络远程讲座或报告。如图 2-10（广西壮族自治区科协提供）所示，广西壮族自治区科协组织开展的某次培训中，培训老师为学员讲解电工基本技能。

图 2-10　讲授型科普活动

（2）研讨型

研讨型培训是邀请专家与培训对象面对面地研讨解决生产、生活中具体疑难问题的措施、方法和技巧，帮助被培训对象提高解决实际问题的能力和水平。例如，在农村地区，农业技术人员与农民一起研讨农业种植、养殖新技术的应用等问题。

（3）训练型

训练型培训活动往往是科普对象将学习到的科学技术知识付诸实践环节需要的科普活动。例如，经过科普培训以后的具体技术指导，为公众提供新技术信息、市场信息等咨询，以及引进实用性人才、新技术、新品种等方面应用性培训活动等。图 2-11（青海省科学技术协会提供）所示，青海省科学技术协会组织科技人员，在青海省海东地区化隆县群科镇为藏族种植户讲解西瓜栽培的技术。

（六）综合类科普活动

1. 综合类科普活动的特点

综合类科普活动是各级政府部门、科技团体等有组织、有计划、集中开展的科普活动。这类活动通常固定于某一时间段开展，集中于某一科技主题，通过组织展览展示、科普培训、科技服务、科技宣传等系列活动，面向整个社会（或者是某些社会群体，或者特定行业的从业者）广泛普及科学技术知识。

**图 2-11　训练型科普活动**

在群众性的综合类科普活动中，影响最大的是政府部门组织动员社会各界广泛参与的"全国科技活动周""全国科普日"等活动。由于这类大型科普活动是由政府部门积极动员，各类科普机构、科普场馆、科普基地、科技团体、大众媒体、高等院校、科研机构、相关企业等积极参与，而且活动内容丰富——有科普展览、科普报告、专家咨询甚至科技游园会、科学实验室对外开放等各种形式，很好地结合社会发展需要和公众知识需求，因而往往具有声势浩大、影响广泛、公众参与度高的特点，形成一种有效的社会动员机制，扩大科学技术的社会影响，提高公众对科普的关注。

2. 主要的特大型综合类科普活动

（1）全国科技活动周

"全国科技活动周"是 2001 年经国务院批准设立、在全国举办的大规模群众性科技活动，由科技部、中宣部、中国科协等 19 个部门联合在每年 5 月的第 3 周举办，至 2019 年已连续举办 19 届，成为一项公众参与度高、覆盖面广、社会影响力大的全国性科普品牌活动。

近些年来，科技活动周的活动内容主要是围绕全民科学素质行动，宣传"加强自主创新、建设创新型国家"的国家战略，主题包括："携手建设创新型国家""科技创新·美好生活""科学生活·创新圆梦""创新创业·科技惠民""创新引领·共享发展""科技强国·创新圆梦""科技创新·强国富民""科技强国·科普惠民"。

我国的科技活动周活动得到了政府与社会各界的广泛支持和参与，各级地方政府和科技机构、科普组织都根据主题要求和自身特点积极组织相应的科普活动。科技活动周活动内容丰富多彩，参与形式灵活多样，受益公众持续增长，社会影响力日益提升。从表2-1可以看出，近年来，我国科技活动周期间每年举办科普活动次数都在11万次以上，参加人数1.5亿人次左右且有明显的增长趋势，2017年达到1.64亿人次。科技活动周宣传了国家科学技术政策，丰富了公众的科学技术知识，推动了公众对科学技术的学习和理解，也提高了公众对某些科学技术问题的兴趣和关注。

拥有更长历史（1995年开始）的"北京科技周"是由中共北京市委、北京市人民政府举办，政府部门、高等学校、科研机构、大众媒体、科技团体等积极参与的科普活动。北京科技周近年来与全国科技活动周同期举办，服从全国科技周活动主题，并结合北京市地方特色。

2017年全国科技活动周以"科技强国·创新圆梦"为主题，北京主场活动通过大型科普博览、视频、图片、实物模型、互动体验、娱乐游戏等方式，展示了科技扶贫精准脱贫成果、科技重大创新成就、优秀科普展教具、科普图书等科技成果和科普产品共260多个展项。另外，围绕科学竞赛、科普讲座、互动体验、典礼活动和科普表演等方面组织了三大类22项主题活动，8天共吸引8万人次的观众到现场参观体验，让参加者在游戏中走近科学、了解科学，提高了百姓爱科学、讲科学、学科学、用科学的热情。另外，针对全国科技周北京主场活动举办时间有限的问题，"2017北京科技周"微信公众号推出"在线展厅"，把科技周展厅搬到网上，在科技周活动结束后，仍然可以让更多的观众便捷地享受到这一年一度的科普盛宴。主场活动闭幕式上，主办方为公众最喜爱的科普项目和主题活动颁发了荣誉证书，一株仙草的扶贫传奇、自然能提水、沙漠到菜田的蝶变、农家养金鸡敲开致富门、冷板式服务器、find智慧钢琴、聚音宝、新风口罩、无人驾驶汽车、冲上云霄航空科普飞行模拟实践教学等55个展项被评为公众最喜爱的项目。[①]

2018年全国科技周北京主场活动紧扣"科技创新·强国富民"的主题，

---

[①] 2017年全国科技活动周暨北京科技周主场活动圆满闭幕[EB/OL].(2017-05-27)[2019-06-18]. http://www.stdaily.com/zhuanti01/ttjjt/2017-05/27/content_547623.shtml.

呈现了 460 多个科技项目和科普展项，通过虚拟现实、增强现实、混合现实、多点触摸互动等新技术新产品现场体验，让观众充分体验科普展的吸引力和感染力，享受科技创新带来的方便和快捷。在户外，有关航空、航天、深海的公众科普体验区，共轴双旋翼无人直升机、舰载机等，让前来参观的孩子大开眼界、雀跃不已，还有从百姓身边发明创造视角展示的科普互动产品，特别是西瓜基因组图谱、无线传输电能的水下彩灯、新型农业成果等颇为吸引眼球。在科技创新"加速度"板块，采取手绘漫画、信息图式、剪纸动画等形式，生动展现北京在基础前沿领域的科技创新成果，并用图文展示、文字视频、实物模型、互动体验的方式展示十大高精尖技术产业的创新成果。8 天共吸引 12 万人次观众到现场参观体验，让公众近距离感受了科技创新成果带来的震撼力量，体验了形式多样的科普活动和精彩纷呈的互动展品，增强了公众对科学进步和科技创新的体验感、获得感。同时，为了让科技周惠及更多的观众，北京市科委利用新媒体对科技周活动主场开展了全方位的报道，打造"线上线下相结合的科技盛宴"。主场活动闭幕式上，主办方为公众最喜爱的项目颁发了荣誉证书，神威·太湖之光超级计算机系统、类脑神经计算芯片、"精灵"无人驾驶汽车、纳米梦工坊、石墨烯智能人工喉、细胞机器人、冬奥运动员 VR 平衡能力训练、机器人行李箱 R1、航空科学飞行互动模拟机、食用菌多糖精深加工系列化妆品等 98 个展项被评为公众最喜爱的项目。[①]

2019 年全国科技周北京主场活动以"科技强国·科普惠民"为主题，以 2014 年加强全国科技创新中心建设 5 年来取得的重大成就为主线，设置规划引领篇、建设成就篇、美好生活篇、科普惠民篇 4 个篇章，展示人工智能、集成电路、前沿材料、医药健康、航空航天、智能装备等领域的科技创新成果、科普展项和互动体验产品，共 280 多个项目。科技周期间，北京市举办了中国科学院公众科学日、北京社会科学普及周、中国创新创业大赛北京赛区暨北京创新创业大赛季等大型科普活动 10 余项；举办科研机构向公众开放、科技列车行、科普进军营、优秀科普作品推介、科普讲解和微视频大赛等一批示范性的活动。各区科技周举办基层科普活动超过 650 项，参与人数

---

① 2018 年全国科技活动周暨北京科技周活动主场圆满闭幕[EB/OL]. (2018 - 05 - 26)[2019 - 06 - 18]. http://www.xinhuanet.com/tech/2018 - 05/26/c_1122892164.htm.

16万余人次；各行业、各科普基地举办活动超过300项。

全国科技周北京主场活动已成为公众了解和体验我国科技发展成就、全国科技创新中心建设的重要窗口。参观者不仅有北京市民，还有津、冀以及其他省份的观众，甚至国外游客，一些科技周"粉丝"更是连续几年来到科技周主场。在军事博物馆举办的科技周主场8天就吸引了12万人次现场参观和体验。现场通过"场景化设计、故事化描述、互动性突出"为特色，运用虚拟现实、增强现实、混合现实等技术，反映科技强国建设的成就。让公众充分了解全国科技创新中心建设的重要成果，增强了公众对科学发展、科技创新的理解、体验和获得感，诠释科技惠民内涵，让人们参与科技周、学在科技周、乐在科技周、玩在科技周。图2-12是全国科技周北京主场（军事博物馆展览现场）部分展项及活动（图片来源：中国社会科学网，吕家佐摄；中国城市报，全亚军摄）。

北京市科委副巡视员张志松介绍，2019年全国科技周北京主场活动凸显了三方面特色：一是展示内容上体现新时代要求，展示了北京地区国家重大基础设施、重大科技创新成果、高精尖产业发展成果等内容，展现了北京加快建设具有全球影响力的科技创新中心的坚定决心和使命担当。二是展示形式上运用新技术手段，运用虚拟现实、增强现实、混合现实、全息投影、三维演示、体感交互等科技展示技术和文化创意手段，将前沿成果、传统文化转化为互动有趣的科普展品，让观众在好看好玩的愉悦过程中充分感受科技创新。三是展示体验上充分体现服务理念，展示了一大批贴近民生的新技术新产品、设计创意产品以及老龄科技、冬奥科技、绿色生活、智能生活等成果和民间发明，让观众切身感受到科技创造的美好生活。比如定格动画展项让孩子们通过体验拍摄、制作过程等方式，在玩中学习了相关知识。[①]

户外体验区通过秀科学、秀咖啡、秀文创、秀魔方等好看、好玩的形式，推广文化创意、手工制作、民间发明等百姓身边的创新、创意成果，让观众充分体验科技与文化艺术相结合的时尚生活方式。特色科普活动通过科学竞赛、表演、实验展演、科普话剧等活动，激发公众学科学、讲科学、爱科学的热情。

---

① 2019年北京科技周活动闭幕[EB/OL]. (2019-05-27)[2019-06-18]. http://www.cet.com.cn/dfpd/yqdt/2248761.shtml.

图 2-12　2019 年全国科技周北京主场展览现场部分展项及活动

全国各地同步启动了科技活动周，国家重点实验室也在科技活动周期间向社会开放。通过这些科技活动的开展，普及科学知识、弘扬科学精神、传播科学思想、倡导科学方法，公众在参与中拓展科学眼界、在体验中学习科学知识、在互动中感受科技魅力，为广大科技工作者和社会公众共同打造了一场场科技盛宴。① 图 2-13 为一名小朋友在与参展机器人互动（图片来源：新华网，周靖杰摄）。

（2）全国科普日活动

"全国科普日"活动是中国科协自 2003 年发起，由中国科协、中宣部、教育部、科技部、工信部、中科院等联合主办的一项群众性科普活动，每年在全国范围内集中于 9 月的第 3 个周开展。全国科普日活动期间，中国科协所属各学会都积极参加北京主场活动，各地各级科协也结合当地实际举办各具特色的科普活动，科普大篷车也深入偏远地区进行科普宣传，中国数字科技馆等网站也同期开展相关线上活动。中共中央书记处领导同志每年都莅临全国科普日北京活动现场，与首都各界群众一起参与科普日活动。

---

① 2019 年全国科技活动周暨北京科技周主场活动开幕［EB/OL］.（2019-05-20）［2019-06-18］. http://www.xinhuanet.com/tech/2019-05/20/c_1124517502.htm.

图 2-13　一名小朋友在与科技活动周参展机器人互动

近些年来，全国科普日活动规模不断扩大，活动内容日益丰富，活动形式追求创新，较好地满足了公众多样化的科普需求。其中，北京主场活动在活动主题、内容、形式上都具有较强的全国示范性，近十几年来，分别以"节能减排，从我做起""保护生态环境，坚持科学发展""坚持科学发展，创新引领未来""走近低碳生活，坚持科学发展""坚持科学发展，节约保护水资源""食品与健康""保护生态环境，建设美丽中国""创新引领未来，创新改变生活，创新在我身边，创新圆我梦想""科技成就梦想，拥抱智慧生活""创新放飞梦想，科技引领未来""创新驱动发展，科学破除愚昧""创新引领时代，智慧点亮生活"等为主题开展活动。[1]

2018 年全国科普日活动以"创新引领时代，智慧点亮生活"为主题在全国开展，北京主场设在中国科技馆和奥林匹克公园庆典广场。其中，中国科技馆区包括国际科普荟萃、感触科技前沿、创新决胜未来、放飞科学梦想、科技助力生活 5 个展区、232 个展项。北京主场首次设立国际科普作品展，来自 13 个国家和地区创意的 30 余项科普展品集中亮相。北京主场在中国科技馆首次举办"科学之夜"活动，以科幻为主题，通过角色扮演、闯关探秘、虚拟现实体验等青少年喜爱的活动形式，将科学与艺术完美融合。

北京科学嘉年华是由北京市科学技术协会主办的面向社会、服务公众的大型公益性、群众性科普品牌活动，是全国科普日北京主场活动的重要组成部分。北京科学嘉年华自 2011 年起已成功举办八届，活动坚持"弘扬科学精

---

[1] 2019 年全国科普日 [EB/OL]. (2019-09-03) [2019-10-16]. http://kepuri.org/2019/index.aspx.

神、传播发展理念、倡导科学生活"理念,以国际性、互动性、体验性为特色,聚焦前沿科技传播与科学文化融合,面向首都公众,提供学习和体验科学的盛宴。设在奥林匹克公园区的第八届北京科学嘉年华(图 2-14,图片来源科普中国官方网站),包括国际科普、科技教育、智慧生活等 12 个主题展区,展示来自各个国家的 480 余项科学互动体验项目。①

图 2-14 2018 年全国科普日北京主场活动暨第八届北京科学嘉年华

2018 年全国科普日活动期间,各级学会、高等院校、科研院所、中小学、科技馆、科普教育基地、企事业单位等 12179 家单位参与,组织开展基层科普联合行动、科普教育基地联合行动、校园科普联合行动、企业科普联合行动、网上科普日系列活动、科学传播专家团队行动、全国科普日学术资源科普化等一系列主题性、全民性、群众性的科普活动,包括:展览展示、互动体验、现场咨询、科普讲座、科普表演、科普宣传、科技服务、科普开放日、网络互动等丰富多彩的活动。全国各地举办各类科普活动 18020 项(线上活动 1180 项、线下活动 16840 项);2018 年线上线下参与人数达 3 亿人次。②

(3)其他大型科普活动

我国政府各部门、科研机构和社会组织也经常举办一些群众性大型科普活动,如"公众科学日""安全科技周"、全国"防灾减灾日"等。

"公众科学日"是中国科学院面向社会大众开展的科普活动,活动内容包

---

①② 2018 年全国科普日北京主场活动暨第八届北京科学嘉年华拉开帷幕[EB/OL]. (2018-09-17)[2019-06-18]. http://www.xinhuanet.com/2018-09/17/c_137473960.htm.

括重点实验室、天文台、植物园、博物馆、标本馆开放，组织院士和专家就热点问题举办专题讲座等。"安全科技周"是国家安监总局举办的安全科技科普活动，安全科技周活动通过媒体宣传、学术讲座、安全生产事故应急救援预案演习等各种形式，面向企业、矿区、基层宣传安全科技方针，普及安全科学知识，推广优秀安全科技成果。全国"防灾减灾日"是以防灾减灾为目的的科普活动，活动期间，许多部门（如中国科协、国家林业局、中国气象局等）积极参与，根据自身特点，开展防灾减灾科普宣传教育活动。

  我国还有以重大纪念日为契机开展大型群众性主题科普活动的传统。例如，生态环境部以及所属中国环境学会，每年都以"世界环境日""世界地球日""国际生物多样性日"等重要纪念日为契机，组织包括科学报告、科普展览、电视节目、知识竞赛等在内的各种科普宣传活动。国家卫生和计划生育委员会以及所属中华医学会、中华预防医学会、中国药学会，每年都结合"联合国糖尿病日""世界爱眼日""高血压日""心脏病日"，开展资料发放、义诊、讲座等群众性科普宣传活动。中国气象局每年结合"世界气象日"组织开展气象日开放、气象科普展览、气象科普论坛、气象科普进社区等活动。

# 第三章　国外科普活动概览

科普活动由于形式多样、手段灵活、易于开展，在世界各国的科学传播中被广泛采用。虽然不同国家的经济水平、教育水平、文化背景等存在差异，但是，总能以带有本土文化特色的科普活动吸引公众参与其中。本章主要介绍国外一些常见的科普活动类型和典型活动，包括科学节活动、主题日科学传播活动、青少年科学传播活动和科学咖啡馆、英国圣诞讲座等特色科学传播活动。从主办机构、活动内容及表现形式、经费来源及运营模式、受众和活动效果等方面对国内外科普活动进行了比较分析。

## 第一节　科学节活动

科学节是以节事的形式开展科学传播的行为，它以科学技术为主题和内容，采用艺术节或音乐节的清新、活泼风格，经常集讲座、展览、研讨会、实验演示、游园、小组讨论、舞台表演等多种形式于一体，能够很好地满足不同人群的多种喜好和需求。从名称上看，科学节是对这一类科学传播活动的统称，不同的科学节称呼也是不拘一格的，从现有的活动看，它们可以叫做科学（技/普）日、科学（技/普）月、科学（技/普）年、科学（技）嘉年华、科学（技/普）节、科学之夜，等等。可以说，科学节是当今科学传播界的流行文化。

在国内，媒体报道经常用"科普盛宴""科普大餐"这类字眼形容科学节的丰富、盛大和广受欢迎。盛宴或是大餐，顾名思义，都是多种美食的汇聚，意味着视觉上的更强冲击、味觉的更优体验和更丰富的营养与能量。这样比喻科学节至少有两层含义。其一，科学传播是公众精神层面的需求，属于有益的精神食粮；其二，科学节作为一种综合形式的科普活动，被认为是包含更丰富的内容、更多样的体验以及更多元的价值和功能。有研究表明[133]，当前，科学节在世界上超过65个国家都有开展，共约161个节，遍布五大洲。其中，欧洲有79个科技节（其中英国25个）、北美地区有51个科技节（其中美国40多个），亚太地区有17个科技节，非洲及中东地区有10个，南美有4个。英国和美国举办的科学节数量最多，其所在的欧洲、北美洲也是科学节最集中、最盛行的大洲。

　　从世界范围来看，科学节的组织者是多元的，可以是政府部门，也可以是学校、研究机构、科技馆、科学中心或自然类博物馆，同时，不少学会等非营利性社会组织也积极参与其中。不过，不同类型的组织者在不同的国家、不同的科学节发挥的作用和重要程度也不尽相同。相关研究表明[133]，在欧洲的科学节组织者中，非营利性组织发挥着主导作用，它们占组织者的半数以上（52.9%）；研究机构/大学及科技馆等也发挥重要作用，占22.7%；当地政府部门的参与比例并不算高，占17.1%；各类研究协会占7.3%。而在北美的科学节组织者中，研究机构或大学和博物馆是主要的组织者，前者占44.4%，后者占38.9%，非营利性组织占11.1%，当地政府部门的参与程度更低，仅为5.6%。然而，在亚太地区情况就显得十分不同，尤其是亚洲大国或科技强国，由于文化使然，科技节的组织者一般为当地政府部门或政府部门支持下的公立博物馆、大学等，可占7成以上。而世界其他区域的国家或地区，尤其是在一些经济与科技欠发达的国家和地区，科学节的组织者一般是非营利性组织或跨国公司，并且这些国际性机构或公司总部一般位于欧美科技强国所在地区。当然，除了非营利性组织或跨国公司，非洲、中东及南美地区也有政府机构组织举办的科学节，即便如此，这些科学节的合作伙伴也不乏国际著名科技节组织、慈善教育机构或公司等。

　　从规模上看，科学节活动有大的，也有小的。可以从参与者的数量来看一个科学节的规模，也可以从活动开展的范围角度去考量。并且，所谓规模的大与小也是相对而言的。

## 一、科学节活动的历史与发展

### (一) 科学节活动的起源

科学节的故乡在欧洲,其现代概念可以追溯到 20 世纪 80 年代末。1989 年,世界上首个现代意义的科学节诞生在爱丁堡,它就是全球闻名的爱丁堡国际科学节 (Edinburgh International Science Festival)[134]。

在 20 世纪 80 年代,科学节作为一种新生事物能够首先出现在爱尔兰,这其中既有偶然成分,也是一种必然。说它偶然,是因为爱丁堡国际科学节的举办最初只是源于某个人的提议,提议者叫伊恩·沃尔 (Ian Wall),是爱丁堡城市委员会经济发展部的高级官员。早在 1985 年,为了加强欧洲的文化宣传,欧盟范围内开始评选"欧洲文化之城",每年有一到两个城市可以获此殊荣。对入选城市而言,"欧洲文化之城"的桂冠不仅可以带动本地的文化交流,也能促进城市经济发展。1988 年,爱尔兰的格拉斯哥被选为 1990 年的"欧洲文化之城";而爱尔兰的首都爱丁堡,一座以艺术节著称的旅游文化名城却榜上无名,这个结果让爱丁堡人大吃一惊,更不免失落。在这样的背景下,伊恩·沃尔提出,爱丁堡应该打造一个新的城市名片,要在次年的 4 月举办一个科学节,与本城市集中在 9 月举办的各个艺术节相呼应,从而拉动复活节期间的旅游和经济。对此提议,人们反对和赞成的声音都有,但幸运的是它最终还是被采纳了,于是有了 1989 年 4 月的首个爱丁堡国际科学节[135]。

同时,爱丁堡国际科学节的产生也有其必然因素:一是源于英国公众理解科学运动的发展,二是来自爱丁堡发达的节日文化。

第二次世界大战以后,英国公众对科学的态度"起伏不定",从战后一段时期内的热情与兴趣转向后来的失望甚至敌对。这也导致了科学家在科学传播舞台上的撤退和迷茫,甚至影响政府对科学界的投资力度。在此背景下,1985 年,英国皇家学会发表《公众理解科学》,全面介绍了英国教育、工业、政府、传媒等社会各界开展科普工作的情况,并提出进一步提高英国公众理解科学水平的一系列措施。报告发布后,在英国相关业界引起很大反响,并促成了英国公众理解科学委员会 (COPUS) 的成立。英国公众理解科学委员会是一个由英国皇家学会、英国科学促进会和皇家研究会代表组成的三方组织,为推动公众理解科学,它开展了一系列计划,包括设立科普人员奖学金、推出年度流行科学图书奖以及推动科学与妇女机构协作等，将英国的公众理解科学运动不断推向发展的高潮。因此，20世纪80年代末，英国的公众理解科学运动处于发展的高潮，爱丁堡具备了科学传播的社会土壤，爱丁堡国际科学节的诞生也就有了必然的血液。另外，爱丁堡是有名的节日之城。每年9月份，各类艺术节扎堆上演，包括国际电影节、图书节、军体操节等，成为闪亮的城市名片，吸引着大量游客，为城市经济和发展做出了实在的贡献。因此，爱丁堡深厚的节日文化为一个科学技术为内核的节日的孕育做好了准备。这也是一种必然[135]。

首个爱丁堡国际科学节的举办取得了极大成功，随后，世界上许多国家纷纷效仿，很快，科学节在世界范围内流行起来。其中，由于地缘邻近和文化相通，欧洲国家反应普遍较快，20世纪90年代，瑞典、德国、丹麦、波兰、荷兰、奥地利、比利时、芬兰、挪威等大多数国家有了自己的一个或多个科学节。例如，英国1994年创办科学、工程及技术周（National Science & Engineering Week）[136]，1995年，挪威科学周（Norwegian Science Week）开始举办[137]，1996年，丹麦科学节（the Danish Science Festival）举办①；1997年，哥德堡国际科学节（International Science Festival Goteborg）②、华沙科学节（Warsaw Science Festival）③ 开始举办。

与此同时，科学节活动也开始在大洋洲和北美洲、非洲举办。1997年，澳大利亚开始举办国家科技周[138]，新西兰开始举办国际科学节（New Zealand International Science Festival）④，而南非举办了沙索科学节（SASOL Science Festival）。1998年，科学节传入美国，海湾地区科学节（Bay Area Science Festival）⑤ 开始举办。进入21世纪，科学节传入加拿大，并逐渐在北美洲、亚洲、非洲的国家流行起来。例如，2008年，多伦多科学节（Toronto Science Festival）开始举办，同年加拿大开始举办国家科技周活动（Canada's National Science and Technology Week），2011年，阿拉伯联合酋长国开始举办阿布扎比

---

① 丹麦科学节[EB/OL]. (2019-08-04)[2019-10-16]. https://naturvidenskabsfestival.dk/.
② 哥德堡科学节[EB/OL]. (2019-08-05)[2019-10-16]. http://vetenskapsfestivalen.se/hem/.
③ 华沙科学节[EB/OL]. (2019-08-05)[2019-10-16]. http://festiwalnauki.edu.pl/o-nas.
④ 国际科学节介绍[EB/OL]. (2019-08-04)[2019-10-16]. http://www.scifest.org.nz/about-us.
⑤ 海湾地科学节[EB/OL]. (2019-08-05)[2019-10-16]. http://www.bayareasciencefestival.org/.

科学节（Abu Dhabi Science Festival）① 等。

我国最早的科学节是上海科技节，设立于1991年②。及至后来，先后又出现了2001年设立的全国科技活动周、2003年设立的全国科普日、2011年设立的北京科学嘉年华[139]、2014年设立的北京城市科学节③、2018年设立的中科院科学节④，等等。可以看到，在我国，科学节活动也在逐步流行，并成为公众科学传播的重要手段。

不过，需要说明的是，实际上，日本和韩国在此之前已经有了科学节意义上的活动，如日本1960年设立的科技周，韩国1968年设立的科学日等[140,141]。

### （二）科学节成为城市文化的重要组成部分

科学节最初诞生于城市，其后，也在城市中获得了广阔的发展空间，中外情况莫不如此。例如，大家耳熟能详的瑞典哥德堡科学节、波兰华沙科学节、美国纽约世界科学节、英国曼彻斯特科学节、加拿大多伦多科学节，以及中国的上海科技节、北京城市科学节等，都是在大都市举办的。这样的例子还有"欧洲研究员之夜"，2005年，"欧洲研究员之夜"活动在9月的第三个周五晚上举行，欧洲共有300多个城市同时开展科学传播活动[142]。如今，许多科学节已经成为城市的新名片和城市文化的显著标志。

科学节在城市举办，主要得益于城市相对集中的科教文化资源和人口优势。由于科学节的发起者主要是政府机构、大学、科研机构、社会组织等，科学节的举办又离不开大学、科技馆、科学中心、图书馆、学校、实验室等公共设施，而这些机构主要是城市的组成单元和发展要素，尤其是在发展中国家更是如此。科学节参与公众数量通常都很可观，数以万计或十万计，服务的是主办城市地为主的人群，也辐射周边地区的人群。每一座城市都有自己的独特气质，城市文化是城市气质的载体和外显，是一座城市独特的印记。

---

① 阿布扎比科学节庆祝五年的成功举办[EB/OL]. (2015-12-15)[2019-10-16]. https://www.sciencefestival.co.uk/news-article/the-abu-dhabi-science-festival-celebrates-five-years-of-success.

② 上海科技节[EB/OL]. (2019-08-05)[2019-10-16]. http://shscifest.stcsm.gov.cn/.

③ 关于城市科学节[EB/OL]. (2018-08-04)[2019-10-16]. http://www.chinasciencefestival.com/about/.

④ 中科院科学节新闻发布会暨科学节启动仪式举行[EB/OL]. (2018-10-29)[2019-10-16]. http://www.cas.cn/cm/201810/t20181029_4667745.shtml.

现如今，大大小小的城市科学节已经参与了城市文化的构建，推动着科学与文化的融合共生。

由于科学节本就脱胎于艺术节，因而它追求科学与艺术的结合，一方面要实现科学传播的功能；另一方面还要讲求活泼清新的艺术风格，实用价值和审美价值兼备。因此，办好一个科学节，需要组织者更为精心地策划与组织。

### （三）推动科学节活动的区域性组织开始涌现

随着科学节活动的发展，开始出现推动科学节活动的区域性组织，主要出现在欧美国家。比较知名和有代表性的包括以下三个组织。

1. 欧洲科学传播活动协会（European Science Events Association，EUSEA）

2001年，欧洲科学传播活动协会[①]成立，该协会约有来自36个不同国家的100个组织成员，是欧盟地区科学传播活动发展的重要协调与推动力量。这些科学传播活动有不同的名字，如科技节、科技周、科技日、科技之夏、科技之夜等。目前，在欧洲已经涌现出许多这类活动，还有很多正处于发展酝酿中。

2. 科学节联盟（Science Festival Alliance，SFA）

2009年，美国国家科学基金会资助成立了科学节联盟[②]，目前联盟在美国和加拿大地区有48个会员。该联盟用于支持美国境内和盟国加拿大的城市科学节之间的交流合作，为会员搭建一个对话平台，彼此之间分享灵感、建议，并进行资源的交换。美国科学节联盟不是一个独立的组织，也不是某个机构的专门项目（尽管有两个科学联盟全职人员在麻省博物馆里办公），而是一个合作网络，由那些致力于团结合作，以科学节方式更好地提供服务的机构、组织和个人构成。

2010年，科学节联盟启动面向科学节组织方的正式会员项目，现在联盟成员可以通过多方面了解科学节联盟。联盟不向会员收取会费，只要求他们参与联盟网络来支持联盟的任务，这样的自愿支持行为就允许科学节联盟来承担一些对科学节有益的项目。从2010年开始，联盟还开始支持中东和北非

---

[①] 欧洲科学传播活动协会的介绍[EB/OL]. (2019-08-03) [2019-10-16]. http://euscea.org/main/default.asp%3Fid%3D110.

[②] 科学节联盟的介绍[EB/OL]. (2019-08-05) [2019-10-16]. https://sciencefestivals.org/about/.

的国家及地区建立科学节，比如埃及的开罗科学节就是在科学节联盟的支持下举办的。

3. 英国科学节网络组织（UK Science Festivals Network，UKSFN）

英国也成立了科学节网络组织，该组织是英国科学协会（BSA）管理的一个慈善机构①。目前，科学节网络组织有 45 个成员，举办科学节以及包含科学内容的非科学节。

科学节网络组织经常召开会员会议，分享优秀活动实践与经费赞助者资源。同时，该组织还在网站上发布成员科学节活动的信息，搭建宣传平台。除了这些常规服务之外，该组织的成员还可以优先获得或者参与由英国科学协会协调的基金及活动。此外，科学节网络组织还会代表其成员，与赞助商及政府部门进行商讨，争取更多的资源。

## 二、典型国家的科学节活动

### （一）英国的科学节活动

1. 英国科学节活动概况

英国是最早提出"公众理解科学"的国家，拥有丰厚的科学资源和文化历史，也是科学节活动的故乡[143]。英国各地每年举办的科学节活动数量多，规模大小不一。在大型科学传播活动中，比较知名的有前面提到的爱丁堡国际科学节和英国科学、工程与技术周，还有曼彻斯特科学节（Manchester Science Festival）②，英国科学节（British Science Festival）③，英国剑桥科学节（Cambridge Science Festival）④，等等。

虽然英国的科学节很多，但每个科学节都很注重打造自己的定位和特色。比如，英国科学、工程与技术周重在介绍科技对日常生活的影响；爱丁堡国际科学节的巡游和亲子互动项目独具特色；英国剑桥科学节则是英国最大的

---

① 英国科学节网络组织介绍[EB/OL].（2019 – 08 – 04）[2019 – 10 – 16]. http://sciencefestivals.uk/.
② 曼彻斯特科学节介绍[EB/OL].（2019 – 08 – 05）[2019 – 10 – 16]. https://www.scienceandindustrymuseum.org.uk/manchester – science – festival.
③ 英国科学节介绍[EB/OL].（2019 – 08 – 05）[2019 – 10 – 16]. https://www.britishscienceassociation.org/british – science – festival.
④ 英国剑桥科学节介绍[EB/OL].（2018 – 08 – 06）[2019 – 10 – 16]. https://www.cambridgesciencefestival.org/.

全免费科学节，目的是展示剑桥大学的最新研究成果。图3-1是剑桥科学节上，一对母女在参加空气动力汽车模型比赛。

**图3-1　剑桥科学节上，一对母女参加空气动力汽车模型比赛**

再如英国科学节，脱胎于英国科学促进协会1831年开始举办的年会，历史悠久，内容涉及科学、技术和工程的各个领域，具体形式包括报告会、辩论会、科学交流讨论、参观展馆、动手活动、展示活动、科学实验、科学成果展览、科技电影播放等。英国科学节有大学主办的传统，2011年以来，布拉德福德大学、伯明翰大学、纽卡斯尔大学、阿伯丁大学等大学曾作为主办者，西门子公司、英国政府、欧盟地区发展基金会曾分别资助该项活动，举办地的图书馆、博物馆和教育机构积极参与①。

2. 爱丁堡国际科学节

爱丁堡国际科学节由爱丁堡市议会和苏格兰行政院发起，是欧洲乃至世界上最大的科技节之一[144]。爱丁堡科学节通常在每年4月份举办，开展为期2周左右的活动，是一项鼓励各年龄层公众参与探索科学、科学性与娱乐性结

---

① 英国科学节的介绍[EB/OL]. (2019-08-06)[2019-10-16]. https://www.britishscienceassociation.org/uk-science-festivals.

合的教育性慈善活动。

爱丁堡国际科学节每年确定一个活动主题。近年来活动主题为：野生之魂（Spirit of the Wild）（2010）、雾化（Atomise）（2011）、给生活加点科学（Add Science to Your Life）（2012）、做好准备面向未来（Get Ready for the Future）（2013）、科学是事物的核心（Science at the Heart of Everything）（2014）、点子工厂（The Ideas Factory）（2015）、建设更美好的世界（Building Better Worlds）（2016、2017）。2019年，爱丁堡国际科学节在4月6—21日举行，受人类登上月球50周年的启发，活动主题为"前沿"（Frontiers），积极探索推动科学、技术、工程和数学发展的知识，以及冒险精神和科学的质疑。在这一主题下，由具体的领域分别聚焦于医学健康前沿、工程前沿、数字技术前沿、环境科学前沿以及行星科学前沿。通过这一平台，吸引科学、技术、工程、数学等领域的杰出人才分享自己尖端研究领域的精彩想法。

爱丁堡国际科学节举办的形式分为两种：一种类似于中国的科技周，主办方利用城市艺术中心（City Art Centre）、苏格兰国家博物馆（National Museum of Scotland）、爱丁堡皇家植物园（Royal Botanic Garden Edinburgh）等场地同时举行活动，观众购票入场；另一种形式是主办方在半年的时间里，在不同学校举办各类科普活动或者开办各类科学实验班。为了使尽可能多的民众参与，爱丁堡国际科学节的时间一般与当地学校的复活节假期同步，为每年3月份或4月份[145]。

爱丁堡国际科学节很早就在公益性和商业性的结合方面做了探索。有研究表明，早在2003年的爱丁堡科学节就开展了六大类125个活动项目，活动主题涵盖了几乎所有学科，例如，数学、物理、医学、生物、化学、天文等。在开展科普活动的同时，也为各领域学者提供了交流平台。其中，成人参与的活动有70项，占56%；儿童参与的活动有67项，占53.6%（两者略有交叉）。活动中有免费活动46项，占活动总数的36.8%；收费活动79项，占活动总数的63.2%。科学节主要收费活动大部分集中在针对成人的演讲类活动中，而对于以青少年参与为主的互动项目及演示活动，基本上是免费的，这充分考虑了青少年的收入情况。手工作坊收费主要是材料费与工具费，由于多数活动创作成果能由参与者带走或自由支配，所以收费不会影响参与者的热情。5英镑以下的活动占到了2/3（67%），这在英国是一个非常便宜的价格,也充分体现了科普的全民参与性。①

在活动宣传方面,爱丁堡国际科学节组委会主动与学校、企业和科研机构联系,把以前组织的活动从数据库调出来发给意向机构,介绍活动内容以及有什么人参加,以争取合作。组委会也通过博物馆、文艺团体对外宣传,征集合作者。爱丁堡国际科学节在世界范围内极负盛名,已经成为该城市标志性的文化特色。图3-2是2012—2019年爱丁堡国际科学节手册。

图3-2 2012—2019年爱丁堡国际科学节手册

### (二) 美国的科学节活动

20世纪90年代末以来,美国的科学节发展迅速[146]。1998年开始举办海湾地区科学节(Bay Area Science Festival)②;2004年开始举办匹兹堡科学节

---

① 英国爱丁堡国际科技节的市场化运作[EB/OL]. (2008-11-21)[2009-06-18]. http://app03.cast.org.cn/cms/contentmanager.do?method=view&pageid=view&id=cms0558029f08b5d.
② 海湾地区科学节[EB/OL]. (2019-08-05)[2019-10-16]. http://www.bayareasciencefestival.org/.

（2005 年起更名为 Sci – Tech Spectacular）①；2007 年开始举办剑桥科学节（Cambridge Science Festival）②；2008 年开始举办世界科学节（World Science Festival）③；2009 年圣迭戈举办第一届西海岸科学节（West Coast Science Festival）④；2010 年 9 月举办北卡罗来纳州科学节（North Carolina Science Festival）⑤，这是美国第一个全州性的科学节；2010 年 10 月创办美国科学与工程节（USA Science and Engineering Festival）⑥，这是美国的第一个国家科学节。其中，剑桥科学节和美国科学与工程节的影响比较大。

除了以上这些大型科学节，学校、博物馆、社区等也会举办小型科学节，比如，2018 年 3 月，布莱克特小学（Bracket School）在布莱克特举办了科学启蒙教育之夜暨科学集市（Brackett STEM Night & Science Fair）⑦，其赞助商是波士顿 STEM 教育机构和儿童科技玩具公司。

在美国众多科学节中，世界科学节因其强烈的艺术氛围而独具特色。世界科学节从 2008 年开始，每年举办 1 次，为期 1 周，在纽约开展。这项活动由非营利组织世界科学基金会（World Science Foundation）举办，该基金会总部在纽约。世界科学节的特色在于科学与艺术融合；现场活动和线上活动配合；通过讨论、辩论、戏剧作品、互动探索、音乐演出、沙龙、户外体验等活动形式，将科学从实验室带到大街上、公园中、美术馆中，以及纽约市的主要艺术表演场所。2008 年，首届纽约科学节现场活动吸引了 150 万名观众，还有百万余人参加了线上的活动。《纽约时报》将该科学节称为"新文化机构"（new cultural institution），推出了一大批科学和艺术领域的杰出人物。此外，世界科学节的原创音乐和戏剧作品还进行全国巡演和国际巡演，引起了

---

① 匹兹堡科学节介绍［EB/OL］．(2019 – 08 – 04)［2019 – 10 – 16］．http：//www. scitechfestival. com/default2005. asp．

② 剑桥科学节介绍［EB/OL］．(2019 – 08 – 06)［2019 – 10 – 16］．https：//www. cambridgesciencefestival. org/Home. aspx．

③ 世界科学节介绍［EB/OL］．(2019 – 08 – 04)［2019 – 10 – 16］．https：//www. worldsciencefestival. com/．

④ 西海岸科学节介绍［EB/OL］．(2010 – 08 – 05)［2019 – 10 – 16］．http：//www. sdsciencefestival. com/．

⑤ 北卡罗来纳州科学节介绍［EB/OL］．(2010 – 08 – 31)［2019 – 10 – 16］．https：//www. wired. com/2010/08/mythbusters – to – headline – north – carolina – science – festival/．

⑥ Ritter S. Celebrating Science and Engineering［J］．Chemical & Engineering News，2010，88(41)：12．

⑦ 科学启蒙教育之夜暨科学集市［EB/OL］．(2018 – 03 – 20)［2019 – 10 – 16］．https：//www. linstitute. net/archives/66190．

不小的社会影响。

### （三）加拿大的科学节活动

加拿大特殊的地理环境，决定了其各省、地区之间人口、经济、文化、教育等差距很大。因而，不同地区的科学节活动也各不相同。在加拿大的大型科学节活动中，比较知名的是加拿大科学技术周，这是一项全国范围的科学传播活动，由加拿大政府于 2008 年发起，每年 10 月中下旬开展，为期 9 天，是联邦政府促进科学技术发展的一系列举措之一。加拿大科技周的目标包括：彰显加拿大科技史的重要意义和科学技术在推动当今世界发展中的重要性，庆祝加拿大在全世界创新中正在发挥的引领作用，给加拿大公众提供了解世界科学技术发展的机会，激励青年人日后投身科学技术研究并以此为职业。

加拿大科学技术周中，加拿大科学技术博物馆公司（Canada Science and Technology Museums Corporation）是全国总协调机构。除 2010 年的活动以"理解奥秘：过去、现在和未来"为主题外，加拿大科技周基本没有固定的年度主题，十分开放，因此各地活动设计的自主性很强，而与科技相关的任何话题也都可能成为活动内容。每年科技周活动内容和话题主要取决于参加活动的机构的专业领域和资源优势。活动期间，全国大多数省和地区都会组织开展面向当地公众的科学传播活动。大学、学院、科研机构、博物馆、科技馆、植物园、水族馆、科学中心、图书馆和中小学校等，根据自身的资源优势和专业特色设计适应特定人群的科学传播活动。相应的，活动的场所也以这些机构和组织为主。例如，2013 年 10 月 18—27 日举办的科学技术周中，全国 9 个省和地区有超过 100 个机构组织了科学传播活动，数万公众共同参与其中。但是，因为各省和地区的人口、经济、科教资源等状况差异较大，举办活动数量、规模也不一。

自 2016 年起，加拿大科学技术活动周更名为科学奥德赛（Science Odyssey），明确将活动目标定位于促进各省 STEM 领域发展，并更突出了创新元素。

此外，在魁北克省蒙特利尔科学中心举办的 EUREKA 科学节[①]也具有相

---

① EUREKA 科学节［EB/OL］.（2014 – 06 – 12）［2019 – 10 – 16］. http://westislandkids.com/info/index.php/eureka – science – festival – for – kids/family/.

当的规模，吸引当地及附近的公众前往参与。这项科学节的主要特点是注重传播者与公众之间的互动，包含有大量的亲子项目，并且与学校之间长期合作，为学生安排专场活动，以确保获得最佳的效果。

自 2014 年起，每年 9 月加拿大会在全国范围内举办"科学素养周"（Science Literacy Week）活动。截至 2018 年年底，已有 191 个机构成为加拿大科学素养周活动的固定举办机构。[①]

### （四）德国的科学年活动

德国的公众科学传播活动十分丰富，有对话及参与类、知识竞赛类、会议及研讨类、展览及演出类、在线平台等。其中，规模最大、影响最广的是每年的科学年活动（Year of Science）[②]，也被译作德国科学日。德国从 2000 年开始每年举办科学年活动，作为德国规模最大的科学节，活动持续 3 天，前来参加科学节活动的不仅有科技爱好者，还包括举办地所在地区的小学、幼儿园、职业院校学生等幼儿和青少年群体，他们在学校的组织下前来参观和体验。不仅如此，在大型的科学节之外，还有专门为 3—8 岁幼儿设置的儿童科学节，充分体现了对不同年龄层次的青少年和成人科技爱好者兴趣的培养及科技新知识的传播。

科学年活动各年度主题不一。2010 年以前的主题有：物理学年、生命科学年、地球科学年、技术学年、爱因斯坦年、信息学年、人文科学年、数学年等。近几年，科学年开始探讨引起人类社会发生重大变革、与人们日常生活息息相关的话题，不仅是科学理论的传播，还十分重视科技进步与社会进步、经济发展的相关性。例如，2011 年主题为"研究我们的健康"，2013 年主题为"人口契机"，2014 年主题为"数字化社会"，2015 年主题为"未来城市"，2016 和 2017 年主题为"海洋"。

作为活动的发起者，德国联邦教研部在每一个科普年度都会在全国选择一些州或者城市进行学术报告、讲座和展览，通过这些形式拉近公众与科学的距离。很多科研机构、大学、科学团体和企业在一定的时间内对社会开放。图 3-3 是德国科学年期间展出的火山模型。

---

[①] 加拿大科学素养周活动固定举办机构 [EB/OL]. (2019-02-01) [2019-10-18]. http://www.scienceliteracy.ca/partners/.

[②] 德国的 2016/2017 科学年——大海 [EB/OL]. (2016-05-31) [2019-10-16]. http://www.pharma-sea.eu/news/science-year-20162017-in-germany-seas-and-oceans.html.

图3-3 德国科学年展出的火山模型

（五）韩国的科学节活动①

在韩国，科学节活动资源比较丰富。政府支持的专职科学传播机构和各级科学馆是韩国科学节活动的主要主办力量。其中，由科学创意财团举办的科学节活动知名度最高，规模最大，例如，韩国科学日（月）和大韩民国科学创意盛典。

韩国科学日（月）期间，韩国主管科技、教育的相关政府部门（韩国未来创造科技部、教育部等）及科技界会举行各种庆祝、表彰、评奖及科技文化宣传活动；促进科技大众化发展的组织、机构（韩国科学创意财团、各级科学馆等）会联合或分别举行可供国民参与的各种体验活动，活动内容丰富，参与性强；韩国的大、中、小学校也会在校内举行各类科技庆祝活动，如各种参与体验类活动、科技竞赛活动等。另外，在科学日（月）期间，韩国各大国立科学馆、地方各道、市科学馆都会有一到两周的免费开放时间，供民众免费参观。

大韩民国科学创意盛典是韩国最大规模的科学节，活动旨在向国民展示本国科学技术的发展情况，以国家科学技术未来发展的规划和展望来与国民一起谋求为民服务的、与民共融的科学。活动形式主要包括项目展示、体验活动、科技竞赛、特别演讲、科技电影节、各类科技教育成果研讨会和发表

---

① 王玥. 韩国的科学节活动[EB/OL]. (2016-10-10)[2019-10-16]. http://www.crsp.org.cn/xueshuzhuanti/yanjiudongtai/09121D62016.html.

会、科技图书推荐等。该项活动的特点主要体现在三个方面：首先，国家科技、科普政策发展烙印明显；其次，活动向国民展示最新科学研究成果、科技产业发展的同时，更注重科学教育成果及青少年科技创造力的展现；最后，活动是一个国际交流和展示的平台。此外，韩国还举办其他特色科学节，如家庭科学节、圣诞科学音乐会、创意体验节、韩国国立中央科学馆"科学日"等，尤其重视青少年的参与。

### （六）日本的科学节活动[①]

日本政府十分重视科学节活动，早在 1960 年政府制定战后第一个科技发展规划时，就将开展科技活动作为振兴日本科技的六项措施之一。在此期间，日本设立了全国性的大型科学节——日本科技周和科技电影节。

科技周期间安排有丰富多彩的活动，面向全体国民的有：科技讨论会、研究成果发表会、科技电影展、各种展览会等；发明咨询活动、技术咨询活动；研究机构、科技系统、博物馆和工厂等实行特别对外开放。面向青少年的有：科学教室、发明教室、天文教室、动手实验教室、科学报告会、科技电影展、参观博物馆及科技展览等。此外，日本文部科学省要求全国各地的科技馆、博物馆、大学、试验研究所等都要在科技周期间举办演讲会、展览会、电影放映会、座谈会，以及开放各种设施。各种表彰活动也是科技周的重头戏。

科技电影节主要活动是评选、奖励优秀的科技电影，以普及、促进科学技术素养的提升，被认为是日本最具权威的科技电影节，每年入围作品百余部。科技电影节主要是振兴科学技术和普及科学技术，通过征集日本国内制作的科技影视作品，评出内阁首相奖 1 个，文化科学部长奖 14 个，此外还有部门优秀奖若干，并遴选对社会科学技术教育有明显提升的作品颁发特别奖励奖。通过表彰制作者和策划者，普及宣传国内科技电影，并在日本各媒介放映获奖作品，直接普及科学技术。电影节主办机构是日本科学技术振兴财团、日本科学电影协会、筑波科学万博纪念财团等，后援机构有文部科学省、日本新闻协会、日本广播协会等。

### （七）澳大利亚的科学节活动

澳大利亚科学节始办于 1993 年，最初只是首都堪培拉庆典的一部分。

---

[①] 日本科学技术传播活动[EB/OL].（2018 – 12 – 21）[2019 – 10 – 16]. http://www.kedo.gov.cn/c/2018 – 12 – 21/961112. shtml.

1995年起,澳大利亚科学节从堪培拉庆典中分离出来,成为一个非营利性的活动,其主旨是通过各种科技活动提高公众了解科学技术及发明创造对社会的推动作用,增强公民科技创新和科学研究意识,将科学技术融入社会中。

澳大利亚科学节每年举行一次,涉及领域广泛,针对各个年龄段设计形式多样的科普活动,有专家介绍、小组讨论、现场演示、实地观察、知识讲座等。科学节中大多数活动是免费的,只有少部分活动象征性地收取少量费用。如2009年澳大利亚科学节活动分为50多个大项,180多个小项,35个展厅,观众人数超过12万人。科学节活动丰富,涉及可持续发展、生态环境、地理资源、天文、动物、气候变化、医药、考古、农业、化妆品、音乐、心理学等科学领域。例如,科学节中有一项名为"利用科学赚一百万元,还是利用科学影响一百个人"的专题讨论活动,邀请宫颈癌疫苗发明者伊恩·弗雷泽(Ian Frazer)等5位嘉宾现场讨论如何合理地将科学技术商业化,使公众受益于科技。观众也参与到这场讨论中,与嘉宾进行互动。科学节还邀请美国外星智能探索研究所的行星科学家、火星研究所主席、国家航空和航天管理局"霍顿——火星计划"的主研究员帕斯卡尔·李(Pascal Lee)博士进行一场题为"从地球到火星"的专题讲座,内容为人类登陆火星准备活动的最新进展[147]。

### 三、科学节活动的共性与特征

虽然各国文化背景不同,科学教育的理念与实力也存在差异,但是,科学节作为科学传播的一种形式已经得到普遍的认可与采用。目前,各国的科学节活动虽然名称各异,形式内容各有特色,但却同时表现出超越国界的共性与特征。

**(一) 以激发青少年的科学兴趣为主要目标**

当今世界,国与国之间的竞争,核心在科技,关键在人才。各国政府都将吸引本国公民,尤其是青年一代,未来投身科学职业作为国家发展的战略,而科学传播本身也天然承载着这一使命。作为科普传播的重要手段,各国的科学节虽然有自己特殊的背景、愿景,但是,它们的目标都不约而同地锁定在激发广大公众、尤其是青少年的科学兴趣上。也正因为如此,科学节活动通常会将青少年、学生作为特殊关注的目标人群予以突出,在活动设计上予以侧重,并与学校有更为密切、实质性的合作。

## （二）汇聚各类有效活动形式

公众的需求是不同的，同时，每个人的需求都是值得关注的。为了更好地满足不同类型人群的需求和偏好，科学节活动通常引入集科学性、趣味性、互动性于一体的活动，如科学集市、讲座、展览、小组讨论、田野考察、与科学家见面、实验室开放、实验演示、手工作坊、在线活动，等等。因此说，科学节既是现代科学传播的一种具体样式，也是各类不同科学传播活动形式的有机整合。

## （三）常态化举办，品牌化发展

目前来看，各地的科学节以一年一度举办的居多，活动时间从数日到数周不等，并且逐渐形成品牌，成为地域科学文化的重要因素。科学节的常态化举办既有利于满足公众长期存在的科普需求，也有利于融入公众的日常生活，形成持续的影响，不断培育观众，是活动本身品牌化可持续发展的内在需求。

## （四）媒体传播是有机组成部分

各国在开展科学节实体活动的同时，又都普遍注重通过电视、广播、报纸，以及日渐兴起的新媒体平台进行传播。媒体传播能够有效地放大科学节活动一时一地的效应，更广泛地服务于社会公众，已经成为科学节活动的重要组成部分。

科学节既是一项活动，也是一个科学传播的社会平台。政府、社会组织、科普场馆、企业、高校和科研院所等多方力量共同参与，发挥各自的资源优势，有效整合资源，为公众提供科学的盛宴。从某种意义上说，科学节活动的工作机制就是社会力量的联合与协作。以2019年爱丁堡科学节为例，共同参与的组织机构包括1个发起方、21家赞助方、6家场地与筹划合作方、1家合作媒体和1家交通合作单位。其中，庞大的赞助力量是支持科学节活动可持续发展的十分重要的保障条件。

# 第二节 主题日科学传播活动

主题科学日是指世界环境日、世界地球日、国际化学年等与科学相关的纪念日。围绕不同的主题科学日举办科学传播活动十分普遍，主题科学日是科学传播活动的一个惯常开展契机。通常，在不同国家和地区，主题科学日传播活动与地方的资源和需求紧密结合，因而特色鲜明。下面以世界水日和世界地球日为例，介绍相关科学传播活动的开展情况。

## 一、世界水日科学传播活动

1977 年召开的联合国水事会议向全世界发出严重警告：不久之后，水将成为一个深刻的社会危机，石油危机之后的下一个危机便是水。为了唤起公众的水意识，建立一种更为全面的水资源可持续利用的体制和相应的运行机制，根据联合国环境与发展大会制定的《21 世纪行动议程》第 18 章有关水资源保护的开发、管理原则，1993 年 1 月 18 日，第 47 届联合国大会通过了第 193 号决议，确定自 1993 年起，将每年的 3 月 22 日定为"世界水日"，以推动对水资源的综合性统筹规划和管理，加强水资源保护，解决日益严峻的缺水问题。同时，通过开展广泛的宣传教育活动，增强公众对开发和保护水资源的意识，节约用水，不要让最后一滴水成为我们的眼泪！围绕世界水日，一些国家和地区举办了富有创意的活动[148]。

### （一）加拿大的世界水日科学传播活动

在加拿大，100 多个当地社区为了庆祝世界水日，发起了雨桶筹款活动。之所以推进当地的雨桶筹款，是因为雨桶可以促进更加绿色的未来。雨桶由可再生材料制成，不包含氟或氯，雨桶收集的雨水可以洗车，浇灌蔬菜、树木和草坪，以及用于市政饮用水，使用雨桶来节省水和能源。

加拿大走遍 20 个国家拍摄的一部影片——《干渴的世界》，揭示了淡水很难到达的许多地区的生活，像苏丹南部或刚果北部等地区。

世界水日活动鸡尾酒会也十分有意义，2013 年，围绕世界水日举办了一个鸡尾酒派对活动，邀请人们共进晚餐，并播放保护水资源的影片，鼓励人们发布到脸谱网（Facebook）和其他社交媒体网站，希望公众通过阅读一些水资源的资料进行捐赠。这项活动的目的是让人们强烈地感受所面临的清洁水危机，认识到获得清洁水是全人类的权利。图 3-4 是加拿大世界水日宣传图片。

### （二）联合国的世界水日科学传播活动

享用安全清洁饮用水和卫生的权利是一项基本人权，这对于充分保障生活和人权而言至关重要。用水权要保证每个人都能够享用到充足的、安全的、可接受的、可得到的、支付得起的水，供其个人或家庭使用，绝不存在任何歧视。2010年，联合国正式认可这一提法。为了不让任何一个人落下，必须全力以赴帮助这些边缘人群或被忽视人群。水方面的服务必须满足边缘人群的需求，在决策时必须聆听他们的声音。法律法规框架里必须承认所有人拥有用水权。赞助金的发放必须公平合理，尽可能发给那些最需要的人群。

**图3-4　加拿大世界水日宣传图片**

2019年3月22日联合国世界水日科学传播活动的主题是"不落下任何一个人"，这是沿用了2030年可持续发展议程的核心承诺：随着可持续发展的进行，每个人必须为之受益。

伴随着联合国世界水日活动的举办，美国伊利诺伊州也于2019年4月11日举办了世界水日活动，由美国水资源协会主办，场地设在伊利诺斯大学内，对公众开放。

### 二、世界地球日科学传播活动

世界地球日（World Earth Day），是一项世界性的环境保护活动。该活动最初在1970年的美国由盖洛德·尼尔森和丹尼斯·海斯发起，随后影响越来越大。1970年4月22日，美国首次举行了声势浩大的"地球日"活动。这一天，全美有2000多万人，10000所中小学，2000所高等院校和2000个社区及各大团体参加了这次活动。人们通过举行集会、游行、宣讲和其他多种形式的宣传活动，呼吁所有人都行动起来，保护和拯救我们的地球。这是人类历史上第一次规模宏大的群众性环境保护运动。现今，地球日的庆祝活动已发展至全球 192 个国家,每年有超过 10 亿人参与,使其成为世界上最大的民间环保节日。2009 年第 63 届联合国大会决议将每年的 4 月 22 日定为"世界地球日"。活动旨在唤起人类爱护地球、保护家园的意识,促进资源开发与环境保护的协调发展,进而改善地球的整体环境。

(一)美国的地球日科学传播活动

美国社会各界举办地球日活动的传统由来已久,早在 1970 年,美国地球日活动协会就开始主办"绿色亿人活动",号召世界各国人民减少碳排放量,促进可持续发展。美国地球日活动经常与艺术、休闲等活动联袂举行,如各种集会游行、音乐节、骑自行车、远足、清扫海滨、道路植树、为地球野餐等活动。

2013 年 4 月 14 日,在美国休斯敦市中心的"发现绿色"公园举行了该市规模最大的世界地球日庆祝活动,吸引了约 2 万名市民参加。这项一年一度的活动由休斯敦空气联盟于 2008 年发起,旨在推广可持续生活方式,教育和鼓励市民为休斯敦市,以及整个地球的环境保护和发展贡献自己的力量。2016 年 4 月 17 日,美国国家地理频道"世界地球日——聪明爱地球"公路跑活动在上海市、台中市、香港、马尼拉市和新加坡市同日开跑[149]。

2008 年 4 月 22 日,迪士尼公司选在世界地球日宣布成立"迪士尼自然"。此后,迪士尼在这个标牌下制作了多部高品质的自然电影纪录片,奉上人们赖以生存的地球的壮观景象,其中打头阵的是曾风靡全球的《地球》。2014 年 4 月 18 日,"迪士尼自然"推出力作——《熊世界》,并把前几周的票房收入捐献作为自然保育基金[149]。

2014 年 4 月 22 日世界地球日当天,美国纽约上演了一场"地球日街头市集(Earth Day Street Fair)"。人们穿着回收环保材料制成的舞衣,在太阳能供电的播放器播放出的音乐中,以舞蹈和街头瑜伽的方式,将地球日当作一个节日来庆祝。市集现场由来自美国各地的民众设置了有关环保、废物利用,甚至现场制作素食的展位,向人们宣传以不同方式保护环境的理念①。图 3-5 是纽约举办地球日街头市集,市民创意参与。

美国化学会也从 2003 年起开始举办"化学家庆祝世界地球日"(Chemists

---

① 美国地球日[EB/OL].(2014-04-02)[2017-01-16]. https://www.epa.gov/earthday.

地球日街头集市一域

身着环保材料制成的舞衣的舞者 　　手持"减量"和"再利用"宣传牌的女士

图 3-5　纽约举办街头集市市民创意参与世界地球日

Celebrate Earth Day）活动①。美国化学会在《化学教育》（Journal of Chemical Education）杂志专门开设了"化学家庆祝地球日"栏目，通过举办各种各样的活动提升公众的环保意识，加深公众对人类生存环境的了解。每年的世界地球日，美国化学会也开展一系列的实验活动，以更好地增强公众对环保的认识。美国化学会还在"世界地球日"活动期间推出一系列的针对提高国民环保意识的活动，不仅包括环保志愿者在各州举行的演讲，还包括在一些学校、展览馆等举行的关于环境保护的展览等。此外，还有针对学生的各种实

---

① 化学家庆祝世界地球日［EB/OL］. (2014-04-02)［2017-01-16］. http://acschemclubs.org/cced2014/.

验，如对日常生活用水的检测、周围土壤的检测等围绕生活的实验活动；还包括针对大众的基本环保知识，如宣传节能减排、节约用水、节约用电等知识[150]。

### （二）韩国的艺术与地球日科学传播活动

为纪念一年一度的世界地球日，2011年4月22日第42个世界地球日，韩国环境保护协会（EEA）举行以绿色环境为主题的第十届国际艺术比赛[151]。在艺术比赛中，来自韩国各地区的学生通过艺术表演来传播保护地球的文化内涵。韩国举行此项比赛所要传达的意义是人类需要将地球从恶劣的环境中拯救出来。同时，让人们充分认识保护地球是大家的工作，现在环境污染已经非常严重，拯救地球不是一种选择，而是每个人为下一代的生存而承担的责任。

2016年4月22日，为了纪念世界地球日这个延续了47年的重大纪念日，韩国大邱市举办市民生命庆典①，包括孩子们自主画出绿色都市、缩减温室气体1人1吨等活动。在其中的Bus-King庆典上，来自全国各地的乐队和艺术家，以地球环境为主题，在公交车站为大家带来街头公演。绿色艺术车道活动中，艺术家们会在地球日以"可持续发展城市，给市民带来幸福的大邱"为主题，在柏油马路上进行涂鸦。2017年4月22日是第48个世界地球日，为了保护环境，韩国的环保人士通过富有创意的方式唤醒政府和公众的环保意识，国际环保组织"绿色和平"的有关人士在首尔光化门广场以行为艺术方式呼吁减少火力发电，以减少微尘②。

### （三）英国的地球日科学传播活动

地球日当天，英国环境保护组织与社区合作，与居民共建七彩花园。在活动中，居民与儿童在社区中能学习到各种各样的蔬菜以及水果种植方法，孩子们通过此活动认识蔬菜及水果是如何种植并成长的，环保组织以此呼吁居民在花园中种植蔬菜水果。环保组织还邀请土地和生物学专家为居民讲解当前人类对环境的冲突，并围绕英国的环境特点，生动地讲解有关土地和生物学知识。虽然气候变化是一个巨大的全球问题，但我们可以从点滴做起，

---

① 迎接"世界地球日"的大邱[EB/OL].（2016-04-22）[2019-06-18]. http://blog. sina. com. cn/s/blog_14dc368990102wlgj. html.

② "世界地球日"我们如此"走心"，你有被打动吗？[EB/OL].（2017-04-21）[2019-06-18]. https://www. jfdaily. com/news/detail? id=50834.

保护地球，在气候变化问题上，每个人都应该做到减少自身对环境的破坏[151]。

英国校园在环境保护的实践上也有着卓越的表现，英国利物浦大学就在绿色科技（Green IT）方面一直走在前沿。绿色科技涉及"科技和环境"两个重要的关乎人类未来发展的方面，计算机技术研究行业的发展对能源的需求不断上涨，对资源的竞争也逐渐加深，信息技术的发展必须要让环境实现可持续性。利物浦大学对此在绿色技术的发展中一直不断探索，开展了不少绿色项目来支持全球环境的保护和治理。

**（四）加拿大的世界地球日科学传播活动**

在加拿大，随着公众的环保意识不断提高，地球日成为人们关注的焦点。从地球日到地球周再到地球月，4月的加拿大到处都在举行保护地球的活动。例如，名为"加拿大地球日"的社会组织举办"为地球日选择放弃"活动，向每一个人发出倡议，通过改变生活方式，共同建造一个更健康的世界。这些倡议包括关掉电视，不使用有毒清洁剂，减少消费型产品购买数量，以及少吃肉类食品等。参与者可以在"加拿大地球日"网站注册，所做出的环保举动将以积分方式记录下来。最后，于4月底举行庆祝活动。

此外，"加拿大地球日"社会组织和多伦多动物园与12家著名的环保教育组织联合举办面向家庭的"行星派对"活动。在温哥华也有很多活动开展。例如，"温哥华地球日"在埃弗雷特·克罗利公园举行植树、保护地球主题展览、音乐节等一系列的活动。埃德蒙顿的比肯·海特斯社区会堂举行教育活动，食品、交通运输和节能方面的专家将向参与者讲解一个小小的改变如何减少每个人的生态学足迹等知识。① 图3-6是加拿大校园内学生们在世界地球日进行游行宣传活动。

综上所述，在美国、英国、加拿大等创新型国家，主题科学日的科学传播活动与文化、娱乐活动进行了充分的结合。或者说，这种科学传播活动与文化、艺术进行了嫁接，一方面，有助于吸引公众参加；另一方面，体现了更多的文化气息。除此之外，还有一个鲜明的特点，就是这种科学传播，绝不仅仅是知识的传播，更多地体现在行动上，是科学传播的深化。

---

① 加拿大地球日[EB/OL]．(2011-04-21)[2019-10-16]．https://earthday.ca.

图 3-6　加拿大校园内学生们在世界地球日进行游行宣传活动

## 第三节　青少年科学传播活动

世界各国，特别是科学技术发达的国家都十分重视开展青少年的科学传播活动。这里所指的青少年科学传播活动，主要是正规学校教育之外的科学传播活动。通常来讲，青少年科学竞赛、青少年科学节、中小学生科学营地活动等，是各创新型国家经常采用的活动形式。

### 一、科学人才选拔和培养活动

#### （一）英特尔国际科学与工程大奖赛

英特尔国际科学与工程大奖赛[①]（Intel International Science And Engineering Fair，Intel ISEF）是目前国际最高级别的青少年科技赛事，也是全球规模最大的中学科学研究竞赛，素有全球青少年科学竞赛的"世界杯"之美誉。

---

[①]　英特尔国际科学与工程学大奖赛[EB/OL].（2019-08-05）[2019-10-16]. https://baike.baidu.com/item/IntelIsef/8543132? fr = aladdin.

国际科学与工程大奖赛是由美国科学服务社（Science Service）于1950年创办的美国中学生科学博览会发展而来，迄今已有近70年的历史。科学服务社是设立在美国华盛顿的一个公益组织，其宗旨是推动科学的发展和技术的进步。该组织在组织竞赛的过程中，联合大企业作为活动的合作者，作为对支持赞助ISEF的企业的回报，科学服务社把竞赛的冠名权授给领衔赞助的企业。1996年以前，这项比赛由美国西屋（Westinghouse）电子有限公司冠名赞助。1996年，英特尔（Intel）公司投入巨资来发展并推广这一比赛，成为竞赛的领衔赞助商。随后，英特尔通过一系列的支持活动来推广这一赛事，逐步开发、提升了给予学生的奖励，增设教育家论坛（Educator Academy）和与大赛相关的其他活动，使大赛的影响力和知名度不断扩大。每年5月，Intel ISEF在美国的不同城市举办。主办城市组委会负责活动设备、招聘评委、招募志愿服务人员、安排选手的参观活动以及为Intel ISEF募集资金，主办城市非常乐于举办这种国际性活动并引以为豪，在Intel ISEF的举办过程中，也会给主办城市的经济带来收益。

Intel ISEF共设立15个学科：行为与社会科学、生物化学、植物学、化学、计算机科学、地球和空间科学、工程学、环境科学、老年学、数学、医药与健康学、微生物学、物理学、动物学，以及集体项目。英特尔国际科学与工程大奖赛鼓励全球数百万学生发挥自己的创新激情，开发应对全球挑战的解决方案。每年有来自世界各国的500万名左右的学生提交参赛的科研项目，其中有1200多名学生获得参加Intel ISEF的资格。Intel ISEF奖项分大奖（又称学科奖）、专项奖和政府奖，每个学科的大奖分为一、二、三、四个等级，获奖者除了得到高额奖金外，优胜者还可获得去瑞典斯德哥尔摩观摩诺贝尔奖颁奖典礼。

因此，各个国家，尤其是创新型国家，都举办本国范围内的相应赛事，成为选拔和培养科学人才的重要平台。

**（二）国际可持续发展（能源、工程、环境）奥林匹克竞赛**

国际可持续发展（能源、工程、环境）奥林匹克竞赛[①]（International Sustainable World Energy, Engineering, Environment Project Olympiad, ISWEEEP）是一

---

① 国际可持续发展奥林匹克竞赛项目［EB/OL］.（2019 - 08 - 05）［2019 - 10 - 16］. http://isweeep.org/.

项面向初高中学生的科学赛事，也是全球同类赛事中等级最高、参与面最广、规模最大的科学竞赛，由美国休斯敦的非营利教育组织——宇宙基金会（Cosmos Foundation，CF）和美国国家航空航天局（NASA）共同主办，其长期赛事主办城市为美国太空及能源中心城市德克萨斯州休斯敦市。

该项赛事的目标是结合全球可持续发展所面临的挑战激发学生的兴趣和意识；帮助年轻人掌握相关议题，探寻解决问题的可行性方案；通过尽早地引起青少年的关注，加速世界可持续发展的进程。国际可持续发展（能源、工程、环境）奥林匹克竞赛促进了工程创造以及对能源效率/管理方面的探索，这对环境友好性技术概念在中学教育期间的培养大有帮助。它给予了中学生将自己视为未来科学家和工程师的机会，促进了参赛者对全球问题和科技在实现全球可持续发展中的重要性的理解。

### （三）新加坡的"天才教育计划"

为了选拔培养优秀科技人才，提高国际竞争力，从20世纪80年代初期开始，新加坡教育部就在基础教育阶段实施"天才教育计划"（Gifted Education Programme，GEP）。作为天才教育的纲领性文件，该计划旨在科学地选拔天才学生，为其开设相应的教育课程及开展有关的教育活动。新加坡的天才教育采取多种形式，包括科学导师计划（Science Mentorship Programmes）和科学研究计划（Science Research Programme）。科学导师计划和科学研究计划的共同特点是：以高等院校和科研机构的教授、研究员和科学家为导师，面向才能超常的中学生，培养他们的科学探究能力[152]。

新加坡天才教育的目标和任务是：开发智力的深度，发展更高水平的思维能力；培养生产性的创造力；树立自主的终身学习态度；增强实现卓越的志向与抱负；培养强烈的社会责任感，以服务国家和社会；培养良好的道德观，开发领导潜能[153]。

新加坡拥有较系统的天才教育学校体系，采取融合式安置形式，设有丰富的课程和教学活动，并通过多种手段来评估教育质量，为天才学生身心的全面发展提供了条件与保障。新加坡的天才教育取得了较为显著的成效，也引起了世界范围的关注。它的实施不但为新加坡培养了各式各样的为国家服务的人才，而且有利于充分开发学生的潜能，发展学生的个性，极大地促进了人才质量的提高[152]。

### （四）以色列的"英才教育"制度[154]

以色列教育部在 20 世纪 50 年代末就开始讨论英才儿童的教育问题。1973 年，教育部下属的英才和优秀学生部（The division for Gifted and Outstanding Students）正式成立。此后，英才教育发展迅速，很快就建立了全国统一的英才教育培养体系。2003 年，以色列英才教育指导委员会正式成立，进一步推动了以色列英才教育制度的完善。值得提出的是，以色列是世界上唯一设立专门的教育部门统筹英才教育的国家。

英才和优秀学生部致力于创造一个情感支持的、灵活的、动态的学习环境，以确保挑战性对话和新知识创造。它所追求的环境是一个特别的学习共同体，在这个共同体里学生和老师都同样有好奇心，他们致力于把彼此一次又一次带入新的未知的领域。所以，在这个共同体里教师和学生都能得到发展，英才的独特天赋也得以表达。英才和优秀学生部的目标具体包括：①促进和引导一种核心价值为卓越的文化；②在公立教育系统内为有特殊需要的英才和优秀学生提供一种回应，让他们的天赋和能力得到最大和最充分的表达；③促进学生高水平的思维能力的发展和消化及创造知识所必需的技能的发展；④促进学生情感、价值和社会方面的发展；⑤教师知识管理，包括更新材料和专业文献；⑥启动实践研究。

以色列英才教育指导委员会建立了五个基本原则来指导未来的英才教育，这反映了其英才培养的理念和价值观，包括：①面对 21 世纪的挑战，投资发展英才儿童的才能是为国家未来储备科学家、艺术家和开拓者；②教育上平等的机会需要对每个有不同特征和需要的孩子进行不同的投资，以使每个孩子能够最大化地实现其潜能；③人类的天赋是多样化的，英才体现在一般的认知技能、高成就；④高智商以及其他的人类才能是动态的，可以被促进和形成，无视独特的潜能会伤害孩子在未来为自己和社会做贡献的能力；⑤英才儿童的特别特征和需求，需要为其提供一个独特的学习环境、特别的学习路径、特别的教学法以及合适的老师和课程。

英才教育的实施不但让英才儿童的潜能得到了开发，也为其国家培养了各种各样的服务社会的英才。

### 二、面向青少年的科学节活动

在日本、韩国、美国、加拿大等创新型国家中，除了举办面向一般社会公众的科学节之外,还举办针对青少年的科学节活动,或者在科学节活动中专门设置青少年板块。例如,日本自1992年起举办青少年科学节活动;韩国2011年开始举办创意体验节活动;加拿大蒙特利尔市举办的EUREKA科学节活动,专门举办学生专场活动,并定制适合学生的专门活动,等等。

（一）日本的青少年科学节[①]

1992年,日本开始举办青少年科学节,这是全国性的活动,举办时间在每年的7月末至8月初,为期6天,分为前后两期,每期3天。该活动由日本文部科学省和日本科学技术振兴财团共同主办,32个学会和社会团体协办。青少年科学节地方大会,最初只有大阪、名古屋等少数城市举办,现在已扩展到日本100多个城市和地区。活动举办场所多选择科学技术馆、体育馆等场地,实验科学的主要目标人群为初高中学生（理科）,目的是有效开展丰富多彩的实验活动,包括理解理科的各个方面,让青少年有机会体验科学的魅力,到场者还包括中小学生和幼儿园大班的孩子及孩子的家长。

青少年科学节参加展出的日本本国作品主要是由大学、中学、小学教师设计研发的,也有少数科研单位和企业参加展出,同时也有其他国家的作品参加展出,包括中国、韩国、美国等。展出内容涵盖范围广,涉及物理、化学、生物等多个学科门类。通过实际表演、操作体验、现场制作等多种形式进行展出和互动。

（二）韩国中小学生科学社团节——创意体验节

"创意体验节"[②]是韩国最大的中小学生科学社团节,由韩国教育部主管,韩国科学创意财团主办,2011年起在日山市KINTEX举办第一届,以后每年11月在不同城市举行。该活动致力于帮助中小学生构建具有创造力、团队合作能力、健康同伴文化的优秀社团,是全国中小学生社团间创意沟通和开放交流的摇篮,是全国优秀社团风采展现的平台。

参加创意体验节的全国学生科学社团一般从每年7月开始选拔,学校中创办的社团和联合社团（青少年活动机构、科学场馆等运营的学生社团）都可参与,通过初选及复选最终选出300个左右学生社团参加。活动主题一般

---

① 日本科学技术传播活动[EB/OL]. (2018-12-21)[2019-06-18]. http://www.kedo.gov.cn/c/2018-12-21/961112.shtml.

② 王玥. 韩国的科学节活动[EB/OL]. (2016-10-10)[2019-10-16]. http://www.crsp.org.cn/xueshuzhuanti/yanjiudongtai/09121D62016.html.

是与创意相关，如"创意合作（Creative Collaboration）""创意沟通（Creative Communication）""创意挑战（Creative Challenge）"等。活动的形式主要包括展示、体验、公演、竞赛大会、特别活动（一般提供学生社团发展及学生个人生涯发展的咨询、指导和讲座等）。

## 第四节　特色科学传播活动

科学传播是一个社会中科学文化建设的重要途径。科学传播与当地文化的结合，使各国科学传播呈现出不同的特色。例如，科学咖啡馆、科学辩论、科学巡游等活动，是国外一些国家，尤其是创新型国家经常使用的科学传播活动形式。

### 一、科学咖啡馆

"科学咖啡馆"又称"科技咖啡馆"（Café Scientifique 或 Science Café），它并非特指某个以科学为主题的实体咖啡馆，亦不限于只在咖啡馆举办，是20世纪末起源于英国（亦说法国）的一种新型科普（或科学传播）活动模式[155]。

科学咖啡馆是建立在休闲文化和互动交流氛围基础上的一种科学传播活动形式，可以让科学家与普通公众聚集在休闲场所，在轻松愉快的氛围下讨论科学，赋予普通公众参与科学、评估科研的权利，体现了科学民主化趋势。科学咖啡馆是一种公益性的草根运动，具备自发组织、低成本、平等性、灵活性等特点，也是一种有文化特色的活动形式。尽管大多科学咖啡馆都简单冠以地名，如"利兹科学咖啡馆"、"丹佛科学咖啡馆"等，但也有一些名称比较特别，如针对年轻人的叫"青少年科学咖啡馆（Junior Café Scientifique）"，在酒吧开办的叫"科学酒吧（Science Pub）"；又如名字比较平实的"身边的科学（Science on Tap）""请问科学家（Ask a Scientist）"，以及比较吸引眼球的"饥渴学者酒吧（Thirsty Scholar Pub）""魔法师先生世界（Mr. Wizard's World）"等[155]。

从理论上来说，科学咖啡馆可以涵盖任意一个科技话题，任何人都可以组织科学咖啡馆活动。理想的状态是，科学咖啡馆活动要适应当地的情境、文化以及他们举办该类活动的社区的利益，在科学咖啡馆活动中，科学家通常就某个科学话题做简短的发言，然后同活动参与者进行讨论。在实践中，科学咖啡馆的组织者通常是研究机构、政府部门或者其他科学场馆（比如科学博物馆）中的专家以及科学活动专家。成功的活动需要付出大量的时间，更重要的是，还要有组织活动的知识和技巧。英国的科学咖啡馆活动受到维康基金会（Wellcome Trust）这个慈善研究基金的经费支持，同时还受到活动举办地相关组织和机构的支持。美国的一些科学咖啡馆活动也受到国家科学基金（NSF）的赞助，以及私人组织和投资者的支持。而在加拿大一般聚焦于健康议题的科学咖啡馆活动也得到了加拿大健康研究所（CIHR）以及其他组织和公司的赞助。组织者和赞助者的学术背景、组织资源以及视角决定了科学咖啡馆活动中的话题、科学家、活动形式、场所、目标受众的类型。

科学咖啡馆活动在欧美国家很盛行，甚至在日本、韩国等亚洲国家也日渐流行，体现了科学传播活动与城市休闲文化的结合。科学咖啡馆的地点灵活，最常见的是咖啡馆和酒吧，其他还有餐馆、剧院、书店、图书馆、学校、社区场所，甚至教堂等，总之尽量选取那些远离正统学术环境（always outside a traditional academic context）的休闲、文化地点，这些场所让人感到舒适且具有易获得性。

《英国科学咖啡馆 2012 年度报告》（UK Science Cafe 2012 Report）中，提到了意大利佛罗伦萨科学咖啡馆（Caffe Scienza Firenze）的新尝试，它在举办传统活动的同时，也注意开发多媒体和新媒体形式，如录制广播节目和播客（podcast）、拍摄在线视频等[156]。

科学咖啡馆活动在中国的主要城市中也日渐活跃。早在 2005 年，上海就创办了新民科学咖啡馆活动。在北京，中国科学院物理研究所自 2016 年 2 月开始，每月一期的"科学咖啡馆"已经成了物理所人气颇旺的科普品牌，具有一定的影响。此外，南京等城市也是举办科学咖啡馆活动较早的城市。

## 二、英国圣诞讲座

英国皇家科学院圣诞讲座（Royal Institution Christmas Lectures）是英国皇家研究院（The Royal Institution of Great Britain，成立于 1799 年）每年在圣诞节期间组织举办的科学讲座活动。该讲座由著名的物理学家、化学家法拉第在 1825 年发起，每年圣诞期间安排一名科学家围绕某一学科领域进行连续几天的系列讲座。法拉第曾担任了19次讲座的主讲人。图3-7是法拉第在1859年圣诞讲座上进行演讲①。

**图3-7 迈克尔·法拉第在1859年圣诞讲座上的演讲**

英国许多科学家都曾光临圣诞科学讲座，如卡尔·萨根、理查德·道金斯等，他们用浅显易懂的语言，寓教于乐的方式向少年儿童讲述科学知识，在讲座中穿插各种实验，让少年儿童感受科学的无限乐趣，唤起他们对科学的热爱。早年的圣诞讲座都是一个人讲，后来，科研合作越来越频繁，合著论文的情形越来越普遍，于是，圣诞科普讲座也出现了两人或多人合讲的情形。1958年是首次出现多人合讲的年份，这一年是"国际地球物理年"，物理学家拉特克利夫（J. A. Ratcliffe）等6人走上了圣诞科普讲坛；1965年物理学家和天文学家伯纳德·洛弗尔（Bernard Lovell）等4人共同做了主题为"探索宇宙"的演讲。早期做报告的都是英国科学家，1977年美国科普大师卡尔·萨根登上了圣诞科普讲坛。1994年格林菲尔德博士的"走向大脑中心的历程"系列讲座吸引了400多名现场听众，另有100多万人从电视上收看了该节目。自1996年起，圣诞讲座由英国广播公司电视二台转播，使更多公

---

① 有组织的最早科普活动：英国皇家研究院圣诞科学讲座［EB/OL］.（2015-01-03）［2019-10-16］. http://www.kjgbbs.com/forum.php? mod = viewthread&tid = 18149.

众受益①。

每年的圣诞科学讲座都有一个主题，比如 2013 年的主题是"神奇的生命"；2015 年的主题是"如何在太空中生存"。2016 年圣诞讲座由英国巴斯大学的材料化学家赛弗·伊斯拉姆（Saiful Islam）主讲，主题是能源及其未来，讲座分三集，第一集是如何在保护地球的前提下生产能源；第二集是人类自身作为一种有生命的"机器"，是如何利用体内能量的？第三集是如何储存能源。2017 年圣诞讲座由伦敦大学学院神经科学教授索菲·斯科特（Sophie Scott）主讲，主题是生命的语言，共分三集，分别是：用声音说出来；无声的信息；圣言。2018 年圣诞讲座由伯明翰大学生物人类学家、演化生物学家爱丽丝·罗伯茨（Alice Roberts）主讲，主题是"我从哪里来"，共分三集，分别是：我是谁；何以为人；与众不同的我②。

### 三、科学辩论活动

科学辩论活动类似于我们在电视节目中常看到的谈话节目，在欧洲国家、美国、加拿大都很常见。近年来，我国也开始流行。

科学辩论活动是由一位主持人与几位科学人士，以及公众共同互动的一种传播形式。通常，科学辩论由主持人引入话题、科学人士就话题进行辩论和交流、公众提问三个环节构成。

例如，加拿大魁北克大学蒙特利尔分校科学中心将科学辩论活动作为一种常用的形式免费向公众开放。2015 年 12 月，在周边社区举办了一场有关气候变化的科学辩论活动，约 200 人参加。在主持人的引导下，来自大学、政府、企业的专家和官员首先就气候变化问题发表见解，随后回答了现场公众的问题，并对公众的评论进行回应。这次活动讨论气氛热烈，公众参与意识也很强。

### 四、科学巡游活动

科学巡游（Science Tour）是西方国家经常采用的一种科学传播活动形式。

---

① 英国皇家研究院圣诞讲座走过 184 年历程[EB/OL].（2009-03-05）[2019-06-18]. http://hlog.sciencenet.cn/blog-1557-218467.html.

② 圣诞科学讲座[EB/OL].（2018-01-16）[2019-10-16]. https://pan.baidu.com/s/1kV8trBT. http://www.opclass.com/index.php/archives/18583/.

科学巡游就是在科学氛围和科学主题下的游览历程,在游览中学习、体味科学文化。科学巡游的文化意味强于科学知识的传播。

科学巡游多为户外活动,多在城市之内举行。因而,一个具有深厚科学文化底蕴、科学发展历史的城市,是科学巡游活动举办的理想场所。在科学巡游中,由导游带领公众游览工业遗址、科学家故居、科技含量高的建筑、设施等。在科学文化氛围浸润中,公众了解科学知识、科学历史,并领略科学家的科学精神。

例如,在加拿大魁北克大学蒙特利尔分校科学中心举办的活动、在爱丁堡国际科学节、曼彻斯特科学节等活动中,经常设置这类活动。2012年爱丁堡国际科学节中,有一个名为"追随科学家的印记"的科普游览项目。该项活动在爱丁堡国际科学节期间的4月5日、6日、12日和13日面向公众开展,活动在中午12:45开始,全程约2小时。此项活动由身为演员和历史学家的科林·布朗(Colin Brown)担任导游,带领公众一起参观游览爱丁堡市南部,那里汇聚了为爱丁堡留下历史印记的伟大科学家和思想家生活与工作的大学区域。游览过程中,导游带领观众实地参观并做详细讲解,观众可以了解到诸如索尔兹伯里峭壁如何改变地理学家对大陆构成的观点,了解到达尔文同苏格兰首府之间的联系等科学文化知识。此外,有些科学传播机构也单独组织此类活动。

**五、科学表演秀活动**

科学表演秀与国内科普剧十分相似,都是一种科学互动表演剧。科学表演秀将科普知识、科学实验等以表演剧形式表现出来,让观众在观看表演、投入故事情节发展的过程中接受科学知识,感受科学精神,参与科学实验,激发观众的科学兴趣。

2012年,北京科学嘉年华主场活动引进了来自澳大利亚的一部化学主题的科学表演秀,该科学表演秀演员是两位年轻女性,她们外形首先就非常富有戏剧性,一位身材高大,一位身材娇小,两人在灯光、音响、道具齐备的舞台上,扮演小丑和科学家的形象,为观众展示了液氮、高分子聚合物的化学实验。她们表演夸张,幽默诙谐,生动形象,深深地吸引了观众。

## 第五节　科普活动的国内外比较

科普活动是科学传播的重要渠道。根据传播学中的 5W 模式，传播过程中有五种基本要素，分别是传播者、传播内容、渠道媒介、受众和效果。借鉴这一模式，下文将从主办机构、活动内容及表现形式、经费来源及运营模式、受众和活动效果等方面对国内外科普活动进行比较分析。

### 一、主办机构

在国外，科普活动组织机构十分多样化。欧洲科学传播活动白皮书曾提到，"科学传播活动的组织和管理者十分多元化，有政府组织，也有非政府组织，还有地方的政府和大学。有的是非正式组织，也有的是拥有大批员工的建制完善的组织。"这些机构可以分为以下几类：①国家、地区或市一级的政府；②大学、研究委员会等非政府主体；③半营利性私人机构；④非营利性组织；⑤学会、协会等。[①] 从欧洲科学传播活动发源地的角色和地位来看，应该说，这段对欧洲科学传播活动组织机构情况的概括，同样也适用于其他国家。基于这种理解，讨论我国科学传播活动组织机构与国外情况的异同。

近年来，我国科普活动组织机构也呈现出多元化的格局。政府部门是科普活动主要组织者，例如科技部是全国科技活动周的主要举办单位。群众团体也是科普活动的主要组织者，中国科协依托基层科协组织，自 2003 年起每年举办全国科普日活动以及其他种类丰富的科普活动。学术团体在举办科普活动中也十分活跃，如中国科协所属的全国学会每年结合本领域的重大科学节日自主开展科普活动，同时也是全国科普日、全国科技活动周平台上很重要的科普活动组织力量。大学、科研院所也越来越积极主动地举办和参与科普活动，每年全国科普日都有多所高校参与，如中国科学院公众开放日已经形成品牌并赢得良好的社会声誉。除了这些机构和组织外，科普场馆、科学活动中心、青少年活动中心、社区科普活动中心（室）等，本身就是科普性

---

① European Science Events Association. Science Communication Events in Europe [M]. EUSCEA, 2005: 11.

质的组织，更是常年组织开展科普活动、提供科普服务的主体，是科普活动组织实施的最基层、最直接的力量。

这样看来，国内外科普活动的组织机构分布情况总体是类似的，都呈现出多元的特点。但值得一提的是，国外科普活动组织机构中，私人的营利性组织占比例不小；而国内方面，很少有类似的私有营利性组织直接组织开展科普活动。国内的营利性组织，如企业、公司等，对科普活动的投入和参与情况并不乐观，积极性和投入力度比国外都相差很多。这也是国内外科普活动组织机构的最大不同点之一。

### 二、活动内容及表现形式

国外科普活动经过多年的发展，已经形成了比较成熟的模式，历年的活动内容及形式大体上是类似的，如科学节一般包括科学工作坊（Hands－on Workshops）、科学秀（Shows）、互动活动（Interactive Events）、展览（Exhibitions）、技术展览会、科技交流会等，活动往往在不同场所同时进行，不同地点活动的侧重点不同。

我国的科普活动往往针对不同群体开展，除科学节、科技周等大型科普活动外，科技下乡等也是科普活动的重要方面。我国科学节虽然相对来说起步较晚，但是经过一段时间的发展，在活动形式上已经与国际接轨，一般包括科学展览、互动展品、科学工作坊、科学实验、科技电影、科学表演秀、科普讲座、科技竞赛等内容。

整体来看，在科学节等常规活动方面，我国与国际的科普活动在形式上是大体类似的。但国外的部分内容对受众的划分更加精确，如在手册上标明不同活动的适宜年龄，让不同年龄段的受众能够做出最合适的安排。我国在科学节等活动外，还有科技下乡、实用技术培训等科普活动，主要为农村和社区的广大公众服务。

### 三、经费来源及运营模式

开展科普活动需要有足够的资金作为保障。一般来讲，不同国家开展科普活动的经费来源有个性化的因素。总体上看，世界各国科普活动经费来源可以分为政府资助和社会捐赠两个渠道。其中，社会捐赠又包含个人捐赠和企业、基金会等社会团体的捐赠。这几种科普活动经费的来源，在国内也同样具备。但是，国内外科普活动经费来源在投入比例方面具有不小的区别。

在发达国家，政府提供的科普经费只是抛砖引玉，企业和民间基金会提供的经费更加可观。对于大型科普活动，主办者都会努力争取企业的支持。例如，美国国家科学基金会为了办好国家科技周，与拜耳公司、国际商业机器公司、福特汽车公司等大型企业建立了长期合作伙伴关系[157]。早在21世纪初，澳大利亚科技节经费的62%来自企业赞助[158]。英国科学促进会科技节也有多达50家公司提供赞助，英国皇家科学研究院每年的圣诞科学讲座也曾长期得到过壳牌公司的支持[157]。科普活动的主要资金来源包括政府资助、门票收入、私人或企业赞助、筹款等多种渠道。目前，国际上许多科学节已经有专门的组织机构和长期的工作人员专职从事相关工作。

国内方面，根据《中国科普统计》，近10年来我国科普经费来源情况如表3-1所示。可以看出，科普经费的主要来源是各级政府拨款，占科普经费总额的70%以上，说明我国科普经费投入高度依赖政府；自筹资金占科普经费总额的20%左右；捐赠收入很少，年均约1亿元人民币，只占科普经费总额的1%左右。我国科普经费的主要支出用于科普活动，科普活动支出占到了科普经费使用总额的一半以上，近10年年均约占55%[129]。因此，现阶段我国科普活动经费，仍然是政府投入为主体、社会与个人投入相辅的机制。

表3-1 2008—2017年我国科普经费来源构成

（数量单位：亿元）

| 年份 | 政府拨款 数量 | 占比/% | 捐赠 数量 | 占比/% | 自筹资金 数量 | 占比/% | 其他收入 数量 | 占比/% | 总额 数量 | 占比/% |
|---|---|---|---|---|---|---|---|---|---|---|
| 2008 | 47.00 | 72.36 | 0.83 | 1.28 | 12.30 | 18.94 | 4.82 | 7.42 | 64.95 | 100 |
| 2009 | 58.94 | 67.66 | 0.98 | 1.13 | 19.29 | 22.13 | 7.91 | 9.08 | 87.12 | 100 |
| 2010 | 68.08 | 68.41 | 1.37 | 1.38 | 23.80 | 23.92 | 6.26 | 6.29 | 99.51 | 100 |
| 2011 | 72.59 | 68.94 | 0.84 | 0.80 | 25.65 | 24.36 | 6.22 | 5.90 | 105.30 | 100 |
| 2012 | 85.03 | 69.19 | 0.81 | 0.67 | 30.75 | 25.02 | 6.29 | 5.12 | 122.88 | 100 |
| 2013 | 92.25 | 69.73 | 0.96 | 0.73 | 33.31 | 25.18 | 5.77 | 4.36 | 132.29 | 100 |
| 2014 | 114.04 | 76.02 | 1.60 | 1.07 | 27.28 | 18.18 | 7.10 | 4.73 | 150.02 | 100 |
| 2015 | 106.66 | 75.54 | 1.10 | 0.78 | 25.73 | 18.22 | 7.71 | 5.46 | 141.20 | 100 |
| 2016 | 115.75 | 76.14 | 1.56 | 1.03 | 27.60 | 18.15 | 7.13 | 4.69 | 152.04 | 100 |
| 2017 | 122.96 | 76.84 | 1.87 | 1.17 | 28.81 | 18.00 | 6.39 | 3.99 | 160.03 | 100 |
| 年均 | 88.33 | 72.08 | 1.19 | 1.00 | 25.45 | 21.21 | 6.56 | 5.71 | 121.53 | 100 |

在科学节等科普活动中，经费来源除了政府资金支持，基本只有两个途径，门票收入和参展费收入。在组织科普活动时，往往由相关单位的工作人员临时抽调或兼职组成组委会，很多活动还没有形成稳定的组织机构和工作团队。

从经费和运营模式来看，国际科普活动的经费来源更加多元，更加重视社会资本的引入，相对来说资金更有保障，人员相对稳定，运作更有连续性。而我国仍然是以政府出资为主，资金来源渠道比较单一，结构不够合理，多元化筹资机制仍未建立，企业投入科普活动的积极性和活跃性不高，科普事业中社会力量相对较弱。

## 四、受众

科普活动的受众是广大社会公众，但相对而言，青少年一直是科普活动的重点受众人群，各国对面向青少年的科普活动都非常重视。

国外开展科普活动十分注重与学校科学教育的结合，把科普活动作为学生学习科学的重要校外资源。例如，在美国以及欧洲许多国家，小学生科学课程经常在周边科普场馆中进行，科普场馆是学校科学教育的第二阵地。另外，国外科学节活动也十分注重同学校科学教育的结合。例如，丹麦科学节中，有相当比例活动都直接在学校开展，直接服务学校科学教育。享誉世界的"欧洲科学之夜"活动也主要在学校之中开展。可以说，国外科普活动把服务学生和学校教育作为重要的目标和宗旨。

与此相比，我国科普活动与学校科学教育的结合还远远不够。由于管理体制等方面的原因，国内科普活动与学校科学教育的结合始终面临着诸多困难，不能相辅相成地发展。同时，国内的科学节等科普活动在设计之初也较少充分考虑服务学校和学生。近年来，教育界和科普界联手倡导和推动科普场馆与学校科学教育结合，并开展了相关研究和实践，对促进科普活动与学校科学教育结合起到了良好的引导作用。但是，注重同学校科学教育的结合将在今后很长时期内都是国内科普活动发展的一个重要方向。

## 五、活动效果

衡量科普活动的效果需要在活动结束后对活动整体情况进行总结性评估。国际上的知名科普活动往往高度重视总结评估，部分原因在于其资金来源多元，需要向出资方说明资金用途和效果。如爱丁堡国际科学节每年活动结束后都会形成一本年度总结回顾手册（Annual Review），对当年科学节的整体情况做一个回顾和评估，包括科学节总裁（Simon Gage）的年度报告（Director's Report）、节日亮点（Festival Highlights）、教育和宣传（Education and Outreach）、特殊项目（Special Project）、未来项目（Future Project）、财务（Finance）等内容，且在其官网上面向全社会公开，对于活动的长期良性发展有着重要意义。

我国的各类科普活动一般情况下都会有对活动进行工作层面的总结报告，但是大多没有聘请专业团队对活动进行系统的第三方总结评估，相对而言，很难明确活动中的成效和不足，对活动的改进和优化也难以及时提供经验借鉴。近年来，第三方评估在我国得到了广泛的重视，有关第三方评估的理论、方法及案例研究也越来越多。未来，伴随着我国科普活动国际化进程的不断发展，对科普活动第三方评估的需求也会越来越多，科普活动的第三方评估有巨大的发展空间，前景十分广阔。

# 第四章 科普活动的设计

本章讨论科普活动设计的指导思想和基本原则,介绍科普活动设计方案的基本要素。介绍竞赛类、宣讲类、展示类、体验类科普活动以及大型科普活动设计的典型案例。

## 第一节 科普活动设计的主要依据

### 一、科普活动设计的指导思想

**(一)指导思想概述**

以习近平新时代中国特色社会主义思想为指导,深入学习贯彻党的十九大精神,按照《科普法》和《全民科学素质纲要》的要求,围绕党和政府的中心工作,以科普活动为载体,以过程设计(或教育设计)为导向,充分调动广大公众共同参与,努力使他们运用先进科学技术引领和改善自身的物质生活,享受科技进步所带来的实际成果,实现全面提升广大公众的科学素质,营造科学、文明、健康、环保的社会环境和有益于创新的文化氛围之目标。

**(二)需求调研的必要**

为在科普活动设计中体现上述指导思想,前期的需求调研是非常必要的。因为只有通过调研,才能准确了解公众对科普的需求,以及社会发展对科普的需求。在平衡上述两者需求的基础上,科学确定科普活动的选题,才能保证其后的设计中蕴含上述指导思想——以科普活动为载体，在运用先进科学技术引领和改善公众的物质生活和提升其科学素质的基础上，推动全社会的科技创新、文化繁荣和可持续发展。

科普活动要取得成效，首要的是满足居民的需求，即要注意选择居民感兴趣的科普内容。如上海市、武汉市、昆明市等地的各级科协，曾结合科学"热点"问题或与科技相关的社会"焦点"问题，选择配置居民感兴趣的相关领域——诸如天体演变与生命起源、环境与健康、国防意识与军事科学、3D打印和家庭创客等主题，作为科普内容开展活动，受到居民广泛欢迎。同时，科普活动还要适应社会发展的需要。例如，对于防火、防触电、交通安全等伤害预防议题，以及节约能源资源等内容，即使居民当前并未将其列为自身需求，考虑到社会发展的需要，也应将其列为科普活动的主要传播内容。

所以，从某种意义上说，需求调研是科普活动设计前的关键一步，它能够确保一项科普活动内容与公众需求和社会发展的一致性，以及活动设计的合理性。通过需求调研，活动组织机构和设计者可以掌握公众和社会对科普活动内容的需求状况，并针对其不同需求，运用有针对性和多样化的活动方式与活动内容，最终实现通过科普活动促进公众和社会共同发展的目的。

## 二、科普活动设计的基本原则

科普活动设计的基本原则，指在科普活动的设计过程中，特别是在体现设计思想的科普活动设计方案中，所承载的相关准则。不难看出，既然称为原则，一定是正确反映科普活动设计客观规律的原生规则。因此，各级科学教育、传播与普及工作者只要将上述原则视为设计的基本要求，就可以依据相关理论、理念和政策，通过提出问题、分析问题和解决问题等相关设计过程，完成科普活动的设计任务。

通过理论探索和实践总结，下面从科学性、教育性、创新性、公平性、自主性、安全性6个方面，阐述科普活动设计特别是最终形成的科普活动设计方案所承载的基本原则。这6项基本原则，将使科普活动的设计更为规范，亦更易于通过科普活动，实现促进公众体验科技进步所带来的实际成效和提升其科学素质的目标。

### （一）科学性原则

在科普活动设计，特别是最终形成的科普活动设计方案中，要自始至终体现科学性原则。这就是说，设计者要结合公众中不同群体的社会地位、受教育程度、心理和生理特点等，选择设计恰当的科普活动内容和形式，向他们传播反映客观真理的科学知识，帮助他们掌握最优化的技能和科学方法，引导他们树立有益于社会发展的科学价值观，争取得到最佳的育人效果。

1. 活动内容选择的合理性

就科普活动设计者而言，为参与活动的目标群体选择合适的活动内容，亦是其首要任务之一。而要完成这一任务，设计者必须搞清楚什么是"科学"，这样才能保证所选择的活动内容不脱离科学的范畴。

人们对"科学"的认识是随着时代的发展而不断深化的。如果从静态的角度来看，可以说科学是一种知识，但这并不意味着任何一种知识都是科学。科学是关于客观世界各个领域事物现象的本质、特征及运动规律的知识体系。它是建立在人类社会实践活动的基础上并已经过了实践检验和严密逻辑论证的知识。如果从动态的角度来看，科学又是一种社会活动，它是以事实为依据，以发现规律为目的的社会活动。这种活动是通过各种手段去感知客观事物，在大量感性经验的基础上，再运用理性思维去把握事物的本质。

对科普活动设计者来说，除加强自身的学习外，依靠科学家和技术专家队伍的支持，是为目标群体选择合适活动内容的有效途径。这是因为，随着科学技术的不断发展，需要即时向公众传播哪些科学知识、技能、方法和观念，这是时代赋予科学家和技术专家的任务。例如，著名的计算机科学家、图灵奖获得者、美国斯坦福大学教授 G. 伏赛斯曾预言：计算机科学将是继自然语言、数学之后，成为第三位对人的一生都有重大用途的"通用智力工具"。而 20 世纪 70 年代末和 80 年代初，正是由于我国一些科学家和技术专家的倡议与身体力行，计算机科学与技术普及活动在全国得以广泛开展。特别是 1984 年邓小平同志提出"计算机的普及要从娃娃做起"，使计算机普及活动在公众特别是青少年中掀起高潮，为 21 世纪我国科技和经济的迅猛发展奠定了相关学科与人才基础。

如果从整体来看，科学包括自然科学、数学、社会学、思维科学、技术和工程学等。这里所指的科学，正是上述广义的科学。实际上，即使科学教育、传播和普及主要涉及自然科学的认知活动，社会科学以及人文学科的作用也是不可忽视的。这是因为，科学教育、传播和普及的任务就是在作为方法的科学与作为人类生活和行动目的的价值观之间建立平衡。正如拉伯雷所说:"没有良知的科学只会是灵魂的废墟。"

毫无疑问,承担科普活动设计的各级科学教育、传播与普及工作者,自身必须对科学有一个较为全面的理解。这是正确诠释科学以及通过科普活动这一载体引导目标群体理解科学的必要条件,否则就会适得其反。例如,在某省省会城市的科学中心内,有一个让青少年了解治疗疾病的相关药物知识的动手操作项目。当孩子选择"拉肚子"这一症状时,电子屏幕上就会出现"小檗碱、诺氟沙星"等治疗上述症状的药物名称;而选择其他疾病症状时,又会给出相应治疗药物的名称。这种向青少年传播与其"社会角色"不符内容的项目,是背离科学的。这是因为,与应用处方药治病的相关知识,只适于传播给在职和后备的专业医师,而不是所有公众;与应用非处方药治病的相关知识,只适于传播给成年人,而不包括青少年。否则,必然会导致药物滥用。

另一个例子涉及国际奥林匹克数学竞赛。在与奥数相关的数学教学中,反映了我国教师与一些发达国家教师在科普内容把握上的文化差异。我国的教师,在数学教学中更重视最终的结果,而一些发达国家的教师,则更重视过程。

例如,有这样一道奥数的题:3、5、9、15、23,这一数列23后面应该是什么数?我国的教师给孩子讲这道题,只要会答出后面那个数是"33"就完了。但是,美国和欧洲很多国家的教师给孩子讲这个题,是作为培训科学思维的,并不看重最终的结果。他们通过过程分析,教给孩子如何把大问题化成小问题,进行科学思维的教育:如3、5、9、15、23都是奇数,而3和5之间有0个奇数,5和9之间有7这个奇数,9和15之间有11、13这两个奇数,15和23之间有17、19、21这3个奇数,据此推断,23后面那个数应该和它相隔4个奇数,即相隔25、27、29、31,所以33就是那个数。这种重过程的教授,对孩子的科学思维非常有好处。而到了我们国家,没有人关注教师如何讲授,而是变成了批判这道题,认为不应该让学生去接触这类题。看来,不同的文化观念也会对同样的科普内容形成截然相反的理解,这是个警示。

值得注意的是,选择活动内容还要符合公众的受教育程度、年龄特征和兴趣爱好。由于不同年龄段的公众心理状态和知识水平不同,他们对科学活动内容的兴趣也不会相同。即使选择相同的科学内容,针对不同年龄段的公众，安排上也要有目标、层次和要求上的区别。

2. 活动方式应用的适宜性

科普活动的方式，可以分为展示类、宣讲类、体验类、竞赛类、培训类和大型综合类6种基本方式。当然，每种基本方式中，又可以细分为诸多具体活动方式。例如，宣讲这类科普活动，就可以细分为讲座式、授课式、沙龙式和表演式（戏剧、小品和歌舞等）4种活动方式。因此，在进行科普活动设计时，设计者应依据活动对象特征、活动内容要求、实施条件与可行性，以及最终实现的目标等各方面因素，科学、合理地选择并有效地运用活动方式。

活动方式运用的适宜性，主要体现在运用该方式的效果上。这是因为，科普活动的目标主要是使广大公众感受科技进步所带来的实际成果，以及全面提升他们的科学素质。而科学、合理、高效的选择和运用适当的活动方式，是实现上述目标的捷径。

例如，针对社区居民开展安全科普活动，是采用宣讲类活动方式效果好，还是采用培训类活动方式效果好，或是采用其他类型活动方式效果好？位于北京市朝阳区小关街道的社区安全馆的经验表明，开展安全科普活动，以体验类活动方式效果最好。

在小关社区安全馆，居民们可以来到交通安全展区、卫生健康展区、民防知识展区、消防知识展区、危害与预防展区5个展区，分别参与直接体验、间接体验乃至虚拟体验等不同类型的体验活动。如在交通安全展区，居民们可以通过亲自体验自行车模拟驾驶，实际体验不遵守交通规则所带来的后果；亦可通过传感技术、多媒体及机械技术的综合利用装置，从显示器上体验模拟人喝酒后驾驶汽车在行驶中的变化，从中可以了解饮酒多少与驾驶汽车安全性之间的关系，警示大家不要酒后驾车。在卫生健康展区，居民们可亲自体验现场紧急救护——利用可供参观者实际操作的人体模型，自己动手尝试学习正确的心脏复苏的方法；居民们还可以与虚拟主持人共同坐在一起开展健康知识互动问题活动，参与的居民和虚拟主持人都出现在屏幕上，虚拟主持人通过定向麦克风的语音识别技术，回答问题并判断参与居民给出的答案是否正确。在消防知识展区，居民们不仅可以学习各种结绳方法，通过训练体验结绳逃生这种很普遍很有用的火灾逃生方法；还可以参与模拟事故报警——通过屏幕显示报警注意事项，居民们可互相扮演求助和接听的角色进行报警训练。

这里需要指出的是，在安全科普中，体验类活动方式之所以效果最好，是因为其特别突出了"行"的教育。我国著名教育家陶行知先生曾提倡"生活即教育"，强调"做"是教育的本质要素，说明了其对"行"的重视，对实践的重视。毫无疑问，"知"与"行"是公众认识客观世界过程中密切相关的两个方面，先知而后行，说明了科学知识、方法等的学习和理解是重要的，它可以使受众知晓科学的内涵，领悟科学的真谛。但切不可轻视"行"，轻视实践，尤其在安全科普活动中，公众的最终目标就是要学会"行"的正确方法和技能——这也就是为什么体验类活动方式效果最好。

另外，领导干部与公务员、社区居民、进城务工人员、青少年等不同群体的生理和心理特点，以及他们的兴趣、爱好和进取精神等个性特征，亦直接制约着对科普活动方式的选择。这就要求科普活动设计者能够科学而准确地分析和研究不同群体的实际状况，有针对性地选择和运用相应的活动方式，以满足因材施教和分类科普的需要。

### （二）教育性原则

教育是培养人的活动，也是使人社会化的过程。这里所言的科普活动，则无一不体现对人的培养，以及对未来社会所需要的合格公民的造就。因此，教育性原则，是科普活动设计中应遵循的最重要原则之一。

当然，需要注意的是，强调教育性，不意味着将科普活动都搞成一个模式，都变成说教式。实际上，要实现培养公众的科学素质、人文素质和其他心理品质的目标，一定要激发他们对科学的兴趣，寓教于乐。只有让公众乐于参加科普活动，才能使他们真正受到启迪和教化。

1. 活动设计要突出教育性

（1）活动内容与德育结合的必要性

就科普活动而言，其内容主要是围绕提升公众的科学素质和人文素质而规划设计的。而无论是科学素质还是人文素质，其内涵都包含了对道德的继承和发展。在现阶段，尤其要重视通过科普活动立德树人，引导公众不忘初心，牢记使命，践行社会主义核心价值观。因此，上述活动内容与德育的结合，不仅是必要的，也是能够实现的。

因此，科普活动的设计者一定要坚持以人为本，从战略和全局的高度，深刻认识加强对公众思想道德建设的重要意义，充分利用科普活动这一有效载体，通过展示、宣讲、体验、竞赛、培训，以及大型综合科普活动等方式，传播科学思想，弘扬科学精神，倡导科学方法，培育科学道德，引领广大公众奋发图强，积极向上，促进他们逐步地形成或完善自身的世界观、人生观、价值观，养成良好的科学行为习惯。

具体而言，首先，可以通过各类科普活动，使公众真正理解科学的本质，善于运用科学思维区分科学与宗教、科学与迷信、科学与非科学，帮助他们逐步树立辩证唯物主义世界观。其次，可以通过各类科普活动，使公众了解科学家追求真理的大无畏精神，勇于质疑，敢于创新，帮助他们理解并最终树立科学精神。再次，可以通过各类科普活动，使公众热爱科学，崇尚科学，同时了解科学技术对社会既有正效应也有负效应，培养其社会责任感，帮助他们确立科学的价值观。最后，可以通过各类科普活动，使公众了解从事科技工作的职业道德，学习科技工作者所具有的追求真理、奉献人类、爱国主义和团队精神的原则，以及严谨求实，吃苦耐劳，发扬民主、学术诚信等道德规范，帮助他们形成影响其一生的科学道德。

（2）活动目标与《全民科学素质纲要》的相关性

策划和设计科普活动，要求设计者首先树立现代科学教育、传播与普及理念，特别是以人为本和以公众为主体的理念。科普活动方案从内容的确定、形式的选择、方法的选用到过程的安排，都应该围绕促进公众全面发展、提高他们的科学素质、人文素质和其他心理品质的目的进行设计。

2006年国务院颁布的《全民科学素质纲要》，给出了公民科学素质的相对权威的界定："科学素质是公民素质的重要组成部分。公民具备基本科学素质一般指了解必要的科学技术知识，掌握基本的科学方法，树立科学思想，崇尚科学精神，并具有一定的应用它们处理实际问题、参与公共事务的能力。"因此，各类科普活动的目标，都应遵循《全民科学素质纲要》的总体设计，与提升公民科学素质具有相关性，充分体现科普活动的育人效果。

例如，科普活动的设计可与城镇劳动人口科学素质建设目标紧密结合。比如，为了提高下岗职工的科学素质和劳动技能，南京市多所社区科普大学和街道劳动保障部门联合办学，选择学员就业所急需的科普内容进行培训，毕业后颁发相应上岗证书。

遗憾的是，也有一些科普活动设计者恰恰做了产生相反效果的事。例如，某位科技辅导员为了让青少年了解空气污染对人体的危害，设计了这样一项科普活动——把几只大白鼠关在笼子里,让它们与具有挥发性的劣质油漆为伴,组织青少年每天观察吸入被污染空气的大白鼠生理状况,直至7—8天后大白鼠中毒死亡。不难想象,青少年通过上述活动确实直观地见证了空气污染对动物乃至人类的危害,但上述活动也不可否认地对青少年的心理造成了伤害,不利于其形成关爱生命的价值观,同时也违反了动物实验的相关法规——这是需要大家警醒的。

2. 教育性与趣味性相结合

(1) 在教育性前提下赋予活动趣味性

在科普活动设计中,设计者首要考虑的是教育性,但满足上述前提下还要赋予活动趣味性,以吸引更多的公众参与。这是因为,任何一项科普活动要取得成效,首先要注意选择公众感兴趣的科学内容,即考虑他们的兴趣和需要。只有选择公众感兴趣的知识领域,才能吸引他们参与,并使其在参与中得到教育和提高。

其次就活动形式而言,自然要为内容服务,而且从某种意义上看,形式决定着对特定群体科学内容传播的质量。因此,要注重形式的选择,注重形式的创新。就科普活动而言,从某种意义上还可分为参与性的与非参与性的两种类型。在当今时代,仅仅使公众被动地接受传播的非参与性方式——诸如传统的展览、广播、讲座等,已越发暴露出其局限性。而那种能体现科学传播者与受众之间思维互动、受众与受众之间思维互动的参与性方式则显得愈加重要。因为当一个群体经过共同努力互相沟通,把他们对某个问题的背景知识和观点集中在一起,并且通过思维交流以期稍能接近真理或取得解决问题的办法,这恰恰体现了科学思想、科学方法和创新精神,亦更容易唤起公众的兴趣。

值得关注的还有:当今世界已进入信息时代,信息技术成为了创新速度最快、通用性最广、渗透力最强的高技术之一。它已然全面渗透并深刻影响到科普活动的理念、模式和走向。例如,借助先进的信息技术和网络平台出现的"慕课"和"微课",使大规模并且个性化的科学传播活动成为可能。而虚拟现实、大数据应用、3D打印技术、微信平台等相关信息技术在科普中的应用,可吸引更多公众参与生动活泼认知科学的活动。

(2) 寓教于乐的实质是提升科学兴趣

爱因斯坦说过,"兴趣是最好的老师"。公众对科学的兴趣——或叫作求知欲，是他们力求认识自然界，认识人类自身，渴望获得科学知识和不断探求真理而带有情绪色彩的意向活动。在公众参与科普活动的动机中，最现实、最活跃的成分之一就是求知欲。"知之者不如好之者，好之者不如乐之者"，正是指出了兴趣的重要性。

因此，设计者要明确在科普活动设计中坚持寓教于乐，其实质是培养和提升公众对科学的兴趣。不言而喻，在引导公众参与科普活动的时候，一定要注意做好教育设计，利用大自然气象万千、多姿多彩的魅力，利用科学为人类生活带来无穷无尽变化的重要影响力，抓住公众的好奇心，启发其求知欲，开阔其眼界，激励他们探索科学的兴趣。从某种意义上可以说，公众对科学的兴趣，决定了他们是否愿意以及能否成功参与科普活动。

例如，在澳大利亚维多利亚州科学应用博物馆，设计者结合2000年悉尼奥运会这一"热点"内容，专门设计了与田径、游泳、球类等竞技体育项目相关的科学应用展台，并应用现代声、光、电及计算机控制等手段，使公众能够亲自感受与生物物理、生物化学等相关的体育科学。许多孩子和老年人都在展台前争相参与活动，饶有兴趣地用激光测试自己的速度、弹跳、力量等运动指标，并与奥运冠军的成绩相比较。当许多参观者在特制的奥运会颁奖台上合影留念时，那种发自内心的微笑真实地诠释了他们对科学在体育活动中魅力的赞赏。

(三) 创新性原则

在坚持科学性和教育性的同时，设计者亦要注意在科普活动设计中不断发展与创新。这就要求，设计者自身观念需通过理论探索和实践研究而不断变革，坚持与时俱进；而针对科普活动所覆盖的特定内容和形式，亦应从开放性和多样等方面入手，不断推动其创新。

1. 设计观念的时代性

作为科普活动的设计者，其在科普活动的不断进取中发挥着主导作用。因此，设计者自身观念需通过理论探索和实践研究而不断变革，坚持与时俱进，这样才能使科普活动随时代发展而保持具有先进性、新颖性和实效性。

例如，从20世纪80年代开始，以环境保护为内容的科普活动在我国的科普活动中已占有重要的地位。环保类科普活动在促进公众了解与环境相关的科学知识，培养他们环境保护的意识、行为和习惯等方面发挥了不可估量的作用。而进入21世纪以来，特别是2009年在哥本哈根举行的《联合国气候变化框架公约》第 15 次缔约方会议上，当中国政府向全世界郑重承诺减少二氧化碳排放量的那一刻起，我国就开启了低碳时代的新纪元。环保类科普活动要体现"低碳"这一时代特性。

许多环保类科普活动的设计者通过学习和研究认识到，对公众开展的低碳科普是在环保科普基础上进行的，是在关注二氧化碳排放量这一具体的社会热点环境现象上拓展的可持续发展理念的传播。所以，低碳科普可以看作是对环保科普的传承和发展。

具体到低碳类科普活动的设计，其内容仍需以与环境相关的科学知识为基础。而在活动形式上，环保类科普活动注重到自然资源丰富处去进行，低碳类科普活动所面对的议题是应对气候变化与提升能源利用效率，它的影响范围是无所不在的。因此，低碳类科普活动的开展，相当于让环保类科普活动从户外环境进入室内环境，扩充了环保科普的范畴。在活动内容上，低碳类科普活动相对于环保类科普活动对公众的培养也更为实际、更有成效。不难看出，科普活动设计者的这一转变，恰恰反映了科普活动与时俱进的行动价值和效果，也是其时代特色的具体体现。

2. 活动内容的开放性

公众参与的各类科普活动，其内容都应具有开放性，这既是因材施教的需要，也是培养公民科学素质的基础。实际上，许多社区都根据居民的需求"热点"，为他们参与科普讲座活动、科普阅读活动、科技制作活动或食品安全检测活动等，提供了发挥其自身积极性的"设计"。在科普场馆或科普教育基地，公众亦可根据自身兴趣和爱好，选择参与涉及不同内容或不同学科领域的科普活动。

当然，上述活动内容的开放性，无疑是需要各类科普活动设计者共同参与建设，共同完成开发的。而在这一过程中，设计者的创新精神和创造能力，是会充分得到体现的。例如，结合节约能源资源，保护生态环境，保障安全健康等《全民科学素质纲要》工作主题，许多设计者设计了众多内容丰富的科普活动，如健康类科普活动、低碳与环境保护类科普活动、应急类科普体验活动、天文及气象类观测活动、节能家用电器展示活动等，满足了公众对科普活动内容广阔性的需求。

不过，从活动内容的建设来看，还要注意个人价值取向和社会价值取向的统一。正如党的十九大报告所指出的：要"弘扬科学精神，普及科学知识，开展移风易俗、弘扬时代新风行动，抵制腐朽落后文化侵蚀"。例如，针对容易体现公众个人自身价值取向的诸如收藏与科学文化、家庭花卉种植、数码产品应用等可以开展相关科普活动。但同时更要针对一些具有社会价值取向的领域，诸如节约能源、环境保护和文明行为习惯的建立等领域，开展相关活动。特别是不能仅仅为了迎合公众的"兴趣"而忽视具有社会价值取向的"时代新风"等相关内容。

例如，近年来城市养犬数量激增，部分养犬户存在不文明行为，影响环境卫生，惊扰周边居民，犬咬人案件不断上升，市民反映十分强烈。针对这一情况，一些社区利用科普活动，对养犬户进行宣传教育，启发他（她）们"换位思考"，考虑如何保障不养犬户的权益。特别是狂犬病的预防，不仅关系到不养犬户的安全，也关系到养犬户的安全，每位社区居民必须从有利于"他人"的安全角度规范自己的行为——体现有益于社会和谐的价值取向，这样才是真正通过科普活动实现个人价值取向和社会价值取向的统一。

3. 活动形式的多样性

科技场馆对公众进行科普的重要作用是有目共睹的。随着科技的飞速进步和现代教育理念及手段的不断创新，科技场馆向公众进行科普的形式也在不断发展。陈列型、教学型、公众参与型等各种各样的活动形式丰富多彩。究竟采用何种科普活动形式最好？这里以法国科技场馆为例具体说明。

法国最具特色的科技场馆——巴黎科学发现宫和维莱特科学工业城的经验表明，科普活动形式对公众理解科学的影响，与公众自身科学素质和学习欲望的高低密切相关。对于科学素质和学习欲望较高的公众来说，陈列型、教学型和公众参与型的科普活动都很有效。就青少年而言，教学型更益于其对科学方法的理解。而参与型，即使对学习欲望不很高的公众特别是青少年，也会起到激发其对科学兴趣的作用。因此，面对公众素质的参差不齐和个性化需求的差异，多元化的科技场馆科普活动形式似乎更有益于对公众的科学传播。

在巴黎科学发现宫，人们可以看到，尽管大多是采用教学型的活动形式，手段也主要是模型、实验、视像资料和传播者的讲解，但涉及"动物之间是如何用特定的'语言'进行交流"这一主题，许多成年人和孩子还是流连忘返，他们仔细地观察并了解"蜘蛛是如何运用'网'传递信息的"，而一种鱼又是如何通过放电进行"对话"的。特别是在了解到老鼠经过几个月的训练，可以学会走"迷宫"，许多成年人和青少年赶来观看，面积不大的观众席上人头攒动，他们从这里了解到老鼠并不都很"脏"，而且具有很高的智商，从而引导公众关注人脑的开发。另外，在传统的静电演示台前，一个个精彩的"放电"实验，加上传播者与受众之间的"妙语"沟通，"科学"在这里变得更为平易近人。

在维莱特科学工业城的儿童中心，人们可以看到，这里主要是采用参与型的活动形式让儿童体验科学。该中心为3—5岁的孩子设立了"第一次发现"区，让孩子们通过感官，自己科学地体验第一眼看到的世界，诸如蓝天、白云、雨的构成，像刚出生孩子的模样，尝试走出小小迷宫，以及通过镜子认识自己等；另外，还有与同伴一起合作建造房屋，以及仿照漫画，通过游戏学习如何表现喜怒哀乐的情绪等。针对5—12岁的孩子，该中心按通信技术、你和其他人、生命的调查、机械与机器4个主题分别设立了相应的活动区，孩子们在这里自己进行体验和探究；除上述4个主题外，还为有兴趣的孩子设立了自主创新区，鼓励他们自己设计或搭建新的物品。同样，在维莱特科学工业城的短期展厅前，前来参观的成年人排着长长的队伍等待购票。尽管短期展览大多是陈列型的，但由于展览主题涉及诸如艾滋病的防治、毒品的危害和彗星接近地球等新闻热点，前来参观的公众还是非常踊跃的。

因此，就公众参与科普活动的形式而言，绝不只限于由相关科技专家进行说教的方式，而是具有多元化的方式。从我国科普活动形式的总趋势来看：以"科技节（周、日）"活动为载体，大型活动与日常活动衔接，学习活动、培训活动、宣传活动和竞赛活动相结合，展教式、教学式和参与式活动并举，以及全面推进科普信息化，将成为今后公众科普活动呈多元化发展的具体体现。

（四）公平性原则

1. 科普活动应面向所有公众

教育公平，是指人们对教育资源配置和教育机会供给的价值判断。教育公平包括教育平等和教育机会均等两个方面，其核心是教育机会均等。正是在教育机会均等思想的影响下，20世纪80年代，联合国教科文组织提出了"科学为大众"的口号，强调科学教育、传播与普及要面向所有的人。这主要由于科学和技术已影响到人类生活的每个方面，与科学技术有关的社会问题和环境问题的数量与日俱增，科学技术已成为人类个体生存和发展的中心，因此各国政府应该也必须保证所有公民享有合适的学习和理解科学的机会。20世纪末，联合国教科文组织又明确提出了通过科学教育、传播与普及，提升所有人"科学素质"的目标。

实际上，正是由于看到我国公民科学素质水平与美国、欧洲等发达国家相比差距甚大，特别是公民科学素质的城乡差距十分明显，劳动适龄人口科学素质不高；大多数公民对于基本科学知识的了解程度较低，在科学精神、科学思想和科学方法等方面更为欠缺，一些不科学的观念和行为普遍存在。我国的科学界和教育界一直在倡导科学教育、传播与普及应该面向所有的公众——这也正是科普活动应面向所有公众的主要原因。

2. 坚持公平性并不排斥因材施教

应该指出的是，在科普活动中坚持公平性并不排斥因材施教，两者是相辅相成的。实际上，科学教师、科技专家或者科普工作者在活动中针对不同公众个体的差异因材施教，以提升他们的科学素质，从某种意义上看也是公平性的一种体现。这是因为，所谓因材施教，是指施教（或传播）者要从公众与科学相关的实际水平和个体差异出发，有针对性地实施有差别的传授和指导，使每位公众个体都能在原有基础上前进，获得最佳的发展效果。在上述过程中恰恰实现了公平性赋予的使命——提升了所有公众的科学素质，当然也为科技创新人才和其他类型人才的脱颖而出提供了机会。

具体来说，设计者应根据不同公众群体和个体的差异，考虑其生理和心理发展水平、与科学相关的知识基础、能力特征、需求倾向和环境及资源保障状况，设计不同内容、不同形式和不同层次的科普活动，对公众进行因材施教。例如，某社区科普协会针对老年居民在信息获取和处理，以及利用信息解决健康、生活问题等方面的需求，开展了以培养其信息素质为目标的电脑应用科普培训活动。上述培训活动内容主要包括向老年居民传授电脑操作基本技能，诸如利用电脑打字、上网、绘画、收发电子邮件、写自传、通信、购物、炒股等。而培训活动形式则可描述为：首先，采用内外结合的教学模式，每周面授一次；另外每周开放两晚教室，供老年居民学员自修，老师下班辅导。自编视频教程，通过网络及电子邮件，每天教学一个知识点；每个知识点的作业，均通过电邮反馈。其次，根据"不求系统，只讲实用"的原则，自编了适合老年居民的教材，包括初级班教学讲义和提高班视频教程等。最后，通过展示、宣传、表彰和奖励等手段，对参加培训的老年居民学员实施了全方位的激励机制。

针对初中阶段的青少年群体，其科普活动内容则以电脑制作、智能机器人、发明创造和蕴涵科技内涵的调查及宣传活动为宜。同时还要考虑不同青少年个体的差异，在科普活动内容选取上再进一步区分难易，在活动形式上可分别采用综合活动或专项活动，个人活动或群体活动等不同形式，以及在传授或指导方式上体现差异，确保参与活动的青少年都会通过因材施教而获益。

### （五）自主性原则

设计者在进行科普活动设计时，要注意充分激发公众对科学的兴趣，鼓励他们勤于思考、乐于动手、勇于探究、敢于创新，即坚持自主性原则。实践表明，公众的自主性一经焕发，不仅有助于他们理解科学知识，掌握科学方法，崇尚科学精神，升华科学思想，还可以培养社会责任感，使他们认识到科学技术对社会的作用可能是有益的，也可能是有害的。

值得关注的是，党的十八大报告提出要建设"民族的科学的大众的社会主义文化"，"开展群众性文化活动，引导群众在文化建设中自我表现，自我教育、自我服务"。党的十九大报告进一步提出，要"坚定文化自信，推动社会主义文化繁荣兴盛"。这些都是强调群众在文化中的自主性——他们既是文化的创造者，也是文化的传播者，同时还是文化的享用者。而由此重新审视作为大文化建设中的科普，就需要改变传统的科普观念——即认为科技工作者是传播者，而公众只是被动接受传播的受众的看法。实际上，要发挥公众的自主性，就是要让他们在科普活动中能够像在其他文化活动中一样，实现自我表现、自我教育和自我服务。只有这样，科普活动才能像其他文化活动一样广泛而深入人心。

1. 注意在活动中发挥公众的自主性

众所周知，通过学习进而发挥自身的创造潜能，已成为当前时代的特征之一。而使广大公众学会学习，则是现代社会赋予教育的最重要任务之一。学会学习，实质上就是要激发公众的自主性，使他们逐步掌握学习的技能，领悟学习的方法，具有在瞬息万变的社会中生存、发展的决策能力、应变能力和创造能力。

要实现上述目标，就要注意抓住科普活动过程中的各个关键环节，全面落实自主原则。例如，在科普活动设计中，就要摒弃传统的"教"的观念，而应考虑如何以公众为中心，使他们自己学——即自己收集信息，自己发现问题，自己进行探索，自己进行评价。

在自主性原则下，科学教师、科技专家或者科普工作者在科普活动中的任务就是尊重、爱护和关心每一位公众，在组织学习和活动的过程中开发他们的潜能，培养他们的学习能力，鼓励他们去实践、去探索、去创新。另外，还要倾听公众提出的问题，关心他们的情感；正确评价每位公众的行为方式；帮助每一位公众发展适合自己的学习、活动和其他实践途径；保护与培养公众的创造精神等。

2. 坚持自主性并不排斥传播者的主导性

在科普活动中坚持自主性原则，并不排除科学教师、科技专家或者科普工作者的作用。科学教师、科技专家或者科普工作者是科普活动的设计者、参与者和主导者，是整个活动开展成功与否的关键和核心。因此，科学教师、科技专家或者科普工作者在活动中应充分起到设计、引领和导航的作用，启发公众在收集和选择信息的过程中完成对科学知识的学习；训练他们在规范操作和使用工具的过程中实现技能的掌握和养成；指导他们在尝试亲历科学体验的过程中加深对科学方法的理解和运用，等等。但值得注意的是，科学教师、科技专家或者科普工作者在活动中永远是顾问或参谋的角色，绝不应替代公众去思维、去操作、去完成。

（六）**安全性原则**

在科普活动的设计过程中，如何确保公众的安全，是非常重要的原则之一。特别是对老年群体和青少年群体，更要慎之又慎——因为上述两个群体对可能会影响自身安全的事物，有时很难做出清晰准确的判断和防护。这就要求科普活动的设计者，对活动中的安全防范问题要从源头承担起相关的责任。

1. 活动设施的可靠性

在科学活动的实施过程中，不可避免地要涉及建筑设施、展教设施、生产设施、实验设施、人文景观、自然景观、生物资源、信息资源、化学药品等。因此，科普活动的设计者要对上述活动设施可能引发的安全问题有全面、科学的考虑和防范。例如，要考虑到建筑抗震标准，了解消防设施状况，检查展教设施、生产设施或实验设施的供电供水安全，排查人文景观或自然景观存在的隐患，掌握信息资源中的某些不健康因素可能对青少年心理和思想造成的伤害，防范生物资源或化学药品中可能对公众构成伤害的隐患，等等。

2. 活动对象的自控性

在科普活动设计过程中，设计者除了应关注活动设施的可靠性外，还要想方设法加强对活动对象——公众的安全教育，以提高其自控性。为此，要针对活动中可能出现的安全问题，通过宣传教育、培训、演练等方式，使公众学习与自身安全相关的科学知识；掌握自护自救等相关技能；尝试运用与防护、躲避和逃生相关的科学方法；锻炼应急时所需的心理品质和其他情感态度价值观；从而在活动过程中，能够把握自身行为的安全度。

3. 活动过程的监管性

科普活动设计者所设计的各项面向公众的科普活动，特别是在实验室开展的科学探究活动，在科普场馆或生产企业开展的科学体验活动，以及在自然保护区或社会领域开展的参观考察活动，都要根据活动的规模、场地和周围环境情况、设施和器材药品等，联系相关机构主管部门对活动的安全保卫、安全设施和处理各种突发事件做好应急预案，并结合实际采取必要的预防保障措施，制定针对性、可操作性强的安全制度，确保活动安全。

在大型科普活动过程中还要配备安全保护人员，并对参与活动的科普工作者或相关工作人员进行应急救援训练，设置安全警示标志，通过加强监管防止意外事故及治安事件发生。

## 第二节　科普活动设计方案的基本要素

就科普活动设计方案而言，通常主要包括活动主题、活动背景、活动对象、活动目标、活动内容、活动保障、活动过程及步骤和活动效果检测等要素。当然，随着所设计科普活动的规模、形式和内容的差异，上述要素也会略有差异或侧重，但总体上变化不会太大。下面对上述要素分别予以简要介绍。

### 一、活动主题

活动主题是科普活动所要传播内容的核心。以不同内容为关注点的科普活动，其活动主题也必然不同，而这也恰恰造就了科普活动内容的丰富多彩。

例如，社区居民消防演练科普体验活动、珍爱生命之水——青少年科学调查体验活动、科普沙龙——城市轨道建设与你我他、上海科技馆——动物世界科普展示活动、蔬菜清洗前后的农药残留检测活动、3D 建模打印活动、中国载人航天的现状与未来——首都科学讲堂讲座活动等，都印证了这一点。

总体来看，任何一项科普活动，都应该有一个科学而鲜明的主题。这些主题可大可小，与活动设计的内容紧密相关。当然，自 2006 年国务院颁布《全民科学素质纲要》以来，近些年的科普活动，其主要传播内容，大多围绕节约能源资源，保护生态环境，保障安全健康等《全民科学素质纲要》工作主题，以及公众自身所关注的与其自身生存和发展相关的科学领域的主题。因此，积极寻找和把握与上述相关的传播内容，拟定简洁明了的活动主题，是设计者进行科普活动设计时首要的任务。

## 二、活动背景

活动方案的背景是指确定活动主题的依据和出发点，大致包括宏观和微观两个方面。宏观方面诸如社会的科技、教育或文化的背景，微观方面则包括某一群体或个体的背景。一般来说，设计者可以从以下三方面予以介绍。

### （一）该活动的提出顺应公众的兴趣与需求

在这里可概述该活动是如何针对公众的需求而设计的。即活动内容如何与公众兴趣和需求相结合——如公众关注自然、自身、社会"热点"问题及其他新鲜事物的欲望，参与社会上群体活动的欲望，改进和创建各种事物的欲望，参与表演及其他自我表现形式的欲望，欣赏科学、艺术的倾向及评价事物的欲望等。该活动正是选择了公众感兴趣的相关领域，才能吸引其参与，并使他们在参与中得到教育和提高。

### （二）该活动的提出适应社会发展的需要

在这里可概述该活动是如何针对社会发展的需要而设计的。即强调该活动不仅要注意满足公众的需求，还要注意适应社会发展的需要。例如，对防火、防触电、交通安全等伤害预防内容，以及节约能源资源等内容，即使公众或某一群体当前并未将其列为自身需求，考虑到社会发展的需要，也应将其列为科普活动的主要传播内容。

### （三）该活动的起源及发展

在这里可概述该活动的起源，后续的发展，以及目前设计上的创新等。

### 三、活动对象

活动对象是指活动的特定参与者。确定活动对象，主要是考虑到科普活动对参与者的作用和效果。不同区域、场所、类型或内容的科普活动，其参与者的群体特征可能有所不同。

例如，社区健康科普讲座，其参与对象主要是中老年居民，因此这类科普活动的内容大多是针对上述居民群体设计的。节能在我身边——青少年科学调查体验，主要是以中小学生为参与对象，其内容形式的设计自然考虑了青少年的生理和心理发展特点。每年的全国"科技周"和"科普日"活动，由于参与对象为社会公众，因此在内容和形式的设计上，更多地兼顾了青少年、城镇劳动人口、领导干部和公务员、农民和社区居民等不同参与群体的共性特征和需求。

### 四、活动目标

活动目标是让参与者通过活动后达到的一种教育、传播或普及的效果，这种效果应该是明确的、具体的，可以观察和测量的。在设计科普活动时，核心问题是目标的制定。因为活动目标是科普活动实施时，针对活动对象所提出的具体、明确要求。它是整个活动方案的灵魂，是活动设计的起点，也是活动完成的归宿，所有的活动过程都是为了实现这一目标而设计的。

在对科普活动目标进行设计时，通常可从参与对象科学知识的获取，科学方法的掌握，科学态度（即科学思想和科学精神的外显）的确立三个维度进行考虑。当然，上述三个维度，也可以用与科学相关的知识与技能的掌握、过程与方法的理解和情感态度价值观的培养来描述。上述两种描述本质上是一样的。

在制定和表述科普活动目标时，通常容易出现以下两个问题。

第一，目标过于"大而全"，不是一次活动就能实现的。

例如，某社区举办"低碳生活在我身边"科普讲座活动。将活动目标定位于"提升社区居民的环境素质和科学素质"，就显得目标过大且过于全面了。实际上，仅仅一次科普讲座活动，很难立竿见影地实现提升参与者的环境素质和科学素质。倒不如从下述环节入手，将目标具体化。

（1）通过科普讲座，了解什么是碳，什么是低碳生活，让居民们知道低碳——环保就在我们身边。

（2）通过科普讲座，理解日常生活中与低碳生活相关的科学知识与方法，从而促进居民尝试转变生活方式和消费观念。

（3）通过科普讲座，让居民们不仅认识到低碳生活有利于保护我们赖以生存的地球家园的重要意义，更要自觉投身到节约能源资源、保护生态环境的社区行动中。

这样的目标，既清晰明确，也有利于贯彻达标。

第二，目标不切实际，很难通过活动真正实现。

例如，某小学开展"科学让地沟油走开"为主题的青少年科普活动。其主要目标为：让青少年通过科学探究，自行总结出鉴别地沟油的各种科学有效的方法。表面上看，该目标似乎是调动青少年的主动性，使他们自觉应用科学去解决实际问题。但细细想来，却又不对。因为地沟油的鉴别是非常复杂的过程，专业科技人员应用物理化学、生物化学等领域的知识和专用技术设备，有时尚不能得出确切的结论，那么对于小学阶段的青少年，又如何能总结出鉴别地沟油的各种科学有效的方法呢？这样的目标无疑是不切实际的，也根本无法实现。

因此，这样的目标设计一定要避免出现。同时，防止其对活动的有效性产生不利影响。

**五、活动内容**

科普活动内容是指科普活动所包含的实质内涵和意义，是构成上述活动的一切要素。广义地看，科普活动的时间因素、地点因素、空间因素、范围因素、内部诸要素及结构，都是上述活动内容的重要组成部分。狭义地看，主要是指科普活动传播、传授或普及的内容，或者活动所包含的具体项目。这里所说的科普活动内容，通常是指后者。

例如，某社区开展的"城市轨道交通与你我他"科普沙龙活动。其内容设计如下。

（1）观看由市隧道工程轨道交通设计研究院摄制的资料片，时间约15分钟。该片主要介绍该院工程技术的科研过程，展示由该院主持设计的主要隧道和轨道交通的作品。

（2）请做引导性发言的专家做40分钟左右关于"城市轨道交通"的演讲

和资料展示。演讲可参考以下内容：①发展城市轨道交通的重要意义；②介绍轨道交通的车站自动售检票系统（AFC）（附模型）；③介绍非接触式智能IC卡（交通一卡通）的构造、原理（附工作原理图）；④介绍地铁的火灾报警系统和设备监控系统。

（3）交互式讨论，时间大约为40分钟。主要由听众围绕专家的演讲内容提出问题，请做引导性发言的专家和特邀嘉宾（相关领域的科技专家）进行现场解答；同时，公众亦可对科技专家们的回答提出质疑，并进行相互讨论，共同探讨。

## 六、活动保障

在科普活动中，为活动的正常运行所提供的物质资源支撑、人力资源支持和环境氛围营造，以及为活动参与者提供的安全防护等，称为活动保障。设计者在科普活动设计中，要从以下几个方面，充分关注和落实这部分的设计内容。

### 1. 管理与人员保障

在设计管理与人员保障预案时，要认真考虑并做好：①管理及人员预案；②传播及人员预案；③服务及人员预案3个方面的设计。

### 2. 设施与经费保障

在设计设施与经费保障方案时，要实事求是列出：①设施保障，包括场地准备、器材准备等；②经费保障，包括申请经费、自筹经费等。

### 3. 安全保障

在设计安全保障方案时，要慎重行事，切实防范活动现场、活动设施、活动操作、活动秩序、餐饮服务，以及消防、防疫和交通等方面可能出现的一切问题。

## 七、活动过程及步骤

科普活动不同于单纯课堂教学，它具有开放性、自主性和实践性强等特点。在设计活动过程时应充分考虑到这几个特点，使活动过程任务清晰，活动环节衔接紧密，活动形式新颖，活动特色鲜明，活动安全有保障。

开放性主要是指科普活动环境的多样化。根据活动内容的需要，科普活动可以安排在学校、社区、科普场馆、企业、旅游景点、自然保护区等各种场所。这就要求设计者在设计科普活动过程时要充分考虑怎样利用好场所资源，怎样组织好公众参加活动，以及怎样保障活动中参与者的安全等诸多问题。

自主性是指活动内容或形式的选择，以及活动目标的确定没有统一的要求和限制。这一特点使设计者在设计活动过程时，减少了许多条条框框的限制，在遵循科学教育、传播和普及规律的前提下，设计者的专业自主得以最大化的体现，活动过程的安排成为其个体智慧和个性化风格的最好承载者。

实践性是指科普活动的内容和方式以实践体验为主。科技辅导员在设计科普活动过程的各个阶段时，都要以引导公众积极主动参与到活动中为重点。活动过程中担负科学传播的专家或教师在作必要的讲解、说明或解释后，要为公众动脑和动手的亲身经历给予更多的时间安排，更多地引导他们感受科学过程，领悟科学技术与人类生活的息息相关。

例如，在主题为"鸟类的生态类群和食性探究——'科普教育基地课程'青少年科普活动方案"中，其相对规范的活动过程设计如下。

1. 引言（面向参与活动的青少年）

鸟类是地球生态系统中不可缺少的一个类群，爱护和保护鸟类应该成为我们的责任和习惯，鸟是人类的好朋友。这次活动我们来到动物园，有了一个零距离观察，是了解鸟类的好机会，也是我们与动物园专家面对面交流的一个好机会。

2. 简单介绍动物园鸟类生态类群分布的规律（由动物园专家介绍）

鸟区饲养展出 200 多种鸟类。

分布路线：走禽区（鸵鸟、鸸鹋）、陆禽区（褐马鸡、孔雀）、企鹅馆、热带鸟馆（鹦鹉）、游禽区（天鹅、鹈鹕）、涉禽区（丹顶鹤、火烈鸟）、猛禽区（隼、鸢）、鸣禽区（八哥、鹩哥）。

3. 提出小组活动形式和方法的参考意见（由学校科技辅导员讲解）

（1）本次活动以小组为单位观察一种鸟（鸸鹋、孔雀、火烈鸟和鹈鹕）。

（2）观察鸟类的外部形态（如喙、足、趾、翼、羽毛等）。

（3）思考与讨论鸟类的外部形态特点与生活环境的相适应性和属于哪一生态类群。

（4）与动物园专家一起合作给自己观察的鸟类喂食物。

（5）活动过程有问题可以请教所在小组的动物园专家，并记录下问题的答案。

(6) 希望青少年能在小组活动过程中产生对动物园某一种鸟类有进一步"研究"的想法。

4. 科技辅导员、动物园专家、饲养员或游客,参与青少年小组活动并与其互动

(1) 给青少年提供帮助信息和回答他们提出的问题。

(2) 辅助青少年完成其观察讨论活动。

(3) 帮助青少年解决一些技术性问题。

(4) 活动过程中不断提出一些问题启迪青少年的思维。

5. 各小组汇总、展示、评价观察和喂养的成果并提出一些问题

(1) 各小组集中由一名青少年简要汇报观察对象和过程。

(2) 小组成员或其他青少年对汇报可以提出补充和不同观点。

(3) 提出一些问题请求动物园技术人员帮助。

(4) 青少年提出进一步研究的设想。

(5) 随小组活动的动物园专家对小组活动进行评价,并提出进一步探究的思路。

6. 科技辅导员做小结和评价,并提出今后进一步观察和研究的思路

(1) 对青少年的活动成果和活动能力给予肯定,表扬有创新精神的青少年,鼓励大家要勤思考、善表达、勇创新。

(2) 活动的结束不是观察和探索的结束,要求青少年在这次活动后,以个人或小组为单位观察动物园、校园或社区鸟类某一个行为,这样既丰富了青少年的课余生活,又培养了动手能力,并鼓励他们将观察到的内容写成小论文放在班级的网页上。

**八、活动效果检测**

活动效果检测是设计科普活动中的一项重要内容,应针对活动目标的实现情况设计检测方法。活动效果检测的目的:一是对公众参与活动的实效性进行检测,二是设计者对自己活动预设的一种检测。活动效果检测既可以设计于活动过程中,也可以设计在活动结束后。检测的方法视具体活动而定,可采用讨论、表演、交流、比赛、记录表、反馈、观察、访谈等形式来评价公众参加活动的语言、行为和态度。

总之，科普活动的策划与设计，是设计的一种创造性劳动，要付出相当的心血。设计者应根据科学教育、传播与普及的需求，确定活动内容和形式、明确活动目标、选择活动方法、设计活动步骤，最终提炼出符合公众理解科学规律的科普活动。

## 第三节　科普活动设计典型案例

### 一、竞赛类科普活动

**（一）活动主题**

"鸡蛋撞地球"——青少年科技创新活动。

**（二）活动背景**

1. 问题提出

达·芬奇是世人皆知的著名艺术家和发明家，他创造出来的光彩四射的艺术作品如《最后的晚餐》《蒙娜丽莎》是人类宝贵的文化遗产。许多人仅仅看了上述作品，想当然会错误地推论，说："达·芬奇是个有创造性的天才，自然毫不费力把自己的想法变成为不朽的杰作。"

然而，他的手稿否认了这种推论。达·芬奇对自己的解答在没有达到满意之前，常常要花费几个月的时间绞尽脑汁地修改与反复实践。据说，为了把鸡蛋画得更逼真，达·芬奇曾伏案数月，夜以继日地练习画"蛋"，最终他可以使"蛋"在其笔下变得惟妙惟肖。

不只达·芬奇和鸡蛋有缘，从 20 世纪 80 年代至今，英国及欧洲其他各国，我国香港、上海和广州的许多青少年，亦先后与鸡蛋结下了不解之缘。不过，他们不是去画"蛋"，而是用鸡蛋去撞地球。

2. 背景概述

鸡蛋撞地球的活动于 20 世纪 80 年代初见于英国科学促进会青少年部组织的青少年科技活动，后由香港数理教育学会的老师们引入香港并在中小学生中开展。20 世纪 90 年代初，上海中国福利会少年宫将其进一步改进，并在上海青少年中组织开展，受到青少年的欢迎。其后，广州物理教学研究会的老师们又在广州组织青少年进行"鸡蛋撞地球"比赛，吸引了众多青少年爱好者参加。这一活动至今仍是许多中小学校和校外教育机构举办"科技节"（或科技周、科技月）时的主要活动之一，它对促进青少年的创造欲望，培养他们的创造性思维，以及提高他们运用科学技术解决实际问题的能力，仍起着良好的作用。

**（三）活动对象**

本活动适用9—12岁、12—15岁和15—18岁的青少年。

**（四）活动目标**

引导青少年学习应用科学思维特别是创造性思维方式去选择解决问题的最佳方案；指导青少年体验动手动脑相结合并运用科技解决实际问题的模式。

**（五）活动保障**

1. 器材准备

生鸡蛋、降落伞材料、缓冲包装材料等。

2. 安全保障

青少年在4—6层楼阳台（或窗口）下落（或下抛）鸡蛋时，科技辅导员中要有专人负责楼上操作者和楼下参观者的安全。

**（六）活动内容及过程**

在日常生活中大家早已熟知，生鸡蛋从桌上掉到地下，就会被摔破。这不就是"鸡蛋撞地球"吗？不然，我们这里所说的鸡蛋撞地球，不仅鸡蛋与地面的距离要远远大于桌子的高度，而且还要满足两个其他条件。

下面详细介绍这一活动的内容和过程。

1. 鸡蛋下落的高度

在鸡蛋撞地球活动中，要求鸡蛋从15—20米高度下落与地面相撞，即要求参加活动的青少年从4—6层楼房的阳台或者窗口使手中的鸡蛋竖直地往下落。

2. 条件之一：要求鸡蛋撞地而不破

（1）可以用厚度不超过15厘米的容器包装鸡蛋，容器的材料、形状、结构不加限制。

（2）包装容器上也可以采用带降落伞的装置。

3. 条件之二：要求定点下落

鸡蛋必须落向地面上划定的圆圈（直径2米左右）内才有效。

上述活动可以小组比赛（或个人擂台赛）的方式进行。比赛可分两个阶段进行：第一阶段比赛，要求包装鸡蛋的容器为普通容器，定点下落（或下抛）的鸡蛋不得破裂，且必须落入划定的圆圈，离靶心越近得分越高（图4-1）；第二阶段比赛，要求包装鸡蛋的容器带降落伞装置，同样定点下落（或下抛）的鸡蛋不得破裂，且必须落入划定的圆圈，离靶心越近得分越高（图4-2）。

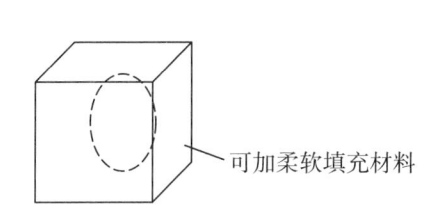

**图4-1 用普通容器包装鸡蛋**　　**图4-2 用降落伞做减速装置**

上述活动要在科技辅导员的指导下进行，在4—6层楼阳台或者窗口下落（或下抛）鸡蛋时，一定要注意安全，不仅操作者要注意安全，也要注意地面人员的安全，应该听到口令指挥才可使鸡蛋下落（或下抛）。

（七）思考与讨论

牛顿说："如果说我对世界上有些微贡献的话，那么不是由于别的，却只是由于我的辛勤耐久的思索所致。"如果要取得鸡蛋撞地球比赛的胜利，青少年就要像牛顿那样，善于思索，善于分析，找出解决问题的最佳方案。

首先，青少年们可以先尝试在4—6层楼房的阳台或者窗口，将一个鸡蛋下落（或下抛），这时大家会看到，鸡蛋高速坠下并与地面相撞，约在0.01秒内停下来，由于撞击瞬间产生的巨大冲击力，鸡蛋破裂了。那么，怎样才能使鸡蛋撞地而不碎呢？

要使鸡蛋撞地而不碎，可以从两方面加以考虑：一是延长鸡蛋与地面撞击时的相互作用时间，这可通过用普通容器（容器的材料、形状、结构不限）包装鸡蛋来实现；二是降低鸡蛋撞击地面前瞬间的速度，这可以通过在包装容器上加起减速作用的降落伞来实现。

不过，还要考虑的是，鸡蛋须落入划定的圆圈，这就增加了难度。青少年们要通过不断思维,不断设计、试验,不断进行选择,最可贵的是要运用每个人的直觉。直觉是一种直接的觉察,或叫思维的"感觉",通过这种感觉能认识事物的本质和规律(人们通过感官的感觉,只能认识事物的现象)。

凭直觉从许多可能的方案中选出最佳方案,已经成为科学家和发明家广泛采用的一条发明原理。法国数学家彭加勒说过:"所谓发明,实际上就是鉴别,简单说来,也就是选择。"应该相信,青少年们通过上述活动,一定能有所发明,有所创造,许多可以保证鸡蛋撞地而不碎的巧妙装置,会在大家灵活的手指上诞生。

## 二、宣讲类科普活动

### (一)活动主题

活动主题:警惕服装对健康的危害——社区居民科普沙龙活动。

### (二)活动背景

近些年来,随着服装消费科学和卫生学的不断研究和发展,人们逐渐认识到了服装在生产制造过程中使用不符合标准的纺织材料和化学加工剂,会对服装造成污染,进而会危及人体健康。如何解决上述问题已成为社会各界关注的焦点和广大居民的迫切呼声。

因此,从关注民生的角度,由服装、质检和卫生部门专家与社区居民面对面,通过科普沙龙的形式,共同探讨"警惕服装对健康的危害"这一主题,就自然而然成为社区科普工作的一项重要内容。

### (三)活动对象

该项活动适用于社区离、退休人员,在职干部、企事业单位职工和青少年学生。

### (四)活动目标

(1)通过相关领域专家与社区居民的交互式讨论,使参与者认识服装污染的主要源头,了解我国对服装产品实施强制性安全标准《国家纺织产品基本安全技术规范》的主要内容,以及其对维护自身健康的意义。

(2)通过参与活动,使社区居民初步掌握如何识别并选购安全的纺织品和衣服的相关知识和技能,提升自身运用科学技术解决身边问题的意识和能力。

### （五）活动保障

（1）准备能容纳 30 人左右的科普沙龙会场。

（2）由做引导性发言的专家准备发言材料，并将发言提纲打印。在举办科普沙龙前一周，做引导性发言的专家、特邀嘉宾（相关领域的科技专家）与组织者一起进行一次小范围的讨论并试讲，以提高沙龙活动的质量。

（3）准备好与引导性发言内容相关的技术设备，如投影仪等，以及有关的声像资料、照片、图表、模型和标本等。

（4）可在参与讨论的社区居民中选择 2—3 名代表，结合自己对科普沙龙主题的认识和实践，准备 5 分钟左右的发言。

### （六）活动内容与过程

1. 第一阶段

活动开始，由主持人做简短致词，然后大家一起观看从电视节目中剪辑的关于劣质服装所含污染物对人体危害的资料片，时间约 15 分钟。该片主要介绍服装污染的两个主要来源：一是纺织物原材料（如棉、麻纤维）在种植过程中大量使用杀虫剂、除草剂和化肥，导致化肥和农药等残留在纤维中；二是原料储存和纺织品加工时使用的染料和助染剂、防腐剂、防霉剂、防蛀剂、整理剂（如偶氮染料、五氯苯酚、甲醛树脂、荧光增白剂）等化学物质残留在纺织品及服装上。这些残留的化学物质在人们穿用的过程中，会不断释放出来，刺激人的皮肤、眼睛，并引起皮肤过敏、呼吸道疾病或其他中毒反应，严重的还会诱发癌症。

2. 第二阶段

请做引导性发言的专家做 40 分钟左右关于"防止服装对健康危害"的演讲和资料展示。在讲演中，专家主要涉及以下两方面的科学传播。

（1）服装强制安全标准介绍

为提高纺织品服装的健康安全性，从 2006 年 1 月起，我国对服装产品实施强制性安全标准《国家纺织产品基本安全技术规范》。这项标准将纺织品服装分为 A、B、C 三类安全技术类别：A 类是指婴幼儿用纺织品、B 类是指直接接触皮肤的纺织品、C 类是指非直接接触皮肤的纺织品；这项标准对服装的色牢度、甲醛含量、染料、气味、pH 值 5 项健康安全指标做出了详细规定。符合该标准的服装要标明"GB 18401—2003"的标志，没有执行该标准的服装则禁止上市销售。

但这项标准强制实施以来，服装市场上仍有不少服装没有按照该标准的要求标注"GB 18401—2003"的标志和安全技术类别。要防止纺织品服装污染危害健康，就要增强人们的环保意识和自我保护意识，倡导购买标有"GB 18401—2003"标志和安全技术类别的服装。

（2）选购安全的纺织品和服装的方法和技能

识别并选购安全的纺织品和衣服要注意以下几点。

首先，是看标签。即识别哪些纺织品和衣服是安全的，就要看其标签上是否印有安全技术类别。

其次，买衣服不"贪小便宜"。那些街边小摊的衣服，很有可能是散流在外的不合格产品，尽量到大型商场和品牌店里购买。

最后，选购衣服特别是免烫衣服时，首先要看一看成分中是否残留有甲醛。

这里需要提醒大家的是，免熨烫衣服是将一些化学物质（如甲醛树脂）渗透在全棉布上，然后在160℃左右高温的环境下，让树脂"交织"成较长的纤维，达到类似化学纤维的"高复原性"，并产生一个记忆效果，以保持原有的皱槽。免熨烫服装质量标准：洗50次后，服装的平整度、强度、手柔软度、吸水透气性、耐磨性等保持良好的状态。首先，在购免烫衣物时要慎重，买回家的免烫衬衫和西裤，最好先用清水漂洗后再穿，可以去掉一些残留的游离甲醛。其次，闻一闻是否有霉味、汽油味及异味，对于气味浓重的服装不宜购买。最后，摸一摸色彩鲜艳的服装，如果其着色牢度不够，很容易掉色，则不要购买。

内衣裤选购时则要以自然本色为好。选购童装时最好选择小图案浅色的童装，而且图案上的印花不要很硬。特别是一些婴幼儿爱咬嚼衣服，如果选购不当，染料及化学制剂会因此进入孩子体内，损伤身体。色彩鲜艳的时装，使人漂亮、精神，但如果不符合安全标准，着衣后接触的部位会发生皮炎，出现发红、灼热、水疱甚至糜烂等损害。

3. 第三阶段

交互式讨论，时间大约为40分钟。主要由听众围绕专家的演讲提出问题，请做引导性发言的专家和特邀嘉宾（相关领域的科技专家）进行现场解答。同时，居民亦可对科技专家们的回答提出质疑，并进行相互讨论，共同探讨。

### 4. 第四阶段

活动结束时，请主持人做最后评价。同时，亦可发放问卷，由参与活动的居民对上述活动的效果做出评价。全部活动时间控制在 100 分钟内。

### （七）思考与讨论

（1）防止服装对健康危害是社区居民既关心又难以把握的问题，做引导性发言的专家若能把日常生活和科学原理联系在一起，深入浅出、绘声绘色地描述政府出台的服装强制安全标准在消除服装污染、维护居民健康和促进可持续发展等方面的重要意义，就能引起参加科普沙龙的居民的兴趣。举办类似的科普沙龙活动，做引导性发言的专家除了要拥有丰富的专业知识外，还应具有良好的语言表达能力、扎实的理论功底和高超的演讲技巧，才能引导参与者在整个活动中积极思考、踊跃讨论，达到活动的预期目标。

（2）参与者在积极踊跃的讨论中会提出不少问题，有些是目前科学发展水平尚难以解答的，有些可能是社会问题造成的，也有可能超出了做引导性发言的专家和特邀嘉宾所掌握的知识范围。对此，主持人和专家们应以科学的态度认真对待参与者的提问，并给予实事求是的正面解释，以提高居民的学习兴趣，培育他们的科学精神。

（3）在举办类似的科普沙龙活动时，应考虑辅以投影、多媒体等设备，使参与者通过实物、模型、图表、照片等，加深理解。有条件或需要时，亦可通过演示等方式，增强直观性。

## 三、展示类科普活动

### （一）活动主题

尝试扮演骨科医生做一台手术——"人机"互动科学传播活动。

### （二）活动背景

对公众中的任何一员而言，在其一生中，都不可避免地会接触到医院和医生，享受到医院的医疗服务。由于医疗服务的特殊性，医院特别是手术室和其他治疗室的严格管理制度，导致了公众对戴着口罩的医生和发生在隔离帘内的治疗过程感到既"陌生"又"神秘"。当上述感觉积累到一定程度，则会令公众在自身接受治疗时形成心理压力——产生一定程度的"恐惧"，以及对治疗的科学性的质疑。为此，如何通过医学领域的科学传播活动，让公众能够了解医疗的过程及其科学性，以及消除患者与医生间可能存在的不信任感，从而减少就医时的心理负担，成了英国科学传播界关心的一大议题。

正是在上述背景下，英国伯明翰市名为"思维库"的一家科技馆，运用计算机和多媒体展示技术，让参观公众扮演医生的角色，让人与计算机互动，并通过大屏幕展示的方式，了解一台骨科手术运作的真实过程。

### （三）活动对象

该项活动适用于社会公众（包括中小学阶段的青少年）。

### （四）活动目标

（1）通过角色扮演以及人机互动的方式，目睹一台骨科手术规范运作的真实过程，消除公众对自身接受医疗过程的神秘感和恐惧感，体会现代医学科技为社会进步所发挥的作用。

（2）通过3位公众共同参与活动，了解医疗过程中专业人员的职业分工，以及团队合作的重要性，消除部分公众可能具有的对医护人员的不信任感。

### （五）活动保障

（1）约40平方米的活动展示场地。

（2）一台骨科手术运作的真实过程的视频专题片。

（3）三台由计算机控制的装有特定程序的操作平台（类似于电子游戏的操控平台），以及相应的三块多媒体演示屏幕。

### （六）活动内容与过程

活动开始，由3名公众分别走到并列一排的各自装有特定程序的操作平台，将操作按钮打开，对面的演示屏幕上，分别出现了各自即将扮演并模拟其工作的麻醉师、骨科主刀医师和护士。简短熟悉操作平台上的选择按钮后，3人团队配合实施的骨科手术拉开帷幕（图4-3）。

1. 第一阶段

骨科主刀医师的扮演者首先通过操控平台上的选择按钮，选择手术的第一步骤，即先对患者将进行手术的膝盖部位进行术前检查，此时屏幕上出现了骨科主刀医师进行上述检查的情景——她接过护士递过来的小锤，用它轻轻敲打患者即将手术治疗的膝盖——发出"咚咚"的敲击声。在确定术前检查无问题后，骨科主刀医师的扮演者通过操控按钮向麻醉师的扮演者发出了指令。

2. 第二阶段

麻醉师的扮演者收到指令后，通过操控自己面前平台上的按钮，开始对患者进行手术麻醉。此时，屏幕上出现了麻醉师对患者实施麻醉的过程，他根据患者的身体状况和手术的时间等诸多因素，选择适宜的麻醉药注射剂量，对患者进行麻醉。

图 4-3  多媒体演示屏幕

3. 第三阶段

当实施完麻醉后，骨科主刀医师的扮演者又通过操控按钮向护士的扮演者发出了指令。随后，护士的扮演者通过操控自己面前平台上的按钮开始工作，此时屏幕上出现了护士对患者手术部位进行消毒，以及准备手术器械的过程。

4. 第四阶段

这一阶段，通过操控自己面前平台上的按钮，骨科主刀医师的扮演者在麻醉师扮演者和护士扮演者的协助下，开始对患者进行手术治疗。此时，屏幕上出现了骨科主刀医师用手术刀划开手术部位的皮肤，对受伤的膝盖骨进行修复，以及其后如何进行手术缝合等全过程。

最终，屏幕上的骨科主刀医师宣布手术成功，患者将在一段时间的康复治疗后重新恢复正常行走。该项活动也就此结束。

（七）思考与讨论

（1）该项活动的成功与否，主要取决于前期的设计与准备。首先，要拍摄一台骨科手术运作的真实过程的视频专题片，包括在手术过程中麻醉师、骨科主刀医师和护士的主要职责及具体工作。其次，是设计制造用于活动的三台与计算机相连的操作平台（类似于电子游戏的操控平台），以及相应的三块多媒体演示屏幕。最后，也是最重要的，要设计相应的计算机软件程序，让麻醉师、骨科主刀医师和护士的扮演者能够通过各自面前的操作平台协同合作，并与各自面前三块屏幕上的手术过程展示同步。

（2）每次参与活动的麻醉师、骨科主刀医师和护士的扮演者，亦可在活动最后发表感言，诸如："这个活动棒极了！我真的做了一回医生"；"以后进医院看医生我不会再那样紧张了"；"现代医学发展太快了，新技术总是层出不穷"。通过摄像机把这些活动者的感言录制下来，并播放给后面参与活动的公众，可以更好地激起他们参与上述医学科学传播活动的兴趣。

（3）随着人类对自身关注的增进，特别是对健康关注的与日俱增，医学科学传播或医学科普的重要性不言而喻。通过引入计算机技术、多媒体技术、数字技术和动漫制作技术等先进技术，可以制作出更多类似上述活动的"人机"互动医学科学传播活动，并一定会受到公众的广泛欢迎。

### 四、体验类科普活动

**（一）活动主题**

田野上的实验——青少年环保科学体验活动。

**（二）活动背景**

卡罗林·海斯是美国印第安纳州一所高级中学的科学教师。他从当地社区居民写给自己的一封信中得到启发，设计并组织高中青少年在课后开展了田野上的实验——青少年环保科学体验活动。从这个活动中，他所在的学校和当地社会都获益匪浅。

这位居民写给卡罗林·海斯的信的内容是：想在他所拥有的田园中，开辟一块湿地并建立户外实验室，提供给学校的青少年们做实验。在卡罗林和这位居民面谈并确定实验室的地点之后，一个长远的计划在卡罗林脑海中成形了，它不仅有益于土地的拥有者，也会促进高中青少年对科学的体验。这个活动现在被称为"田野上的实验"。

**（三）活动对象**

该项活动适用于高中阶段的青少年学生。

**（四）活动目标**

（1）依托高中青少年在环境科学课上所学习的知识方法和技能，运用在田野上实验的方式，让他们真实体验水质检测的研究过程，诸如水质的化学检测、生物检测，以及污染容忍度指标的确立等。

（2）依托高中青少年在生命科学课上所学习的知识方法和技能，运用在田野上实验的方式，让他们真实体验植物分类的研究过程，诸如找出典型植物并依据分类学工具进行分类，以及制作相应的树木分布地图等。

（3）通过上述科学体验活动，提高高中青少年的环保意识，以及运用所学知识、技能和方法持续地服务于社会的能力。

**（五）活动保障**

（1）建立户外实验室——即一块由当地居民自愿提供的、被用作实验室的土地，包括了一条流经整个区域的小溪，一片落叶乔木林和一块空地。

（2）准备开展田野实验所需要的化学和生物学仪器、药品，以及相关的环境取样的工具、材料等。

（3）印第安纳州自然资源部门向教师提供了与水文课题相关的训练项目——水文观察。而获得参加这项训练的人，就可以向州立水文资料数据库提交自己的研究数据。卡罗林参加了这项训练，并具备将在训练中学到的知识教授给青少年的能力。

（4）参与活动的高中青少年的家长——也就是该社区的居民，对上述课外科学体验活动普遍采取了积极支持的态度和行动。

**（六）活动内容与过程**

1. 田野实验之一——水质检测

在进行田野实验之一——水质检测之前，青少年首先要观看一段关于流经田野的克罗克德小溪的小录像。老师会从科学角度给青少年们提出很多问题，包括保持水质优良的重要性、怎样确定水质是优良的，以及人类应该怎样保护水环境等。围绕这些问题，青少年们展开诸多讨论。从各小组的讨论中，青少年会聚焦优良的水质对于环境和生物的重要性。

其次，在老师的指导下，青少年将完成水质的化学检测、采集生物样本、研究污染容忍度的指标，包括测试水的酸碱度、浑浊度，以及氧气溶解量等。最后，青少年还要检测水中的大肠杆菌含量，收集水生微生物的样本，并依据水生微生物的分类统计结果，用来归纳形成溪水对污染的容忍性指标。当然，青少年从一个调查点收集的数据还包括水量、流量，以及小溪的其他物理特性等。

青少年在一个学年中会有三次机会参加小溪附近的户外实验活动。当数据被收集起来之后，他们将以小溪为探究对象撰写研究报告，还可以通过各种信息资源渠道，如从互联网、书籍和该专业的权威报告中获得一些数据。青少年以自己收集的第一手资料作为研究基础，然后通过阅读理解和深入研究来确定：季节变换与水文变化的关系。上述阅读和研究也会向土地所有者提供一些有用的信息，它们展示了环境变化对于土地的影响。

2. 田野实验之二——植物分类

结合田野实验之二，青少年开始对植物进行研究，并将其分类。实验小组的青少年可以选择部分林地，来区分其中的 5 种典型植物。他们在分类过程中将尝试学习使用分类学工具，也学习了分类学的结构和功能。

一旦树木分类被确定，青少年就可以制作出所需的标记牌，并将这些标记牌立于户外实验室那些相应的树木旁边。当这些标记牌被放好之后，青少年就会绘制出相应的树木分布地图，以方便其他实验小组的成员使用，比如向搜索小组、教育小组和参观户外实验室的低年级青少年们提供这种地图。

3. 活动成果及其应用

上述科学体验活动可以创造很多有益的研究成果。如通过检测克罗克德小溪的水文质量，季节性变化因素被记录在案，相关的研究模型也被设计出来。拥有这块土地的居民将根据这些研究结果，对这块土地的自然环境进行保护和改善。比如，土地拥有者会决定在县土地保护和水文办公室的帮助下，沿着小溪建立一个预防腐蚀的建筑工程。青少年通过检测和比较不同地点水域的浑浊度指标，来确保该项工程的成功实施。浑浊度指标还可以揭示水利工程的兴建对水生微生物的生存产生的影响。

当低年级的老师带领他们的青少年学生参观户外实验室的时候，他们可以将树林分布地图作为一项指导工具使用。除了学习怎样进行树木分类，老师们也可以将这些分类之后的树木应用到食物链的田野实践中。青少年从认识一棵树开始，进而认识树周围存在的消费者种群，然后将它们进行等级分类。其他小组也可以利用树林分布地图，进一步了解不同的生物群落区。通过这些活动，卡罗林的高中青少年学生们将从数据调查中体验科学知识——他们提出问题，决定使用什么工具来收集数据，以及设计他们自己的实验模型来解决问题。

（七）对后续活动的启示

就社区综合利用程度来说，上述"田野上的实验"还处于最初的发展时期，但更多的科学教师已经认识到了该项环保科学体验活动对科学教育的促进作用。一项致力于探究蝴蝶（一种美洲产的橙褐色大蝴蝶）的科学体验活动，在即将到来的秋天会开始进行。在其他科学老师的帮助下，青少年会尝试辨认出蝴蝶的种类，并尽力设计一个模拟蝴蝶迁移路线的研究模型。这个活动只是后续活动的一个例子，但是它充分展示了"田野上的实验"科学体验活动会持续地服务于社会，以及在提高青少年环保意识等方面发挥更显著的作用。

### 五、大型科普活动

#### （一）活动主题

促进科技人才的成长——泰国"青年科学周"活动。

#### （二）活动背景

泰国的"青年科学周"活动始于1982年。这一年，在深谙科学和技术对人类未来生活方式会产生有益的影响，以及相信青少年是国家未来发展的力量和希望的信念鼓舞下，泰国科学学会联合科学技术及能源部、大学部、教育部，并与私立机构合作，在大学、中学、小学都建立了科学俱乐部的基础上，决定自当年起每年组织一次"青年科学周"活动。为了纪念"泰国科学之父"国王拉玛四世，每年的科学周活动是从8月18日，即国家科学节这一天开始的，因为在1868年的这一天，国王拉玛四世于泰国巴蜀府瓦考县观测了日全食，并早在两年以前就准确地计算出日全食的发生。所以，泰国科学学会认为，"青年科学周"是具有科学才能的青少年成就自我的好机会，是树立皇室榜样的里程碑。它通过丰富多彩的具有可参与性的科普活动，提高公众特别是青少年对科学的认识和兴趣，从而激励他们树立献身于国家科学技术创新事业的志向。

#### （三）活动对象

参加该项活动的对象为泰国公众和青少年，包括科学教师和科学家队伍，以及应邀出席的外国青少年代表团或者科学家代表团等。

#### （四）活动目标

（1）通过科学家演讲、科技展示和青少年科学营等诸多科普活动，提高泰国公众和青少年对科学、技术和工程的认识和兴趣，提升他们应用科学技术的能力和水平。

(2) 通过对泰国老一辈的科学家、年轻的科学家和技术专家、大学与中小学的科学教师，以及正显示出其创造才能的青少年科技后备人才的奖励，激励泰国科技人才队伍以"接力"的方式不断发展和壮大。

### （五）活动保障

(1) 准备能容纳600人左右的"青年科学周"开幕式会场（通常为泰国科学博物馆教育中心的会议厅）。

(2) 准备能设置100—150个展位的户外科技展示广场（通常为泰国科学博物馆教育中心正门前的广场）。

(3) 准备能容纳300人左右的便于科学家演讲的酒店宴会厅（通常为曼谷希尔顿酒店的宴会厅）。

(4) 准备4—5所分别能容纳200人左右青少年参与科学营活动及食宿的中学校舍及相应设施。

(5) 准备"青年科学周"开幕式的议程、嘉宾邀请、参与者组织及相关服务的配置等。

(6) 由做科学家演讲的人选准备发言材料，并将发言提纲制作投影文件。

(7) 协调参与科技展示的大学、科研机构和企业准备各自的展示内容，诸如展板、视频播放设备、图书资料、模型、实物和标本等。

(8) 其他诸如安保、媒体宣传、公众和青少年参与者的组织等相关协调与准备工作。

### （六）活动内容与过程

1. 泰国"青年科学周"开幕式

泰国"青年科学周"开幕式，通常于每年的8月18日上午在曼谷市举行。届时泰国科学博物馆教育中心的会议厅装饰一新，数百名身着庆典礼服的泰国科技及教育界知名人士聚集一堂。来自东南亚各国的青少年科技代表团和科学家代表团，以及对上述活动予以赞助的国际知名企业的代表也应邀至此。开幕式在庄严的泰国国歌声中开始。泰国政府科学技术及能源部部长和泰国科学学会主席相继发表讲话，为"青年科学周"揭幕致辞。接着，由国王代表（有时是国王本人）、枢密院大臣依次向当年评选出的泰国杰出的高级科学家（有突出贡献的老一辈科学家），最优秀的科学家（创造了当年最具贡献的科技成果的科学家，通常是青年科学家），最优秀的科学教师（大学、中学、小学的科学教师），以及本年度青少年科技竞赛的获奖者颁发奖章（同时获奖者还将分别获得奖金或奖学金）。

2. 户外科技展示活动

在户外设置的 100—150 个展位中，有来自朱拉隆功大学等高等院校，来自泰国促进科学和技术教育研究所等科研机构，以及来自壳牌石油公司等国际和泰国民族企业等精心设计的展板、视频播放系统、图书资料、丰富多彩的实物展品和模型。上述机构和企业通过一周的展示，向泰国公众和青少年介绍科技的新发展及其应用，并普及相关的科学知识、方法和技能等。

3. 科学家演讲和庆功宴

通常于 8 月 18 日晚上在曼谷希尔顿酒店宴会厅举办科学家演讲和庆功宴，主要是庆祝泰国"青年科学周"的开幕，向评选出的科学家、科学教师以及获奖者表示祝贺，同时宴请应邀参加泰国"青年科学周"开幕式的东南亚各国青少年代表团或科学家代表团。

在宴会开始前，首先由评选出的本年度最优秀的科学家发表演讲，主要介绍其研究过程及成果（通常涉及信息技术、新能源和新材料等领域），以及该成果对科技发展和人类社会进步的重要意义。本年度最优秀科学家的演讲，还通过电视转播、报纸期刊宣传和互联网传送，让全国的公众和青少年都感受到这一科学盛宴的魅力。

4. 青少年科学营活动

青少年科学营活动通常于泰国"青年科学周"开幕式的第二天举行，活动周期为 3 天。4 个科学营中，有 1 个为国际科学营，成员为泰国青少年和来自东南亚各国的青少年，其他 3 个科学营的成员则为泰国青少年。

参加每个科学营的青少年约有 200 人，每 5 个人分为 1 个小组（推举 1 人为组长），以小组合作学习和探究的形式参与整体活动。科学营的活动主要包括理化实验，技术设计和制作，野外生态考察，参观大学、科研机构和企业的科技设施，体育竞技，文娱晚会，等等。

另外，科学营里还有一定数量的泰国科学教师作为指导者，以帮助青少年在活动中更好地理解科学。科学营结束前还会有一个全体营员参加的科技竞赛，竞赛的优胜者可以获得泰国科学学会颁发的获奖证书，同时每个营员也会获得参加科学营的纪念证书。

（七）思考与讨论

一个国家科学技术的发展和创新，需要一支优秀的科技人才队伍。这支队伍包括老一辈的科学家，年轻的科学家和技术专家，大学、中学、小学的科学教师，以及正显示出其创造才能的青少年科技爱好者。重视激励这支以"接力"方式不断成长的科技人才队伍，对于国家未来的发展，特别是对于广大青少年科技创新后备人才的培养，具有不可估量的意义。

在每年一度的泰国"青年科学周"期间，与科技展示活动相并重的，是由皇室、政府和社会各界参与的隆重的表彰活动。这一表彰恰恰体现出这种激励机制。1986年，当时的泰国科学学会主席萨拉格博士曾对这一表彰的重要性作了精辟的阐述。他说，"为了创造有利于泰国科学和技术发展的气氛，就必须考虑到5种主要人物。他们是全体公众、青少年、科学教师、杰出的高级科学家和当年涌现出的最优秀的科学家。泰国科学学会为后3种人设立了奖金，每年都对其中在各自领域中为科学进步做出显著贡献的人进行奖励。相信这种褒奖能够推动科学的进一步发展，并为其他科学工作者和青少年一代树立良好的学习榜样。"

应当看到，正是这每年一度的庄严隆重的表彰颁奖仪式，对包括老一辈科学家、青年科学家、大学与中小学的科学教师、青少年科技爱好者这一科技人才队伍的成长，无疑具有良好的激励作用；它还引发并造就了泰国皇室、政府和全社会都重视营造青少年科学素质和创造能力培养的良好氛围。不言而喻，广大青少年也正是通过这庄严隆重的表彰，看到了社会各界对科技人才队伍的关注、尊重和鼓励，从而增强了自身参与科技创新的动力（或许这一做法也可以给我国"科技周"和"科普日"等活动的组织以点滴启示）。

# 第五章 科普活动实施组织

就科普活动的组织而言，广义来看，应当包括科普活动设计的组织、科普活动实施的组织、科普活动评估的组织，以及科普活动项目申请的组织等；狭义来看，则主要是指科普活动实施的组织。本章所介绍的是后者，即科普活动实施的组织，主要介绍科普活动实施组织的原则，并结合实践探讨科普活动实施组织的具体工作内容与管理方法。

## 第一节 科普活动实施组织的原则与工作阶段

科普活动实施的组织（以下简称"科普活动实施"），就是对科普活动设计方案的实际施行，是把文本上的设计方案转化成具体实践的过程[131]。开展一项科普活动，良好的策划和设计只代表了成功的一半，活动实施过程往往要耗费更多时间和更大的精力。

### 一、科普活动实施的原则

科普活动实施是一项实践性、目的性很强的活动，也是一个十分复杂的动态协调过程。要实现对科普活动设计方案的有效施行，须遵循以下几条原则。

（一）计划性原则

科普活动实施能否成功，是否有效，应以它对活动策划设计的实现情况为检验标准。因而，科普活动实施具有高度的计划性。这种计划性主要体现在两方面。其一，活动的实施要以活动的策划方案为依据，严格遵循既定计划。科普活动实施过程中，任何与活动策划方案的背离和偏差都有可能影响活动目标的实现与效果的发挥。因此，实施过程中的任何变动都需要经过充分的论证方可进行。其二，科普活动实施的计划性还体现在活动实施阶段的工作要具体到每一点、每一个步骤，计划要详尽、具体、合理，符合实际需求。

### （二）创造性原则

实施一项科普活动，要以最大限度地实现活动策划阶段的目标和愿景为最高目标。活动的实施，不只是简单意义上的落实活动策划阶段的各项硬件要求，它更是一个追求活动既定理念和目标实现的具有创造性的工作过程。因此，活动的实施团队要具备创造性意识和创造性思维。具体来讲，他们要能从不同角度在短时间内反应迅速，谋划活动的实施；要能针对问题（发散点）从不同角度用多种方法思考；要能针对活动组织实施过程中的问题用新角度、新观点去分析，提出独特的、有新颖成分的见解。设想一个科普活动实施结束了，却没有体现活动设计的理念和目标，那么，科普活动就失去了灵魂，也就无从谈起活动效果，更无从谈起活动既定目标的实现。

### （三）节约性原则

节约是追求效益、力避浪费的行为活动。在提倡建设节约型社会的今天，科普活动的实施过程中也要牢牢把握节约性原则。要务实，减少不必要的形式化环节，减少铺张浪费；要开动脑筋，实现资源共享；要科学利用时间，提高办事效率。总之，科普活动实施过程是堵住浪费黑洞的最现实的环节。

## 二、科普活动实施的几个工作阶段

科普活动策划设计方案完成并获得有关部门批准后，就进入了活动的实施阶段。实施阶段的工作量浩繁、头绪众多，资源动用量和人员调集量密集，是一个需要高度协调、应变与整合的工作过程。

虽然科普活动本身是多样化的，不同活动在主题、内容、形式、时间、场地、目标人群等方面都可能有差异，但是，无论什么样的活动，在实施阶段都可以划分出几个界限比较清晰的工作过程，它们分别是前期准备阶段、现场实施阶段和活动收尾阶段。在不同的工作阶段，科普活动实施的工作内容、工作重点和管理方法与技巧等都各有侧重。

这些内容将在以下各节详细介绍。

## 第二节 前期准备阶段的工作内容与管理

科普活动实施的前期准备阶段，是从活动策划设计方案获批宣布进入实施阶段开始，一直到活动实际举办之前这段时间。前期准备阶段的工作是为了活动现场实施的正常和井然有序地开展，因此需要提前着手，预留出充足的时间。科普活动实施的前期准备阶段所需时间长短，要根据活动规模、已有的条件、基础和资源等因素综合考虑确定。一般来说，在科普活动实施的3个工作阶段中，前期准备阶段是最长的。

科普活动实施的前期准备阶段，主要工作内容包括：组织动员、人员准备、物资准备、场地设备准备、宣传准备以及方案审批等。

### 一、组织动员

在科普活动实施的前期准备工作中，组织动员环节是非常重要的。这一阶段一般包括支持部门和单位邀请、合作部门和单位邀请、活动实施通知下发等。

#### （一）支持部门和单位邀请

上级部门和单位的大力支持，是保证科普活动顺利开展的重要前提，也是扩大科普活动社会影响力和提升活动效果的必备条件。活动策划设计方案确定后，要及时按照程序要求向上级呈报请示，写明此次科普活动的背景、目的、意义、重要性、主题、时间、地点、拟参加人员、主要活动内容、主要活动方式、预期效果和需要上级支持的事项等，争取上级部门和单位作为科普活动的支持部门和单位，对活动给予力所能及的支持。

#### （二）合作部门和单位邀请

比较大一点的科普活动往往需要联合多家部门和单位共同合作才能顺利组织实施，一般要根据活动策划设计方案的要求，邀请与科普活动主题密切相关或者工作上有密切合作的部门和单位，作为活动的联合主办、协办部门和单位。邀请函一般也要写明此次科普活动的背景、目的、意义、重要性、主题、时间、地点、拟参加人员、主要活动内容、主要活动方式、预期效果和需要合作的事项等,希望对方予以合作。

案例1是《关于邀请×××作为'典赞·2018科普中国'共同主办单位的函》,可供参考①。

------

**案例1**

**关于邀请×××作为"典赞·2018科普中国"共同主办单位的函**

×××:

"典赞·科普中国"是由AAA主办的一项盘点年度科学传播典型活动的盛事,创始于2015年,每年举办一届。活动旨在创新科普理念和服务模式,融汇科学传播业界智慧,彰显科普中国品牌文化,促进全民科学素质提升。活动采取推荐和网络发动相结合的方式,征集年度具有科学传播力和影响力的人物、团体、事件、作品等,最终评选出年度"十大科学传播人物""十大科学传播事件""十大'科学'流言终结榜""十大网络科普作品"和"十大科普自媒体",并于"典赞·科普中国"活动现场揭晓结果。

AAA作为《全民科学素质纲要》实施牵头单位,长期以来致力于全民科学素质的提升,积极动员全国科技工作者、组织全国学会、地方科协和社会各界力量开展一系列形式多样、内容丰富的科普活动。

×××是中国第一大报,被联合国教科文组织评为世界上最具权威性、最有影响力的十大报纸之一。特别是在新时代条件下,×××始终坚持与党和国家的发展同心同德、同向同步,忠实履行党的新闻舆论工作职责和使命,始终不渝地坚持正确政治方向,始终不渝地坚持党性和人民性相统一,始终不渝地贯彻政治家办报要求,努力当好新闻战线的排头兵,当好推进媒体融合发展的排头兵,当好改进文风的排头兵,为巩固壮大主流思想舆论发挥"中流砥柱""定海神针"重要作用。

去年,AAA与×××共同主办"典赞·2017科普中国"活动,相关新闻登上重要报刊的头版、四版、十四及十五彩版专版,并在各类媒

------

① 关于邀请×××作为"典赞·2018科普中国"共同主办单位的函. 2018-10-24.

体广泛传播，社会反响热烈，活动影响力显著增强。为进一步加强 AAA 与×××在提升全民科学素质方面的合作，特邀贵单位继续与我单位共同作为"典赞·2018 科普中国"的主办单位，共同盘点年度科技盛事，终结网络流言，推广优秀科普作品，表彰在科普工作中涌现出的正能量的人物、团体，创新科普传播模式（活动方案详见附件）。

专此函商，望大力支持为盼。

联系人：　甲××，乙××
联系电话：×××1，　×××2
联系邮箱：×××

AAA

2018 年 10 月 24 日

附件："典赞·2018 科普中国"活动方案（建议稿）

为深入贯彻落实党的十九大精神，扎实推进关于科技创新、科学普及的工作部署，促进全民科学素质提升，创新科普理念和服务模式，盘点年度科学传播典范，融汇科学传播业界智慧，彰显科普中国品牌文化，AAA 拟继续组织开展"典赞·科普"中国活动。

一、活动名称

典赞·2018 科普中国

二、组织机构

主办单位：AAA　×××

承办单位：××网

三、主要活动与时间安排

（一）征集与评选

1. 申报征集（2018 年 10—12 月）

通过单位推荐和自主报名相结合的方式，广泛动员各全国学会、协会、研究会，各省、自治区、直辖市科协系统机构，主要媒体、科普机构、科研院所、大专院校以及社会各界，推荐和申报"十大科学传播人物""十大网络科普作品""十大科普自媒体"候选名单。

通过大数据分析平台，盘点、整理2018年全年相关数据，梳理推荐出"十大'科学'流言终结榜""十大科学传播事件"前100位进入候选名单。

2. 结果产生（2018年12月至2019年1月）

通过专家评审与大数据分析结合的方式，对征集内容进行评定和筛选，得出最终评审结果。

（1）专家初评

设立初评专家委员会，按照评审规则，对申报材料进行评选。

（2）公示及网络集赞

初评结果将通过科普中国网（www.kepuchina.cn）、人民网科普（http://kpzg.people.com.cn）进行公示。同时，在科普中国网官方网站开设集赞专区，引导网友对初评入围的前20候选项进行网络集赞。

（3）大数据分析

初评结果将通过舆情监测平台大数据分析获取其网络关注度信息，其结果作为终评参考。

（4）专家终评

设立终评专家委员会，邀请科学领域专家、知名媒体人等组成专家评审队伍，按照评审规则，参考大数据分析及网络集赞结果进行最终评定。

（二）公布揭晓（2019年1月）

于2019年1月中旬组织开展"典赞·2018科普中国"揭晓活动，现场视频播放入围名单并揭晓2018年度"十大科学传播人物""十大科学传播事件""十大'科学'流言终结榜""十大网络科普作品"和"十大科普自媒体"，邀请纲要办成员单位、全国学会、地方科协相关领导同志，科技界、传媒界、企业界等领域相关知名人士、科普中国形象大使以及社会公众代表参与。

（三）配合开展同步宣传活动

2018年10月至2019年1月，在科普中国网设立活动专题页面，通过图片、新闻、集赞、视频直播、H5等形式，在纸媒、网媒、新媒体等平台开展分阶段宣传工作。活动结束后,制作"典赞·2018科普中国"活动纪念册,展示活动亮点。

### (三)活动实施通知下发

在取得上级部门和单位支持,以及合作部门和单位同意联合举办或支持或协办的前提下,要结合活动策划设计方案及时拟订活动实施通知并按照程序和渠道下发,组织动员相关部门和单位做好活动的实施工作。通知要写明此次科普活动的背景、目的、意义、重要性、主题、主办和协办单位,以及承办单位、时间、地点、拟参加人员、主要活动内容、主要活动方式、宣传方式、预期效果、需要有关部门和单位完成的具体任务与工作及相应的要求等。

案例2是中国科协、教育部、国家发展改革委等五部门关于开展"体验科学快乐成长——青少年科学调查体验活动"的通知①。

---

**案例2**

**中国科协 教育部 国家发展改革委等五部门关于开展"体验科学快乐成长——青少年科学调查体验活动"的通知**

各省、自治区、直辖市科协、教育厅(教委)、发展改革委、文明办、团委,新疆生产建设兵团科协、教育局、发展改革委、文明办、团委:

为认真贯彻落实党的十九大精神,深入实施《全民科学素质纲要》,促进广大青少年培养科学兴趣、树立科学理想、提升科学素养、增强创新精神,推动青少年科技教育工作平衡充分发展,2018年,中国科协、教育部、国家发展改革委、中央文明办和共青团中央联合组织开展青少年科学调查体验活动。现将有关事项通知如下:

一、活动主题

为拓展活动领域范围,增强学生参与活动的自主性和连续性,促进

---

① 中国科协 教育部 国家发展改革委等五部门关于开展"体验科学快乐成长——青少年科学调查体验活动"的通知[EB/OL]. (2018-06-05)[2019-06-18]. http://www.scienceday.org.cn/artide/article.aspx? aid=223998.

活动资源积累深化和循环利用，强化活动品牌营造推广，促进活动校内外融合，推动活动与中小学综合实践活动有效衔接，从2018年开始，活动主题设置为："体验科学快乐成长。"

二、组织机构

主办单位：中国科协、教育部、国家发展改革委、中央文明办、共青团中央

承办单位：中国科协青少年科技中心

三、活动内容

活动主题下设置"能源资源""生态环境""安全健康""创新创意"四个活动领域，各活动领域下设置若干推荐活动（见附件），供学校和青少年自主选择推荐活动参加调查体验。围绕选定的推荐活动，重点组织开展知识学习、科学调查、科学体验、拓展活动、展示交流等活动。

（一）知识学习。根据选择的推荐活动，围绕相关思考问题，青少年自主查阅资料进行学习。通过学习，获取基本科学知识、方法，了解相关基本概念、定义、单位等常识，为后续环节活动奠定知识和方法基础。

（二）科学调查。根据活动指南设计的调查内容，开展调查、记录数据、分析数据、形成报告，了解调查问题的现状和发展趋势。

（三）科学体验。在学习调查基础上，根据活动指南中设计的实验试验，或在教师指导下自主设计相关实验试验，亲身参与动手实践活动，巩固所学科学知识、方法，探索科学新知识、新方法。

（四）拓展活动。依托青少年科学调查体验活动资源包和主题网站，或自行设计开发相关实践活动，或组织参观见学、交流分享、宣传推广等，进一步提高青少年的科学兴趣、动手实践能力和综合素质。

（五）展示交流。组织青少年和辅导教师提交个人活动成果，为他们提供展示交流的平台。

四、实施步骤

（一）活动筹备阶段

1. 1—4月，策划年度活动内容，编制配发活动指导手册和活动指

南，开发制作配送活动资源包。

2. 2—4月，对各地活动进行重点培育，发动当地学校积极组织开展活动。

（二）活动组织阶段

1. 5月，组织活动首发式和骨干教师培训，活动在全国范围内正式启动。各地可结合实际开展省级骨干教师培训以及宣传发动。

2. 5—9月，各地围绕选定的推荐活动，组织青少年以班级、小组、家庭为单位，开展内容丰富、形式新颖的科学调查体验活动。

3. 7—8月，组织开展青少年科学调查体验活动主题夏令营，各省级单位按要求推荐教师及学生代表参加。

（三）成果提交阶段

9月30日前，参与活动教师、学生提交个人活动成果。其中，教师提交科技实践活动报告，学生提交调查数据和实验（试验）报告。各省级单位和参与活动学校，登录主题网站上传活动信息、照片、新闻稿、总结等材料。

（四）展示交流阶段

1. 10月上旬，各省级单位自行组织展示交流活动。10月15日前，向中国科协青少年科技中心推荐参加主办单位展示交流活动的单位和作品。（具体要求另行通知）

2. 11月上旬，主办单位组织展示交流活动。

五、活动资源和成果提交

（一）活动资源

1. 主办单位为部分参与活动的学校免费配发一定数量的活动指导手册、活动指南和活动资源包。

2. 登录活动主题网站（http://www.scienceday.org.cn），下载活动指导手册、活动指南和资源包电子版，参加在线课程学习。

3. 登录活动在线学习平台"科技学堂"（http://www.sciclass.cn），可在线参加活动免费课程培训，掌握活动资源包使用方法，交流活动经验。

（二）成果提交方式

活动参与者可采取以下任意一种方式提交活动成果。

1. 主题网站提交

登录活动主题网站（http://www.scienceday.org.cn），在线提交活动调查数据和报告。

2. 微信公众号提交

通过主题网站、活动指南中的二维码，或微信搜索"青少年科学调查体验活动"，关注活动官方微信公众号，提交活动调查数据。

六、要求

（一）提高认识，加强领导

各级科协、教育、发展改革委、文明办和共青团组织要从提高青少年科学素质、培育践行社会主义核心价值观的高度，充分认清加强青少年科技教育、培养科学兴趣、提升科学素养、增强创新精神对建设科技强国、人才强国的重要性，把开展好青少年科学调查体验活动摆在更加突出的位置，凝聚工作共识，加强组织领导，搞好研究筹划，做好动员部署，加强检查督促，强化宣传推广，确保活动顺利高效开展。

（二）发挥合力，系统推进

各级科协是青少年科学调查体验活动的牵头单位，要强化担当意识、责任意识，加强沟通协调，加大工作力度，拓展工作渠道，强化活动宣传，不断提高活动质量和影响力。要积极协调当地的科技馆、青少年宫、科技博物馆、妇女儿童活动中心等各类科技场馆及科普教育基地资源，为开展活动提供服务和支持。

各地教育行政部门要结合中小学品德课、科学课、综合实践活动课程和其他相关课程，积极动员和鼓励学校利用综合实践活动课程时间、课余时间和暑假时间组织学生开展活动，为学校、学生参与活动提供便利和支持。要将青少年科学调查体验活动纳入全国中小学研学实践基地活动内容，促进学校科技教育和校外科普活动有效衔接。

各地发展改革委、文明办和共青团要主动为活动开展推介优质资源，要把青少年科学调查体验活动与未成年人思想道德建设密切结合起来，引导广大青少年积极培育和践行社会主义核心价值观，加强青少年社会责任感、创新精神和实践能力的培养，充分发挥科学调查体验活动益智养德的功能，协助做好活动宣传推广工作。

（三）拓展范围，丰富手段

要加强城乡统筹，把活动向农村、偏远、欠发达和少数民族等地区倾斜延伸，加大指导帮带力度，促进活动平衡充分发展。要利用信息化手段开展工作，充分借助网络、媒体资源拓宽学习渠道，丰富活动内容。要积极协调利用当地科技馆、科普教育基地、青少年宫、儿童活动中心、高等院校、科研机构、公司企业等各类场所资源，组织参观见学，进行拓展实践，为活动提供服务和支持。

（四）精心组织，确保安全

青少年科学调查体验活动是一项密切联系生活实际、实践性较强的科学普及活动，各地各部门要加强协调、密切配合、精心组织，确保活动落到实处。要本着对学生高度负责的精神，制定安全预案，落实安全措施，做好安全防范，强化安全监护，确保活动有序组织进行，确保青少年人身和财产安全。

七、联系方式：

中国科协青少年科技中心

联系人：×××

电　话：×××

邮　箱：×××

中国科协　教育部　国家发展改革委　中央文明办　共青团中央

2018 年 × 月 × 日

附件：青少年科学调查体验活动主题、领域及推荐活动

| 活动主题 | 体验科学快乐成长 | | | |
|---|---|---|---|---|
| 活动领域 | 能源资源 | 生态环境 | 安全健康 | 创新创意 |
| 推荐活动 | 1. 节水在我身边<br>2. 节电在我身边<br>3. 节约粮食从我做起<br>4. 节约纸张从我做起<br>5. 保护森林草原小卫士<br>6. 保护耕地志愿者<br>7. 我与海洋河流湖泊交朋友<br>8. 珍惜矿产资源<br>9. 保护文物古迹<br>10. 循环利用节约资源 | 1. 我的低碳生活<br>2. 做养绿护绿小能手<br>3. 垃圾分类与处理<br>4. 秸秆和落叶的有效处理<br>5. 我爱绿色出行<br>6. 用绿色包装生活<br>7. 我是绿色校园小主人<br>8. 生活中的塑料制品<br>9. 让天空湛蓝<br>10. 关爱身边小动物 | 1. 科学饮食健康生活<br>2. 零食（饮料）与健康<br>3. 营养与健康<br>4. 食品安全与健康<br>5. 科学用药<br>6. 安全使用家用电器<br>7. 交通安全伴我行<br>8. 我是网络信息安全员<br>9. 养成爱护眼睛好习惯<br>10. 居家安全我知道<br>11. 自然灾害与安全<br>12. 科学锻炼身体 | 1. 走近创客体验创新<br>2. 创新在我身边<br>3. 变废为宝从我做起<br>4. 我爱发明<br>5. 我的创意生活<br>6. 智能产品应用<br>7. 体验物联网<br>8. 创意设计与制作<br>9. 我是小小设计师<br>10. 创意工艺坊<br>11. 创意工程师<br>12. 我设计的机器人 |

## 二、人员准备

科普活动是由特定人员组织开展，服务于特定人群的社会干预行为。实施阶段的前期准备工作中，人员的准备尤为重要。人员准备工作需要回答好两个问题：一是谁来组织实施科普活动？二是谁来参与科普活动？也就是说，要从工作人员和活动的参与者两个角度去做好人员准备工作。

## （一）工作人员的准备

人力资源是组织开展一项科普活动的核心资源，也是最具有能动性的资源，在任何阶段都不可或缺。在组织实施阶段，团队组建与人才储备至关重要，一支训练有素、结构合理、调配迅速的工作团队是决定活动成功与否的重要因素。

管理学家罗宾斯认为，团队就是为了实现某个（些）目标而组合到一起的两个或更多相互依赖、彼此互助的个体[159]。不难看出，团队是一个组织，它有特定的目标。就科普活动实施来说，其工作团队是指一定数量、具备特定技能和资质、直接或间接参与科普活动组织、实施工作的人员，以成功组织实施科普活动为共同目标。一个好的团队需要团队成员各司其职，各尽其责，大家团结一致，向着一个共同目标前进。

科普活动实施阶段的工作团队与申报、策划、评估等阶段的工作团队不一定完全一致，但实际工作中，实施工作团队往往是在策划设计团队基础上扩充而成的，在工作理念和工作方式上都具有连贯性。

科普活动实施前期准备阶段的工作人员准备，也需要回答好一系列问题。比如，有几类工作？每类工作设立多少工作岗位？各个岗位对工作人员能力和素质有何具体要求？工作人员在实施的不同工作阶段如何调配等。

1. 工作团队的任务与分工

科普活动实施的工作团队规模大小主要取决于活动的规模。确定活动规模的主要指标包括参与人数多少、持续时间长短、内容多少等。因此，根据科普活动规模的不同，实施的工作团队也是可大可小。实际工作中，少至数人，多至上百人的工作团队都有可能。例如，在学校、医院或社区组织一次听众规模30人左右的科普讲座，可能一两个工作人员就能胜任；在一个小城市广场、公园等露天、开放场地组织一次具有一定社会影响、面向公众开放的综合性科普活动，可能需要十人或数十人才能确保顺利完成；而举办一次类似全国科普日北京主场活动、参与公众规模达数万人的大型科普活动，所需工作团队往往要在百人以上。

理想情况下，科普活动实施组织的工作团队不论规模大小，人数多寡，都需要具备以下几类角色：①活动总负责人；②活动总协调人；③技术团队；④外联团队；⑤后勤团队。其中，活动总负责人是组织实施科普活动的总指挥，通过活动总协调人实现对整个团队的调配和指挥；活动总协调人向活动总负责人负责,直接统领、协调后勤团队、外联团队和技术支持团队(图5-1)。

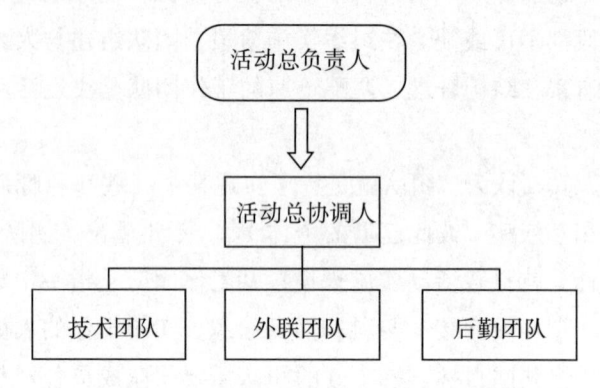

图5-1 科普活动实施工作团队架构

技术团队包括两类人员,一是活动实施中确保科普展项等设备设施正常运行的技术支持人员,主要负责展品的安装、调试、维修,多媒体、灯光、音响、舞台等设备设施的布设、调试、维修等;二是在活动中担负讲座、咨询、引导、实验、表演、示范、解说等任务的科研人员、技术人员及其他科普工作者,也可以将他们称为主导者,因为他们引领着科普活动的实施,特别是科学内涵的准确把握。外联团队主要负责活动实施中对外联络工作,包括邀请宾客、组织观众、联系媒体、招募志愿者等。后勤团队主要负责活动实施过程中的安保、运输、卫生、服装等。

对于中等规模及以上的科普活动组织实施工作团队来说,上述几类角色齐备十分必要。因为分工明确、较少形成交叉,更有助于确保工作效率。当然,如果所开展的活动本身规模较小,工作量不大,那么在其小规模的工作团队中,通常以工作人员兼职负责和管理的方式来实现各类角色齐备。但是,在实际举办大、中规模活动的过程中,因工作人员不足而兼职负责多头工作的情况是经常出现的,例如,让展品维修技术人员兼职担任讲解工作,或者让讲解员兼顾后勤工作等。这种多头任务有可能会导致工作人员缺岗、不胜任等情况发生。因此,明确分工、专项分工是实现科普活动实施工作团队科学管理的重要前提。

2. 工作团队的组建

同其他工作团队组建一样,科普活动实施工作团队的组建,同样也要遵循优势互补、团结协作、共同信仰等原则。

科普活动组织实施团队中，总负责人多由实施组织机构的领导担任，对工作进程进行全方位指导和方向把握；总协调人则需要具备相关社会活动组织实施的经验，具备较好的协调能力和组织能力，既要能顾全大局，又能精细管理。一般情况下，科普活动的技术团队、外联团队和后勤团队组建则要经过下面几个步骤，如图5-2所示。

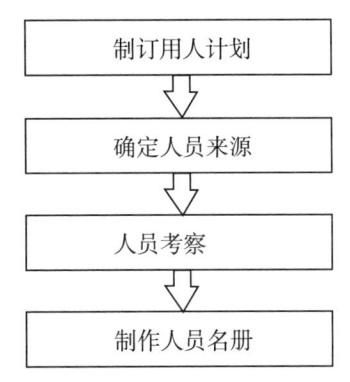

```
制订用人计划
    ↓
确定人员来源
    ↓
人员考察
    ↓
制作人员名册
```

**图5-2　科普活动实施团队组建基本步骤**

（1）制订用人计划

用人计划是用以明确用人单位一定时期内需招聘的职位、人员数量、资质要求等因素，并制订具体招聘活动的执行方案。一份完整的用人计划通常包括岗位信息和招工工作计划两部分内容。

岗位信息一般包括岗位名称、岗位职责描述、岗位人员数量、岗位人员基本要求、岗位人员任职资格。岗位人员基本要求一般涉及学历要求、专业要求、语言要求、工作经验要求、年龄及性别要求、计算机要求、接受的培训、其他特殊才能要求等。招工工作计划主要包括用人信息发布的时间和渠道、用人工作小组人选、工作时间表、考核时间与场所、新人上岗时间、费用预算，等等。

小规模科普活动在组建工作团队、物色合适人选时不一定要制订书面用人计划，但上述要素同样需要考虑进去。

（2）确定人员来源

用人计划出炉后，需要确定人员来源。专门的科普机构，如科技馆、科学中心、青少年科技活动中心等，通常都有相对固定、完备的工作队伍，因而，举办规模适中的科普活动时，工作人员以本机构人员为主。但是，在实际工作中，也不排除部分科普组织、机构临时缺少人手或者专业力量不足，需要通过外聘、招募志愿者等渠道来充实工作团队。其中，聘用是用人单位与应聘者按照国家有关法律、政策，在平等自愿、协商一致的基础上，订立的关于履行有关工作职责的权利义务关系的行为。通过聘用充实科普活动组织实施工作团队的，需要依照《中华人民共和国劳动法》《中华人民共和劳动合同法》等进行。而招募志愿者则有别于聘用。

志愿者（volunteer）一词来源于拉丁文中的"voluntas"，意为"意愿"。对于这一概念，我国大陆和港台地区由于对 volunteer 的译法不一致而有所不同（我国大陆地区一般称为志愿者；香港称之为义工；台湾地区称为志工），但实质内容基本是一致的。一般认为，志愿者是自愿贡献个人时间和精力，在不计物质报酬前提下，为推动人类发展、社会进步和社会福利事业而提供服务的人员。志愿服务（volunteer service）则是任何人自愿贡献时间和精力，在不计物质报酬的前提下，为推动人类发展、社会进步和社会福利事业而提供的服务[160]。科普志愿者则是从事科学普及的志愿者，现阶段，科普志愿者作为科普工作的一支重要力量，在树立和落实科学发展观、习近平新时代中国特色社会主义思想、宣传《科普法》、促进城市精神文明建设及开展科普宣传、科技咨询、科技培训、科技下乡等多种形式的科普活动方面，发挥着积极作用。

> **链接**
>
> **注册志愿者及其权利和义务**
>
> **权利**：参加志愿服务活动；接受相关的志愿服务培训；要求获得从事志愿服务的必须条件和必要保障；优先获得志愿者组织和其他志愿者提供的服务；对志愿服务工作提出意见和建议；相关法律、法规、政策所赋予的权利；可申请取消注册志愿者身份。
>
> **义务**：遵守国家法律法规及团组织、志愿者组织的相关规定；每名注册志愿者每年参加志愿服务时间累计不少于 20 小时；履行志愿服务承诺，传播志愿服务理念；自觉维护团组织、志愿者组织和志愿者的形象；自觉维护服务对象的合法权益；自觉抵制任何以志愿者身份从事的赢利活动或其他违背社会公德的活动（行为）；履行相关法律法规及团组织、志愿者组织规定的其他义务。
>
> ——引自《中国注册志愿者管理办法》

科普志愿者有注册志愿者和非注册志愿者。在实际工作中，组织开展科普活动招募的志愿者不一定都是注册志愿者，相当一部分是根据活动需要临时招募或联系的。对这部分志愿者的管理，可参考《中国注册志愿者管理办法》的相关规定。

科普志愿者参加大型科普活动的实践，这里以全国科普日北京主场活动为例说明。全国科普日北京主场活动是一项大型、群众性科普活动，每年在9月份举办1周活动，活动参与人数有数万人次。2018年全国科普日北京主场活动在中国科技馆区、奥林匹克公园庆典广场区两部分共设置17大展区、710余项展项（活动）[①]。这样一个大型科普活动对讲解人员的要求非常高。为了解决讲解员短缺问题，活动主办方自2010年起组建了一支大学生科普志愿者队伍，由经过培训的大学生担任讲解员工作，有效地解决了讲解员不足的问题。目前，这支志愿者队伍正在逐步扩大，主办方提供的培训有效提升了志愿者的科普服务能力。可以说，全国科普日北京主场活动，探索了大型科普活动依托科普志愿者服务社会和公众的良好模式，其他大型科普活动也已经开始尝试采用。

除大型科普活动外，科技场馆、部分全国学会在开展科普活动过程中也尝试依托科普志愿者提供科普服务。中国科技馆志愿者队伍在构成上更具特色，除了大学生外，还包括小学生以及相关领域的科学家和专业人士。

（3）人员考察

依据用人计划，遴选出固定数量、符合岗位基本要求、任职资格等条件的最优人选的过程，就是人员考察。科普活动组织实施工作团队组建过程中，人员考察主要在外聘工作人员时进行。考察手段通常包括笔试、面试等。

科普志愿者选用过程中较少采用严格的人员考察环节。这与当前我国科普志愿者的储备有限、培训不足、具备相应能力的科普志愿者还不能满足实际工作需求的现状有直接关系。

（4）制作人员名册

记载合格的或适于某种特殊目的或服务的人员名册就是花名册。科普活动实施队伍组建起来后，有必要制订工作人员花名册。从人力资源管理角度

---

① 2018年全国科普日北京主场活动暨第八届北京科学嘉年华拉开帷幕[EB/OL]. (2018 - 09 - 17)[2019 - 06 - 18]. http://www.xinhuanet.com/2018 - 09/17/c_137473960.htm.

讲，工作人员花名册可以实现人员调集任务、统计任务、异动任务，有助于工作任务分配与人员日常管理。目前，有专门的花名册制作软件可以使用。

总之，为了确保各项工作顺利进展，科普活动实施的前期阶段就要做好组建工作团队，尽早确定任务分工。然而，由于活动实施是一个动态、协调的过程，工作人员岗位、职责确定后也不可能一成不变。因此，需要工作中有一定的灵活度应对可能出现的各种变化。比如，关键工作和关键岗位要未雨绸缪，准备好替换人员，避免因某个人缺席导致项目和工作停滞。同时，虽然每个人工作岗位明确，职责明确，但也要鼓励每个成员在不同的工作任务中贡献自己的智慧和力量。

3. 工作人员培训

从概念上讲，培训是一种有组织的知识传递、技能传递、标准传递、信息传递、信念传递和管理训诫行为，它让员工通过一定的教育训练技术手段，达到预期的提高目标[161]。从功能上看，培训是对现有人力资源智力、技能的开发，可以调动人员的积极性，增强组织凝聚力，为未来发展阶段人力资源合理配置提供基础支撑作用。

科普活动实施组织过程中，组织相关工作人员进行岗前培训，对工作开展具有特殊意义。首先，通过培训，可以使工作人员对即将参与和投入的科普活动的背景、目标、意义、流程、规范、纪律、制度等进行全面理解，有助于提升个人业务能力和素质，从而有助于提高工作效率。其次，通过培训，能加强人员调动的灵活性。科普活动实施工作人员掌握的技能越多，范围越广，越能提高团队内部不同岗位人力调拨的灵活性。最后，通过培训还能促进人员之间、管理层与执行层之间的双向沟通，增加团队内部凝聚力。也正因为如此，对科普活动实施的工作人员进行培训是十分必要的。

（1）培训需求调研。美国著名的人才发展和培训管理专家汤姆·W.戈特博士说：做出任何一项重大经营决策前，一般都需要进行形势分析和结果预测[161]。这句话也同样适用于人员培训工作。也就是说，人员培训之前有必要进行形势分析和结果预测，形势分析和结果预测落实到培训上就是培训需求调研和培训目标设定。

培训需求调研对整个培训工作发挥着重要作用。其一，它有利于掌握培训对象的知识技能、培训态度等基本情况，从而有利于制订培训方案；其二，它可以为培训的效果评估提供参照。培训需求调研通常在培训之前开展，调研内容主要包括培训什么、怎么培训。要通过培训需求调研获取准确、有效的信息，从而针对培训内容和培训方式作出最合理的决策。

具体到科普活动实施团队的人员培训，需求调研与分析同样不能忽略。通常，可以通过问卷调查法、访谈法、测试法等开展需求调研。案例3提供了一个采用问卷调查法调研培训需求的实例，可供参考。

---

**案例3**

**培训需求调查问卷**

您好！

为提升全体工作人员科普技能，更好地服务于××科普活动的实施，主办方计划近期为大家提供培训机会。为了解大家的培训需求，活动主办方特设计本调查问卷，请您予以配合，如实、详细填写。

姓名：_____

性别：_____

岗位：_____

1. 本次科普活动中，您的主要岗位职责是什么？

2. 根据您的理解，您将要从事的工作需要哪些技能与哪方面的知识？

3. 您个人对这些技能或知识的掌握情况怎样？

> 4. 您希望培训能解决您哪方面的问题或困难？
>
> 5. 您本人更认可什么形式的培训？
>
> 6. 您觉得合适的培训时间安排是什么？
>
> 填写说明：
> 1. 问卷请以电子邮件方式于×月×日之前返回至××邮箱。
> 2. 问卷填写空间不够，可以自己加附页。
> 3. 如有疑问，请通过上述电子邮件与×××联系。

（2）培训目标设定。培训目标是特定培训活动所要实现的目的和预期成果，它能将培训对象、活动主办方结合起来，满足多方需求。培训需求分析能明确培训对象需要提升的能力，因而，培训目标的设定须建立在培训需求调研和分析基础上。科普活动实施团队培训目标的设定具有如下功能。第一，它能帮助培训对象理解培训的意义；第二，它能协调培训目标与科普活动目标，使培训目标服从科普活动总体目标；第三，它能为培训效果评估提供基准。

培训目标应是具体的、可衡量的，同时还应是可实现的、符合实际的。培训目标可以针对每一培训阶段设置，也可以面向整个培训计划来设定。

（3）培训内容选择。培训内容选择仍要以培训需求为指导，通常根据培训需求分析报告对培训内容和课程提出建议。就科普活动实施人员培训而言，理想的培训至少应包括活动框架培训、岗位培训和礼仪培训三方面的内容。

1）活动框架培训。科普活动框架指的是科普活动的整体格局，它由活动的背景、目标、内容、形式、目标人群、规模、时间、地点、特色等要素构成。活动框架培训能够促进受训人员对科普活动形成全局的认识，从而对活动理解得更深刻，参与和服务更到位。如果条件许可，在科普活动框架培训中，应该带领相关工作人员进行场地考察，提前接触各类设施和设备，了解各个功能区域和服务程序，这也是讲解各类应急措施的最佳时机。

2）岗位培训。岗位培训是根据岗位而为在岗员工安排的培训活动，属于知识、技能类培训，其目的是提高在岗员工的专业技能和业务素质，以确保其胜任岗位职责。科普活动实施工作团队有技术团队、后勤团队和外联团队，各团队职责不同，有明确分工。因而，各团队岗位培训需要分别开展。技术团队的培训内容至少应包括设备设施操作培训、展品维修技术培训、讲解培训等；后勤团队的安保、急救、突发事件处理等培训十分重要；外联团队岗位培训中，公关、礼仪等是必备内容。

3）礼仪培训。科普活动的实施者面向社会公众提供科普服务，他们要出现在公众场合，要接触不同人群。因而，团队人员在服务过程中保持得体、恰当的礼仪十分重要，这也是科普活动乃至活动主办机构树立形象的重要契机。礼仪培训的内容包括迎送宾客礼仪、与公众交流礼仪等。

总之，科普活动实施阶段的人员培训具有实际意义，它是提升科普活动人员能力的重要环节。然而，现阶段我国科普活动开展过程中，人员培训工作虽然得到了的重视，但培训的工作机制没有完全建立，培训师资和教材也还不成熟、不充分，培训内容、形式还有待进一步探索。从一些已经开展人员培训的科普活动看，在目前的培训中，活动框架培训和礼仪培训受重视较多，而岗位培训由于培训难度大、培训内容不成熟等原因，实施得并不理想。

（二）观众的发动

科普活动的参与者也称为观众，他们是科普活动的直接服务对象。公众参与科普活动，依照参与动机可分为自发参与和非自发参与；依照参与方式又可分为个体参与和集体参与。自发参与和个体参与不完全等同，自发参与也可以表现为集体参与；非自发参与同集体参与基本等同，现实情况中通常有组织的集体参与都是非自发参与。照此，科普活动观众的发动相应地就落实到发动自发参与公众和集体参与公众。

科普活动发动观众参与要点面结合地开展。面上发动要通过电视、报纸、网络、广播、海报、微信、微博等媒体，面向社会各界进行科普活动相关消息的发布与告知；点上发动则要针对重点目标人群主动进行营销，旨在激发社区、学校、机关、企事业单位组织参与科普活动的意愿。

当前，有组织地参与科普活动在国内外都很普遍。在英国、瑞典等国家，科普场馆举办的科普活动中总少不了集体参与的学生人群，但成人参与则以自发参与为主；在国内，许多科普活动都会通过发文、自主联络等方式，邀请社区、单位、学校等组织集体参与。应该说，有组织的集体参与是扩大科普活动受益人群范围比较有效、实用的途径。

当然，一项科普活动是否需要组织观众集体参与，还要根据活动规模、时间、地点、活动的服务能力等因素综合考虑确定。科普活动要对潜在观众进行必要的调研和合理的预测。理想情况下，要既能吸引自发参与的公众，又要做好适当比例的组织参与的准备。唯有如此，才有可能更好地确保活动得到公众的有效参与，减少对社会资源的闲置和浪费。在科普活动组织实施过程中，组织观众集体参与的工作主要由外联团队承担，学校、社区、企业、事业单位、机关部门等是组织集体参与的主要对象。

### （三）来宾邀请

出于工作需要，也出于对科普活动影响力的追求，很多科普活动的主办方会邀请相关领导和来宾参加现场活动。领导和来宾的邀请与迎送通常由活动总负责人、总协调人总体策划，由外联团队具体执行。

大、中型科普活动现场的来宾邀请工作相对复杂，可以通过《来宾邀请工作方案》具体落实和实施。《来宾邀请工作方案》通常包括邀请原则、邀请范围、主要活动内容、邀请时间、进度安排等。一般要根据来宾的类别分别邀请，如上级部门和单位领导、合作部门和单位领导、知名专家等，分别发出邀请函，各类来宾的邀请函的主要内容大致相同，上级领导及合作部门和单位领导往往有致辞、讲话等环节要参加，相关要求事项一定要在邀请函中说明。

案例4是关于邀请单位代表出席"典赞·2018科普中国"现场活动的邀请函；案例5是关于邀请个人出席2018中国科幻大会的邀请函，可供参考。

**案例 4**

**关于邀请出席"典赞·2018 科普中国"现场活动的函**

×××（单位）：

为深入贯彻落实党的十九大精神，践行习近平新时代中国特色社会主义思想，全面落实"科技三会"精神，促进全民科学素质提升，创新科普理念和服务模式，盘点年度科学传播典范，融汇科学传播业界智慧，大力弘扬科普中国品牌文化的影响力和号召力，AAA、×××联合组织开展"典赞·2018 科普中国"活动，将于 2019 年×月×日 14:00—15:50 在 W 报告厅举办"典赞·2018 科普中国"现场活动。

活动简要议程如下：领导致辞；榜单揭晓；新任科普中国形象大使代表亮相；结尾曲。

鉴于贵单位在公民科学素质建设中的贡献和影响力，诚挚邀请贵单位 1 位院士出席活动，鉴于贵单位同意 H 同志作为科普中国形象大使，现诚邀 H 同志出席活动，并参加科普中国形象大使聘任仪式。请于 2019 年×月×日前将回执邮寄或传真至××××，同时发送回执电子版至指定邮箱。

感谢大力支持！

特此致函，回复为盼。

AAA
2018 年 12 月×日

联 系 人：×××1　×××2

邮寄地址：×××

联系电话：×××

传　　真：×××

电子邮箱：×××

附件："典赞·2018 科普中国"现场活动出席人员回执

附件

## 典赞·2018科普中国现场活动出席人员回执

单位名称（盖章）：_____

| 姓名 | 性别 | 民族 | 联系电话 | 电子邮箱 |
|------|------|------|----------|----------|
|      |      |      |          |          |

| 工作单位 | | | |
|---|---|---|---|
| 职务 | 是否住宿 | 到达日期/航班或车次 | 返程日期/航班或车次 |
|      |          |                      |                      |

联系人：_____ 联系电话：_____ 手机号：_____

---

**案例5**

## 关于出席2018中国科幻大会的邀请函

尊敬的×××先生：

您好！

21世纪以来，中国科技水平飞速提高，人们对科学、科技的关注度与日俱增，科普工作的全面开展显得尤为迫切。科幻与科普是共荣相生的，习近平总书记曾殷切嘱托：用奇思妙想描绘科技未来、传播科学知识、弘扬科学精神，为建设世界科技强国、实现中华民族伟大复兴中国梦作出应有贡献。而随着《三体》等优秀科幻小说的先后获奖，国内科幻产业也迎来了新的发展契机。

为激发青少年想象力，推进我国科幻事业发展，进一步提升公众科学素质，由×××主办，××公司、××省科协、××市科协、××成长基金、××杂志社、××大学共同承办的2018中国科幻大会将于2018年×月3—5日在××市举办。届时来自世界各地的科学家、科幻作家、影视导演等重量级嘉宾将会聚一堂，打通科幻全产业链，为中国科幻的未来建言献策。腾讯公司将联合旗下腾讯网、阅文集团、腾讯动漫、企鹅影业等多个部门全方位、多元化助力科幻大会。

2018中国科幻大会以"幻想无界 共享未来"为主题，由开幕式、专题会议、专题论坛、专题活动和周边活动五个版块构成，将全面展示中国科幻产业发展现状，搭建科幻产业的交流平台，促使产业各环节的从业者、投资人进行交流沟通，促进科幻产业的发展。同时，本次大会还将聚焦年轻科幻创作人才的培育，为高校科幻作者和高校科幻社群提供舞台，为对科幻抱有深厚感情的年青一代提供展示机会和活动经验，促进中国科幻新生力量成长繁荣。

在此，我们诚邀您参加2018中国科幻大会开幕式及相关活动，与我们一起见证中国科幻的精彩未来！

时间：2018年×月3—5日
地点：××大学
简要议程：
3日上午：2018中国科幻大会开幕式、高端对话
3日下午：科幻产业闭门会议
3日下午至5日上午：科幻主题专题论坛
4日下午：科幻主题演讲秀
5日：高校桌游大赛、高校辩论赛

如您可拨冗出席，烦请填写附件中的回执，并于2018年×月×日前发送至×××邮箱。

联系人（主办单位）：××××　　联系电话：×××
联系人（承办单位）：××1　　　联系电话：×××1
　　　　　　　　　××2　　　联系电话：×××2
　　　　　　　　　××3　　　联系电话：×××3

　　　　　　　　　　　　　　　　　×××
　　　　　　　　　　　　　　　2018年×月×日

附件：2018中国科幻大会参会回执（略）

### 三、科普资源准备

#### (一) 科普资源

科普资源是科普工作的基础,也是科普能力的载体。广义的科普资源包括科普事业发展中涉及的政策环境、人力、财力、物力、科普内容等所有资源;狭义的科普资源仅指科普活动、科普实践过程中所需要的要素及组合资源,主要指科普内容及载体资源,包括为社会和公众提供科普服务的内容、信息以及承载这些内容和信息的产品、作品等[130]。本书所指的是狭义的科普资源。

科普资源是组织开展科普活动的必备要素。在活动实施的前期准备阶段,做好科普资源的准备十分关键,因为科普资源的种类、数量、质量将直接影响科普活动向公众提供科普服务的能力与效果。具体来说,科普资源准备主要指科普资源的筹集与管理。工作人员要在科普活动正式开始之前,确定所需科普资源的种类、数量、来源,确保科普资源的质量等符合活动初期的设计要求并按时到位。

#### (二) 科普资源的获取途径

多数情况下,开展一项科普活动所需的各类科普资源,可以通过以下几种途径筹集和获得。

1. 单位自备

组织开展科普活动的机构或部门,如科技馆、青少年活动中心、科普基地、社区等,一般都有一定数量和种类的科普资源储备。在开展科普活动时,应充分利用已有资源。

2. 上级配发

某些情况下,科普活动主办方会将活动交给其他相关组织或机构具体承办,但主办方会统一制作诸如海报、折页、读本等类的科普资源,配发给活动承办单位。例如,全国科普日活动主办方每年统一制作宣传海报,根据需求配发给各地科普日活动使用。

3. 非商业型共享

对于耐用、非消耗类科普资源,如放映设备、科普影片等,可以考虑与同类单位或机构进行交换及互助性质的共享。各级学会、各类科普场馆、青少年科技活动中心、社区等都具备一定的科普资源,它们都是科普资源共享的理想合作对象。

4. 租用或购买

部分无法通过上述三类渠道筹集的科普资源，可以通过合法手续，向经营相关科普产品的商业机构租用或购买。

### （三）科普资源清单

为保险起见，有必要将科普活动所需的科普资源进行清单式管理，便于工作人员按图索骥，确保资源能及时、按要求到位。科普资源清单中要包含下列管理要素：类别、名称、数量、来源、质检结果、最迟到位时间、资源责任人及其联系方式。表5-1是一个科普资源管理清单的样例，可以在实际工作中参考使用。

表5-1 科普资源管理清单样例

| 类别 | 名称 | 数量 | 来源 |||质检结果 | 最迟到位时间 | 负责人及联系方式 |
| --- | --- | --- | --- | --- | --- | --- | --- | --- |
| | | | 获取渠道 | 提供方 | 联系人及联系方式 | | | |
| | | | | | | 合格/不合格 | | |

### 四、场地与设施设备准备

广义讲，科普活动的场地和设施设备也属于科普资源的范畴。为了便于讨论科普活动实施的具体工作，本章将场地与设施设备准备作为一类与科普资源并列的内容来讨论。

### （一）活动场地

科普活动的场地可以分为室内场地和室外场地。从活动组织方看，科技馆、科学中心、科普基地、青少年科技活动中心等举办科普活动，多数都利用自有场地和设施在室内进行；社区举办的科普活动则在室内、室外都比较常见。从活动规模看，特大、大、中型综合类的科普活动主要在室外开展，小规模科普活动在室内和室外举办的情况都有，不能一概而论。从经费角度看，通常租用同样面积的室内场地费用高于室外场地。

在科普活动场地的准备工作中，不管什么规模、什么类型的科普活动，在选择场地时，都要回答这样几个问题：

1）场地安全性如何？

2）场地够大吗？能容纳全部活动内容吗？能容纳预期的观众吗？

3）场地交通便利吗？

4）场地与活动期间的天气情况适应吗？

5）场地可使用时间与活动持续时间匹配吗？

6）场地的设备设施能满足活动需要吗？

上述几个问题是对科普活动场地功能、安全性、适应性、便利性的通盘考虑。在实际工作中，如果能将上述几个问题回答好并落实到位，那么，选出的科普活动场地一般就比较理想了。

### （二）设施设备

通常，特定设施设备是开展科普活动必要的条件和基础。这里说的设施设备专指用于后勤、技术等方面保障服务的设施设备类资源，主要包括供电设施、音响设备、安检设施、卫生设施、标志设施、消防设施等。

总的来说，活动场地的布置要根据器材的特点制订有针对性的施工计划。室内举办科普活动设施设备的准备工作相对简单，室外举办的科普活动则要有专业技术人员和团队进行施工和准备工作。同时，场地搭建和器材、设备准备完成后，活动主办方应该组织一次彻底的安全检查。在实际工作中，大型科普活动现场设施设备的准备工作主要由社会上的专业媒体策划公司承接完成，这也是科普工作走向社会化的一个体现。例如，全国科普日北京主场活动近年来通过与某专业公司的合作，已经培育成了一支业务熟练、能够快速应变的技术团队，为确保活动场地设施设备的准备工作提供了有力的支持。

1. 供电设施

科普活动的现场需要充足、安全的电力供应。供电设施的准备工作专业性非常强，要根据活动的实际情况考虑供电的电源类型、现场需要的用电量、电源插座的位置和数量、外接电线的布置、各种设备所需的电源要求等。因此，为了保证现场用电安全，确保活动顺利进行，要由专业技术人员施工、检查并维护供电设施。

2. 音响设备

多数科普活动开展都需要音响设备的支持。因此，活动开始之前，要确认音响设备及供电设施正常运行。所有音响设备经过专业调试后，任何人未经允许不可随意动用。同时，要保证一旦出现事故，负责设备维护的人必须第一时间到达现场并解决问题。

### 3. 标志设施

颜色、形状、图形符号是标志的三要素，是标志统一化的基本要素。标志以其形状、颜色、图案、文字等形成一种语言，向社会活动的组织者和参与者提供信息，形成交流。

科普活动也是一种社会活动，社会活动开展过程中使用各类标志，在科普活动中同样也不可缺少。科普活动中的标志设施主要包括四类。第一类是能表明活动主题、内容的横幅、条幅、海报等，一般张贴在醒目、适当的位置，起到告知与宣传的作用，并有烘托活动氛围的功能。第二类是具有警告、指令、禁止功能的标志，如交通、疏散、警报安全标志。这类标志是用以强调关键信息的，有助于避免意外事故的发生，是提高安全性的举措。第三类是活动场地、设施及活动内容的引导标志，如停车场、活动场地、活动参观路线示意图等。这类标志为公众的自主和自助参与提供信息服务。第四类是工作人员的标志。科普活动中工作人员有统一、易于辨识的标志是很重要的，尤其是在大中型科普活动中，所有工作人员及活动参与者应该佩戴印有照片的证件，或者穿着显眼的制服以便参观者识别。这是确保现场工作人员服务及时、充足的重要条件。

### 4. 其他设施

除了前面提到的供电、音响、标志等设施设备，科普活动场地还需要配备用于保障安全、便利服务的设施。

科普活动场所的安全设施，首当其冲的是消防设施。不管是什么样的科普活动场所，消防设施的配备都至关重要。要确保消防器材按《建筑灭火器配置设计规范》及其他有关规定确定配置数量、型号类型，合理设置分布点。除消防设施外，必要的安全、急救措施和设施也十分必要。

科普活动的举办还有可能涉及安检设施。以《北京市大型群众性活动安全检查规范》为例进一步说明。目前，北京市大型群众性活动安全检查分为两级。5000人以上活动，实施现场封闭管理，对进入活动现场的人员、车辆、物品实施普检，辅以巡检；1000人以上、5000人以下的活动，采取普检、巡检、抽检等方式。因此，举办5000人以上的大型科普活动，需要配备安检设施。

此外，科普活动场所还要具备与活动规模、观众数量等相适应的卫生设施与休息设施。这类便利服务设施的清洁、安全、人性化设计等特征，也是侧面体现科普活动风貌的因素，因此不可忽视。

### 五、宣传工作准备

科普活动是在有限时间、有限地点开展的，其知晓者和参与者同样也是有限的。科普活动要想最大限度发挥科学传播的社会使命，就要冲破这种时空的局限，扩大受益人群，扩大受益范围。因此，宣传工作对于科普活动来说重要性不言自明，十分关键。

科普活动的宣传与商业活动市场宣传的运作有相似之处，它们都以追求最大的社会知晓度为目标，都要借助信息社会最强劲有力的媒体工具。从宣传时间上看，科普活动宣传工作可以分活动举办之前、举办期间和结束之后三个阶段。活动举办之前和举办期间宣传工作的核心任务是活动信息的发布与告知：包括活动时间、地点、主题、内容、形式、参与活动的途径等，这是扩大参与公众范围的关键手段；活动结束之后可进行具体科普话题的深度报道，形成活动社会影响的深化与持续。

各种类型的媒介资源都可以是科普活动宣传的手段。可以借助电视、广播、报纸、互联网等大众媒体进行宣传，也可以使用海报、条幅、标语、传单等非媒体类的宣传手段，还可以到学校、单位、社区等进行宣传。在实际工作中，这些宣传手段都是经常采用的。其中，互联网、报纸和电视，特别是微信、微博、短信等，因其受众面广，宣传效果更明显。同类媒体中，覆盖范围广、发行量大的主流媒体宣传效果更明显。

在科普活动实施的前期准备阶段，活动细节一旦确定，就要马上制订宣传方案。科普活动宣传方案的形式可以不拘一格，但其中应包括目标人群、宣传时间、宣传方式、经费预算等关键信息。案例6是一个科普活动宣传方案，可供参考。

---

**案例6**

北京市某大型科普活动宣传方案

一、宣传目标

面向北京市居民开展多种途径的宣传，扩大××活动的知晓度和社会影响，吸引社会公众广泛关注并前往参与。

## 二、宣传时段

活动时段为 5 月 13—14 日，宣传时段为活动前 3 天至活动结束后两天，即 5 月 10—16 日。

## 三、宣传方式

采用报纸、电视等媒体，微博、微信、短信等推送，海报张贴和门票赠送等多种途径和方式开展宣传。

（一）媒体支持

1. 报纸

| 日期 | 《××晚报》 | 《××晨报》 | 《大众报》 |
| --- | --- | --- | --- |
| 5 月 10 日 |  | 广告 |  |
| 5 月 11 日 | 广告 |  |  |
| 5 月 12 日 |  |  | 广告 |
| 5 月 13 日 | 新闻 | 新闻 | 新闻 |

2. 电视台

| 日期 | 1 频道 | 2 频道 | 3 频道 |
| --- | --- | --- | --- |
| 5 月 12 日 | 专题片 |  |  |
| 5 月 13 日 | 新闻 | 新闻 | 新闻 |
| 5 月 14 日 | 专访 |  |  |
| 5 月 15 日 | 专访 |  |  |
| 5 月 16 日 | 深度报道 |  |  |

3. 互联网媒体

5 月 13 日，新华网、搜狐网、新浪网、腾讯、百度、科普中国等发新闻。

4. 微信、微博、短信

5 月 10—14 日，向市民推送千万条以上微信、微博、短信等。

（二）海报宣传

5 月 11—15 日，围绕主场馆周边特级线路、A＋＋级线路，选择 728 路、300 路等 20 条公交线路，每条线路选取 5 辆公交车，进行公交

> 车厢媒体宣传。
>   5月11—15日，在市区选择300个小区的电梯海报进行宣传。
>   （三）门票赠送
>   5月10—12日，向100个社区发放活动免费门票。
>   四、经费预算
>   （略）

科普活动宣传通常都离不开媒体。因此，宣传方案制订过程中，也要开展媒体动员工作。媒体动员主要包括以下几个实施步骤：首先，确定可能合作的媒体；其次，设法与意向媒体取得联络并确立合作关系；最后，向媒体提供科普活动的新闻通稿。其中，新闻通稿是科普活动主办方与媒体交流信息的主要手段，媒体要充分利用新闻通稿，在活动前期开展具有号召力的告知性宣传。案例7是××××年北京科技周中关村主场活动新闻通稿样例，可供参考。

> **案例7**
>
> **××××年北京科技周中关村主场活动新闻通稿**
>
> 由北京科技周组委会、北京市科学技术协会、中关村科技园区管理委员会、海淀区人民政府主办，北京科普发展中心、海淀区科学技术协会、中关村国家自主创新示范区展示中心、海淀区园林绿化局承办，海淀公园协办的××××年北京科技周中关村主场活动于××××年5月19—20日在中关村国家自主创新示范区展示中心和海淀公园举办，活动围绕"科技北京创新城市"主题，开展形式多样的科普活动，宣传首都自主创新能力和科技北京发展成就，激发公众创新活力和创造热情。
>
> ××××年北京科技周中关村主场活动定位：
>   1. 揭示北京精神的精髓——创新：展示中关村国家自主创新示范

区科技创新成果，突出中关村自主创新能力，激发公众创新创造意识。

2. 推进市科协与中关村的战略合作：整合中关村科技资源，有效推动战略合作落实，搭载科普社会化活动平台，加强首都科普能力建设。

3. 诠释科技引领生活：通过组织户外互动活动，宣传首都利用科技创新为城市生活带来的舒适、便捷、安全，表达人与社会和谐的理念，推动首都创新型城市建设。

**××××年北京科技周中关村主场活动特点：**

1. 选址创新：选择中关村国家自主创新示范区展示中心作为活动场地，充分利用新建科普场馆资源优势，展现中关村企业高科技技术和产品，揭示北京精神的精髓——创新。

2. 搭建平台：为科技周成员单位、科普教育基地、学（协）会的特色科普资源搭建平台。

3. 市场机制：邀请中国工商银行北京市分行、科普超市特色店铺等企业参与活动，实现公益性科普事业与科普产业并举。

**××××年北京科技周中关村主场活动内容：**

整场活动由中关村国家自主创新示范区展示中心（馆内展示）与海淀公园（户外互动活动）两部分组成，活动内容相互呼应，形成"馆、园"搭配，动静相宜的效果。

1. 中关村国家自主创新示范区展示中心——"不闭幕"的科普阵地

中关村国家自主创新示范区展示中心旨在展示中关村创新技术、创新成果、融合创新资源，倡导"创新引领发展、科技改变生活"的理念，不断扩大中关村自主创新示范区的示范作用和影响力。展示中心汇集中关村200多家企业的高科技技术和产品，涉及领域包括新一代信息技术、航空航天、生物医药、新材料、新能源、高端装备及制造等国家战略新兴产业。

科技周期间，将组织公众到场参观，吸引公众关注科技发展，促进公众适应科技创新、支持科技创新、服务科技创新。

## 2. 海淀公园——"科技北京创新城市"创新互动活动

"科技北京创新城市"创新互动活动紧密围绕中关村国家自主创新示范区展示中心馆内展示内容，宣传首都通过科技创新解决交通、医疗、通信、环境等方面的科技成果，激发公众创新活力和创造热情，营造良好创新文化氛围。

该区域汇集相关科技周各成员单位、学会、协会、科普教育基地、企事业等40余家单位优秀科普资源和科普能力建设成果。

**科技医疗展区**：带领观众进入模拟医疗服务场景，"蓝天"救援队野外求生技巧演示，市红十字会的医疗急救讲解，北京公益学学会和相关医院的10分钟黄金急救演示，为观众上演一场城市医疗科技秀。

**科技交通展区**：包括北京电力公司、北京人民广播电台等单位，通过实体清洁能源汽车展示，宣传首都在清洁能源汽车领域的领先科技。

**科技生活展区**：观众可以参与"杂粮品鉴""蛋糕制作"等多项互动活动，还能体验中国工商银行北京分行为市民带来的"一体终端机"办理水电气费缴纳等创新便民业务，诠释科技改变生活。

**科普资源共享服务展区**：北京自然博物馆、大钟寺古钟博物馆、北京天文馆、北京排水科普展览馆、佐特陶瓷技术中心5家科普场馆，以及由北京商务局推荐的内联升、盛锡福老字号展示活动将亮相此展区，届时将开展各种科学实验秀，编钟、陶瓷制作，标本展示等多项特色科普互动活动。

另外，北京市科协的科普资源共享服务平台，以及平台下属的众多科普超市特色店铺也将亮相此展区。在这里，您将看到老北京民间手工艺大师独门绝技表演等众多科普活动，为观众献上一场科普盛宴。

联系人：×××
联系电话：××××
邮　箱：××××

### 六、方案审批

举办大规模的群众性社会活动需要得到上级主管部门、本单位治安保卫部门和当地公安机关的批准。方案审批主要是举办大型科普活动须履行的手续。

相关部门对科普活动方案审批的目的主要包括以下四方面。第一，确定本次活动不含危害国家统一、民族团结的内容，不含煽动性、危害社会和谐的内容；第二，活动组织者具有合法的法人资格，活动不影响周围群众的日常生活；第三，活动内容符合国家政策和领导方针；第四，活动消防安全疏散设施良好，制定了有针对性的安全责任制度，有安全保卫责任人[131]。

科普活动方案审批的依据，是各地关于举办大型社会活动的审批程序以及国务院2007年颁布实施的《大型群众性活动安全管理条例》。该条例强调，"大型群众性活动的预计参加人数在1000人以上5000人以下的，由活动所在地县级人民政府公安机关实施安全许可；预计参加人数在5000人以上的，由活动所在地设区的市级人民政府公安机关或者直辖市人民政府公安机关实施安全许可；跨省、自治区、直辖市举办大型群众性活动的，由国务院公安部门实施安全许可。"因此，如果在北京市举办5000人以上的科普活动，活动主办方需向北京市公安局提出申请并递交活动方案，北京市公安局依照《举办大型群众性活动安全许可》和《北京市大型群众性活动安全管理条例》进行审批。附录1是《大型群众性活动安全管理条例》，供相应综合类科普活动准备方案审批工作参考。

## 第三节　现场实施阶段的工作内容与管理

### 一、来宾、媒体与公众的接待

#### （一）来宾与媒体接待

科普活动现场实施阶段的来宾接待工作主要包括两项内容。一是确保来宾按时出席，不影响活动正常进行。二是要确保接待迎送礼节、礼仪得体。通常，科普活动的外联团队协助相关领导接待来宾。

活动举办过程中，媒体记者会光顾活动现场进行新闻采写或现场报道。对于新闻媒体记者的接待，通常做法是设置媒体人员签到处，并提供与活动相关的资料供报道参考。此时提供的活动相关资料不同于前期准备阶段的新闻通稿，主要是指关于科普活动总体及其各分项活动的详细资料，供记者进行挖掘并作深度报道。同时，媒体签到处工作人员要兼备活动全局把握和细节描述的能力，以便随时为记者采访提供必要信息。比如，记者想拍摄某个青少年活动的场面，那么工作人员就需要对活动的特色、时间、安排等向记者进行详细说明，以帮助记者抓拍到最生动镜头，作出最及时的、最好的报道。

（二）观众的入场管理

科普活动的观众入场管理，与活动的场地、规模、观众数量都有关系。开放性的活动场地，如公园、广场等，一般不对观众入场进行专门管理。而在封闭性的科普活动场地，进行排队入场管理对活动参与者和管理者都有现实意义。它可以节省入场时间，保证科普活动现场安全、局面有序，可以提升组织效率，增加活动美誉度。排队入场管理对科普活动现场的指示标志要求较高。它要求科普活动在出口和入口处都要有引导观众进出的标识系统，指示标志要做到醒目、准确、易懂、直观，同时还要注意美观。

观众排队入场管理按照有无票券来分，可以分为凭票入场和无票入场。无论是否凭票入场，都需要排队入场工作充分的准备。一般情况下，入场管理要根据科普活动的规模、形式、观众数量、现场布局等要素进行充分研究，事先编制排队入场计划，并列出切实可行的计划表。总体要求是，计划分配任务的每一步执行要落实到具体工作人员，以提高现场管理的可操作性。具体来讲，首先，要确定排队入场的关键执行人，要确定安全协调、警卫协调、交通运输协调、现场引导协调、包括保安和礼仪小姐等。其次，管理人员要熟悉现场出入口情况，一定要确保直接参与排队入场管理的工作人员熟悉科普活动的每一个出入口路线以及其他相关情况，保证各个出入口的安全性和有序性。最后，还要制定现场突发事件应急处理方案。如果排队入场过于混乱，或者遇有突发事件出现，关键执行人要根据事先准备好的应急方案，在第一时间到现场妥善处置，控制场面，最大限度地减少事件的影响[162]。

二、开幕与启动

不少科普活动通常都会安排开幕式或启动仪式，旨在突出活动主题，营造氛围，并向来宾及公众表示欢迎和致意。实际工作中，科普活动开幕式或者启动仪式或是简单，或是隆重，往往时间、结构紧凑。不过，即便如此，科普活动的开幕式或启动仪式现场工作仍然十分重要。

科普活动开幕式或者启动仪式现场工作事务繁杂，需要重点注意的事项包括以下五方面。

（1）领导和来宾准时有序就位；
（2）观众提前有序就位；
（3）主持人彩排熟练，现场发挥需配合协调人的安排；
（4）音响、供电技术团队现场就位候责，及时排除故障；
（5）安保和急救人员就位，随时准备处理突发情况等。

### 三、活动现场的服务和管理

**（一）参观（参与）秩序管理**

展示类、体验类、综合类科普活动中，现场公众的参观（参与）秩序好坏会直接影响科普活动的效果。因此，营造、保持良好的参观（参与）秩序，是科普活动现场服务与管理的一项重要工作。这项工作的内容主要包括合理分配活动空间，合理规划参观路线，科学管理活动开放时间，制订应急预案应对人流量大、拥挤、混乱场面等内容。具体到实践工作层面，活动场地分配对活动项目受欢迎程度要有预见性；参与体验性较强的活动板块要分时段向公众开放，提前设计好参与方案并张贴；在公众聚集并有可能影响正常参观秩序的活动区域，安排专门人员进行引导和组织协调等。

**（二）讲解咨询服务**

观众在参观（参与）科普活动的过程中，可能会就具体的信息、知识等产生不解、疑问，也有可能对活动相关的话题有进一步了解的需求，还可能对活动现场提供的便利性设施等有咨询需求。这种现实需求决定了科普活动要向观众提供讲解与咨询服务。因此，科普活动现场实施要制订完备的讲解咨询人员配备方案，确保活动开放时段内有数量足够、能力胜任的讲解咨询人员为公众答疑解问。为了避免因多头任务导致的离岗情况的发生，讲解员最好不要兼任其他流动性、协调性工作。同时，理想状态下，科普活动讲解员除具备活动内容的专业讲解能力，也要对活动场地有充分了解，以备能解答公众针对科普活动场地、设施等方面提出的咨询。

## （三）展项、设施设备维修工作

各项设施设备稳定工作，各个展项及活动正常运行与开放，是科普活动向公众提供优质科普服务的重要指标。近年来，随着科普活动逐步开展，科普工作者和教育者已经意识到互动类活动内容最受公众欢迎。所以，现阶段的科普活动中，可亲身参与和动手体验的互动类展项在活动中占比例越来越大，已经成为新趋势。然而，科普工作者同时也注意到这样一个问题：由于部分公众对互动类展项的理解不到位导致操作方式不当，以及互动类展项参与率高等原因，导致互动类展项故障率居高不下。因此，在科普活动中，展项维修显得十分必要。及时、高效的展项维修能够不影响或尽量少影响公众正常参观和参与，而过高的展项故障率和不及时的维修服务很可能会造成公众对科普活动满意度下降并连带影响科普活动效果的发挥[163]。

## （四）安保与急救服务

科普活动现场的安全与保卫工作主要由保安人员来确保。通常情况下，保安的职责包括以下几方面：检查出入服务区域人员证件，登记出入车辆和物品；在服务区域内进行巡逻、守护、安全检查、报警监控；必要情况下，在活动场所对人员及其所携带物品进行安全检查，维护公共安全；及时制止发生在服务区内的违法犯罪行为，对制止无效的违法犯罪行为应当立即报警，同时采取措施保护现场[162]。

科普活动现场的急救服务最好由专业组织和专业人员提供。如果由于条件、经费等限制，无法调集专业组织和专业人员，也要确保有受过基本急救技巧训练的工作人员承担相应工作任务。如遇紧急情况发生，负责急救的工作人员须在第一时间赶到并做基本处理，随后对现场做出准确判断，视情况拨打120电话请求专业援助。

## （五）活动资料收集

在紧张而繁忙的科普活动现场实施过程中，现场资料收集工作不可忽视，更不能遗漏。在条件允许情况下，最好配备专人对活动全局及各分项活动进行拍照、录像等，并将所获资料制作成一张包含活动照片、新闻报道、电视广播、结果评估等各类信息的光盘。光盘可以发给所有工作人员、赞助者、参与者，还可以提供给未来希望建立合作关系的赞助者。完备的活动资料收集，一方面可以为活动组织者记录活动并提供新闻素材；另一方面，也便于作为档案留存，便于今后的总结、评判、学习和传播。

## 第四节　收尾阶段的工作内容与管理

科普活动收尾阶段的工作主要包括对活动现场人员的妥善安排、物资的妥善处理、活动总结和后期宣传四方面的工作。

### 一、人员安排

科普活动结束后，应安排合适人员礼送重要领导和来宾。迎送时间、交通工具等应该有预先准备。

公园、广场、校园等开放性公共场所开展的科普活动，活动结束时不涉及观众清场问题。封闭性活动场地，不论室内还是室外，都应该在活动结束前1小时左右开始谢绝观众入场，以便于活动结束时的收尾工作。同时，活动尾声阶段，可以通过广播等设备温馨提示观众加快参观速度，按时离场。尤其是室内活动场地，需要现场工作人员在活动结束时进行细致的清场，确保没有公众滞留现场。

### 二、物资管理

科普活动收尾阶段的物资管理工作包括物资清点和物资处置。物资清点工作主要针对的是固定设备、非消耗性科普资源等，如科普展品、电力设施、音响设备等。物资处置针对的主要是活动现场遗留的科普资源。物资处置的基本做法是：可循环使用的，妥善保管留待日后使用；不具有循环使用价值的需以节约环保的方式妥善处理，以减少对周围环境的影响。

### 三、活动总结

总结是推动工作前进的重要环节，是寻找工作规律的重要手段，也是培养、提高工作能力的重要途径。科普活动结束后及时进行工作总结十分必要。通常，科普活动的总结工作包括撰写总结材料和召开总结会议两项内容。

#### （一）撰写活动总结

科普活动总结属于工作总结。工作总结撰写没有固定模式，但有一个可遵循的套路。通常来讲，活动的工作总结至少应包括四部分：活动概述、主要成绩、经验提炼、问题分析。

1. 活动概述

这部分主要概述活动的背景、主旨、主题、时间、地点、内容、形式、实施过程，可按时间顺序概述，或按工作内容概述，字不宜多，简明扼要，点明就行。这段文字可以写成一个段落，是工作总结的开头语或导语，其内容应起到全文的总纲作用。

2. 主要成绩

这部分为成绩的概括，应该有条理、有顺序地摆数据、讲事实、作对比，把所开展活动的主要成绩展现出来。成绩描述要避免琐碎和面面俱到，不能写成流水账；应抓住主要成绩进行归纳。具体写作时，每条工作成绩开头要考虑一个小观点；在结构上，一条成绩一般为一个段落，如果是重大成绩，也可分为几个小段落，组成一个大段落或大的层次。成绩的叙述要用直述的表达方法，语言实实在在，少发议论，应当多用数据，多举事实。

3. 经验提炼

经验提炼需要在成绩描述的基础上向前再迈进一步。某种意义上来讲，经验源于成绩，但又高于成绩。成绩是实践的概括，而经验是把成绩上升到理性水平的认识。活动工作总结过程也是由感性认识上升到理性认识的过程。因此，写经验部分要很好地开动脑筋，把经验精华高度概括地提炼出来。

具体写作过程中，经验最好也要分条写。在若干条经验中，主要经验排第一，次要和再次要的经验按次序排后。重要经验应展开写并写深写细，次要经验可以浓缩、概括地写。

4. 问题分析

问题分析是科普活动工作总结的结尾部分。要把问题找准，并做深刻分析。分析问题要从主观和客观两个方面找原因。这部分文字不宜长，能写深刻即可。

（二）召开总结会议

一般情况下，小型科普活动较少召开总结会议，大、中型科普活动召开总结会议的较常见。同时，由于大型综合类科普活动往往有主办单位、承办单位、参与单位，因而总结会议通常也分两个层面。一个是承办单位和参与单位内部的总结会议，另一个是主办单位召集所有参与单位、承办单位召开的总结会议。

总结会议具有工作回顾、总结经验、表彰激励等作用。例如，某次大型科普活动成功举办后，主办方组织各有关单位召开了总结会议。会议上，参加活动筹备、组织实施的各个单位汇报了各自工作开展情况，并交流了活动组织、策划、筹备、实施过程中的成功经验，也提出了存在的问题。此外，总结会还为各项活动的承担单位颁发感谢信、荣誉证书等。通过总结会议，搭建了活动参与单位、组织之间的经验交流平台，对各单位今后开展活动起到示范、带动、促进作用，是一次提高和学习机会。与此同时，通过本次交流会，使活动单位与实施单位之间加强了沟通，增进了了解，为各单位今后的团队合作奠定了坚实的基础。

## 四、活动后期宣传

本章前面提到过，科普活动的宣传可以分活动之前、活动期间和结束后三个阶段进行，而且每个阶段的宣传都是必要的，都承载着不同的目标和任务。其中，活动结束后的宣传对于持续扩大活动的受众范围和社会影响作用很关键。

现阶段，经常可以看到一些大型科普活动往往开展的时候声势浩大，宣传集中，但活动结束之后就了无声息，很快淡出了公众视线。这样，既不利于科普活动效果的持续，也不利于科普活动品牌的宣传和树立。所以，科普活动结束后，宣传工作并不应该随之结束；相反，为了更好地扩大活动在社会上、系统内的影响，需要进一步策划宣传。

科普活动后期宣传需要纳入活动实施前期准备阶段的宣传计划，并预算相应经费。在经费等条件允许的情况下，活动结束后最好能再通过报纸、广播、互联网等做持续一定时间的专栏式宣传报道。这一时期宣传报道更主要的是对活动内容的总揽和深化，就观众感兴趣的话题做深度报道，并向公众告知进一步了解相关科学话题的渠道和途径。要通过专栏式的宣传报道，与读者、听众、网民等形成互动，从而扩大受益公众的范围，扩大活动的社会影响和知名度。应该说，活动结束后的宣传，完全可以成为科普活动惠及活动场外观众的另一个重要契机。

此外，活动组织者也可以通过网站等官方渠道在本系统内及时发布消息、新闻，对所开展活动的特色、效果等进行实事求是的、主动的宣传。这是科普活动组织在系统内树立形象、宣传成果的良好时机。

## 第五节　科普活动实施工作手册

举办一次科普活动，很难在策划设计阶段就将后期工作的每一个步骤明确下来，总会有一部分工作和细节在随之而来的实施阶段才能确定。因此，科普活动实施的组织工作浩繁、错综复杂、协调量大、任务重。为了促进工作，便于协调和管理，提升工作效率，科普工作者可以对科普活动实施各个阶段的工作任务进行详细划分，并制定科普活动实施工作手册。

应该说，科普活动实施工作手册不是专为组织实施过程制定的，它是一个涉及活动方方面面、全方位的管理手册。在科普工作实践中，已经有科普活动组织者在这方面做出了探索，提供了很好的范例。应该说，科普活动实施工作手册是近年来科普活动管理者实践工作经验的总结和智慧的结晶。它是科普活动实施过程的书面描述和流程表达，是非常有效的管理信息手段。

案例8呈现的是某科普活动实施工作手册的目录，供科普活动组织者和管理者在实践工作中借鉴和参考。

> **案例8**
>
> 　　　　　《×××调查体验活动工作手册》目录
>
> 　　第一章：项目简介（活动的徽标、活动背景、项目概述）
> 　　第二章：政策依据
> 　　第三章：活动宗旨
> 　　第四章：活动内容
> 　　第五章：组织流程
> 　　第六章：作品提交与网站平台管理
> 　　第七章：组织架构
> 　　第八章：活动模式及特点
> 　　第九章：经费支持

> 第十章：技术支撑
>
> 第十一章：参与方式与活动目标
>
> 第十二章：活动愿景
>
> **附件**
>
> 1. 关于开展×××调查体验活动的通知（五部委联合发文）
>
> 2. 关于做好×××调查体验活动有关工作的通知（×××青少中心发文）
>
> 3. 关于公布×××调查体验活动优秀组织奖评审结果的通知
>
> 4. 关于召开×××调查体验活动工作研讨会的通知
>
> 5. 省级优秀奖评比标准
>
> 6. 项目研讨会方案
>
> 7. 项目经费预算
>
> 8. 学生老师平台访问操作指南
>
> 9. 二级管理员操作指南
>
> 10. 一级管理员平台访问操作指南

从内容上看，科普活动实施工作手册超出了活动组织实施阶段，它是全方位的，涵盖整个活动的全过程。既有对活动的背景、目标、内容、形式、组织流程、操作规范、经费预算、技术支撑的介绍，也有配合活动实施下发的相关文件。从功能上看，科普活动实施工作手册既有活动实施方案的作用，也有培训教材的作用，是非常实用的一种科普活动管理工具。

因此，提倡科普活动工作者依照这个工作思路，进行科普活动实施工作手册的编制，用以提升活动组织实施的工作效率，促进科普工作效果的提升。

# 第六章 科普活动评估

本章基于社会干预项目评估的一般理论，结合大型科普活动效果评估的实践，介绍科普活动评估的概念、类型和功能，讨论科普活动评估的角度、指标体系和一般方法，并提供大型科普活动效果评估的案例。

## 第一节 科普活动评估的类型与社会功能

评估是现代管理的核心工具之一，已在国际上广泛应用于各个领域并形成评估产业[164]。20世纪80年代，评估被引入我国并最早用于房地产等经济领域的项目评估。至20世纪末，评估开始被运用到科学普及领域。当前，我国科普领域的评估主要体现在对科普项目绩效、组织机构科普能力、活动效果等的评价和测度。其中，科普活动经常作为科普项目来运行，科普活动效果的评估是科普项目评估中一项重要内容，也是一种典型的社会干预项目评估。

### 一、科普活动评估的概念

评估，简言之，就是对评估对象的评价和估量。评估是一种社会科学活动，涉及收集、分析、解释和沟通有关旨在改善社会环境的社会项目的实施和绩效[164]。科普活动评估，是运用科学的理论、方法和程序，从科普活动中收集信息与数据，并将其与整个活动目标和公众的需求联系起来，以判定科普活动的价值和质量的过程。

科普活动的评估一般涉及活动的策划设计、组织实施、效果影响等方面。开展评估能够对科普活动的绩效、管理水平、社会效益和可持续性等进行客观、公正的考核与评价，从而促进科普活动进一步提升管理水平以及效果和影响。

## 二、科普活动评估的类型

### （一）前期评估、过程评估和效果评估

科普活动是科普项目的主要类型之一，本质上是一种社会干预项目。对科普活动的评估也属于项目评估范畴。社会公共项目的评估从过程上可以分为三个阶段，即前期评估、过程评估和效果评估。因此，科普活动的评估从过程上也可以分为前期评估、过程评估和效果评估。

科普活动前期评估，是指科普活动正式实施前，针对项目的立项、策划、方案设计进行的可行性评估。前期评估，重在考察科普活动项目是否符合国家和社会的需要，是否符合公众的需求，科普活动内容的科学性、合理性，科普活动实施方案的可操作性等。前期评估就是要达到及时发现活动策划阶段可能存在的问题并据此及时修正目标。科普活动的前期评估可以由活动组织者和实施者自行开展，也可以委托外部专业机构和人士进行第三方评估。通常来讲，第三方评估的客观性更强。同时，前期评估以定性评价为主，需要基于充分调查研究的基础开展。

科普活动过程评估，是指在活动开始举办至完成前期间，在若干连续的时间节点上针对活动实施开展的评估。科普活动过程评估，重在考察实施过程执行的效果，包括实施的合理性、有效性、完整性等。科普活动过程评估具有实施全过程监测的功能，有助于及时诊断实施中的问题与不足，从而促进活动效果的提升，是有效的管理手段。活动过程评估定量研究与定性研究相结合，活动组织实施者可以自行开展，也可以委托第三方专业机构或者第三方人士进行外部评估。

科普活动效果评估，是针对举办科普活动产生的影响和成果的评价，包括科普活动对作为目标受众的人产生的影响和成果，对作为组织实施者的人或机构乃至行业产生的影响和成果，对活动所在地区及更广泛的全社会产生的影响和成果。所产生的影响和成果也是多方面的，其中，政治的、教育的、

文化的影响和成果是科普活动效果评估重点关注的方向。科普活动效果评估，就是对上述影响和成果的总括评价。科普活动组织者自身或者第三方机构都可以评估科普活动效果，但第三方评估相较于自评估而言更为客观。同样，科普活动效果评估也是定量与定性相结合的，委托第三方专业机构或者第三方人士进行外部评估能够获得更为客观的数据和结论。

### （二）内部评估、外部评估和参与式评估

根据评估者与被评估者之间的关系，科普活动评估可以分为内部评估（自我评估）、外部评估和参与式评估。

内部评估是由科普活动组织实施者自行开展的前期评估、过程评估或者效果评估。内部评估有自己的优点，包括评估成本较低、操作易行、评估者对项目各方面情况（过程、目标、内容、任务等）较为熟悉，有利于及时发现并解决问题。不过，相对外部评估而言，内部评估在客观性方面有一定的劣势。

外部评估是由科普活动实者以外的第三方专业机构开展的前期评估、过程评估和效果评估。由于第三方评估者与科普活动项目之间不存在直接的利益关系，更容易保证评估的客观性和公正性；同时，专业评估力量也更能保证评估的科学性与规范性。通常，外部评估不吸纳科普活动组织实施方人员参与评估工作。

参与式评估的出现源于对外部评估不足之处进行弥补的需求。由于外部评估的第三方立场，评估人员对科普活动了解不够、认识不深的问题一定程度上存在，有可能会导致评估的片面性。在这种前提下，外部评估会考虑吸收科普活动的组织者、实施者、参与者（特别是作为科普活动项目受益者的公众）参加到评估中来，于是就出现了参与式评估。参与式评估将内部评估与外部评估有机结合起来，扬长避短，有助于提升评估的客观性、全面性、科学性、规范性，有助于提高评估工作的质量和水准。

### （三）综合评估和专题评估

根据评估对象、评估任务和评估目的的不同，可以将科普活动评估分为综合评估和专题评估。综合评估和专题评估是相对的概念，都可以从多重角度来认识。

其一，可以从评估任务层面理解。相对于科普活动项目从策划、组织实施到科普效果的全面评估而言，前期的可行性评估、中期的过程评估和后期

的效果评估分别就是专题评估。反过来讲，相对于着眼科普活动对目标人群科学素养产生的影响的评估而言，对科普活动社会影响、宣传效应、科普效果等全方位的效果评估又是综合评估了。

其二，可以从评估对象层面理解。相对于某次科普活动全部内容的评估而言，对其中某一项活动的评估就是专题评估。例如，某次全国科普日活动评估工作中，既包括对整个主场活动全部内容的综合评估，又包括对其中一个"节能减排"主题展览的专题评估。

### 三、科普活动评估的功能

任何一项科普活动的开展和实现，都要动用一定的社会资源。统计数据表明，我国每年用于科普活动支出的经费一直占当年科普经费支出的一半以上（表2-3）。通过科普活动传播科学技术知识，提高公众的科学文化素质，是科普活动组织者的良好愿望。但是，科普活动的效果是否理想，是否真正回应了公众对科学、技术与社会理解的实际需求，是否实现了活动的既定目标，却不因组织者的初衷而定。那么，如何检验科普活动的效果？如何发现和诊断科普活动中存在的不足和问题？又应该如何进一步提升科普活动的质量？这些问题的解决，都需要开展适时的评估工作。对科普活动开展评估，有助于促使科普活动的相关决策、资源整合、组织实施更加优化，促进科普活动的可持续发展。可以说，评估是优化科普活动管理的核心工具。

开展科普活动评估是世界各国科学传播中普遍采用的手段和方式，许多国家的政府机构和科学组织都非常重视科普活动的评估。例如，在英国，政府资助的重大科普活动通常都会委托评估机构进行评估，自1994年起基本上每年都会对举办的科学节进行效果评估，英国公众理解科学委员会为此还专门编写了关于如何评估科学节的小册子，指导科普执行机构开展评估工作[131]。英国科学促进会也非常重视科学节效果评估，2005年以来，英国科学促进会每年都会委托专业的评估公司对科学节进行总结性评估，并且出具规范完整的评估报告[165]。德国政府和科学界自2000年以来每年都举办不同主题的科学年，如物理科学年、生命科学年、地球科学年、化学科学年、爱因斯坦年、技术年等，每年都有一份比较详尽的评估报告。再如，美国通过"庆祝爱因斯坦节日"活动，在其北部、南部和中部不同地点举办了三个庆祝爱因斯坦节日活动，关注和了解参与者对科学的兴趣和参加科学艺术活动的意愿，并在一个地点采访一部分与会者，评估该节日的影响[44]。

进入21世纪以来，随着科学普及事业的发展和公民科学素质提升工作的推进，我国科普活动经费投入不断增加，科普活动开展日益频繁，受众人群不断扩大。与此同时，科普活动评估也逐步得到重视而被提上日程，并取得发展。一些有影响的品牌科普活动开始开展常态化评估工作，如全国科普日、北京科学嘉年华、全国高校科学营、全国防灾减灾日等。以全国科普日活动为例，自2007年至今每年都对北京主场活动开展评估。例如，中国科普研究所2010年对北京某中学354名高中一年级学生观众进行实验调查，调查结果表明，活动较好地实现了预期目标；同时，评估也揭示了公众对互动展品通俗易懂性的需求，体现出活动策划设计阶段公众需求调研的功效；2011年的评估体现公众对活动进社区、下基层的呼声等。评估获取的数据和信息成为活动组织者优化活动管理的重要依据。

总之，科普活动评估的功能可以概括为评价功能、纠错功能、激励功能、导向功能。更具体地讲，科普活动评估能够强化科普活动项目的绩效与效果观念；便于将科普活动中存在的问题界定清楚，将原来隐藏在冰山之下的问题凸显出来，推动管理者去寻找解决问题的方法，最终达到改善的目的；能够促进科普活动教育功能的提升，对提高整个社会的科普能力、推进公民科学素质建设都有重要意义。

近年来，"淡化结果，注重改进"的理念开始引入并应用到科普活动及其评估之中。在实现效果评价的基础上，科普活动评估更进一步追求实现诊断问题、谋求改进的功能，因而更能体现其塑造性价值，更有利于科普活动的可持续健康发展。例如，英国科学节在其效果评估工作中，就十分注意对项目是否产生了效果、效果是如何产生的、还有哪些不足、为什么会存在这些不足等进行分析和诊断，并提出相应的改进措施。这样的评估对科学节的管理机构来说，无疑具有非常重要的价值，能够帮助管理机构和资助机构掌握科学节的经验教训，使未来的同类活动日臻完善，确保这类活动可持续发展。

## 第二节　科普活动效果评估

### 一、科普活动效果及其评估

科普活动效果有广义与狭义之分。狭义的效果专指公众参加科普活动所接受到的影响；而广义的科普活动效果，除了体现在作为目标人群的受众身上之外，还体现在科学传播者身上，体现在对行业、地区和整个社会的影响上。

本节要讨论的科普活动效果是广义的，体现为科普活动组织实施的有效性，对受众、组织服务人员和机构产生的影响，科普活动自身品牌建设的效果，以及对社会政治、经济、文化等方面的直接和间接影响。因此，科普活动效果评估就是对上述几方面内容的综合评估。实际上，本节讨论的科普活动效果评估，包含了本章第一节讲到的科普活动过程评估的一部分内容，或者可以称为过程——效果评估。之所以这样处理，是因为科普活动的效果直接受其组织实施效果的影响，因而在评估实践中，过程评估与效果评估本身就是交叉的，难以截然分开。但为了方便讨论，这里仍使用科普活动效果评估的提法。

### 二、科普活动效果评估规划与实施

评估是一门实践性很强的工作。科普活动的效果评估是一个概念，更是一项实践工作。

科普活动效果评估的实施始于评估规划。评估规划就是通过周密的前期准备，使评估能够适应科普活动的环境，能够为指定的问题提供可信的、有效的解决方法。美国学者彼得·罗希等认为，评估规划一般围绕三个主题构建：首先是评估要解决的问题，其次是解决这些问题所运用的方法和程序，最后是评估者与项目各方关系的性质[164]。那么，构建一项科普活动评估规划要围绕的主题相应地就体现为：科普活动组织方赋予评估的使命，也就是评估目的；评估科普活动所要采用的方法和措施；评估方与科普活动组织方之间协作、配合的工作机制，也就是评估可利用的人事资源。将科普活动效果评估的方案付诸实际的过程，就是科普活动效果评估的实践过程。本节将详细介绍科普活动效果评估的规划与实施的基本流程。

### （一）评估规划

科普活动效果评估的规划可以分四个步骤，如图 6-1 所示。

**明确评估目的** → **构建评估指标体系** → **选择评估角度和方法** → **开发评估工具**

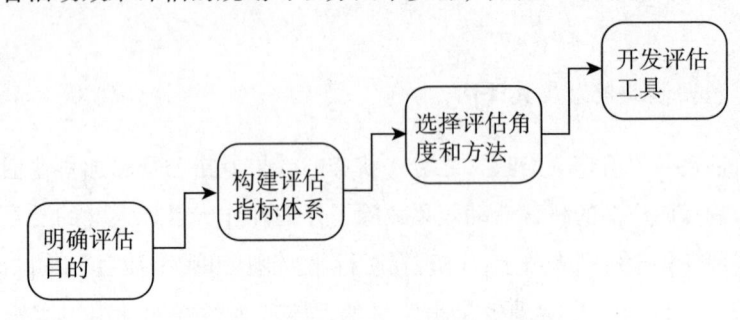

**图 6-1　科普活动效果评估规划**

1. 明确评估目的

一般来说，发起评估的目的或是为改进项目而向管理者和主办方提供反馈意见；或是为向决策者就项目是否有效作出证明，为活动的投入产出作出描述；或是为某种社会干预方式的知识积累做出贡献[164]。科普活动评估的意义也在于此中。但是，一项具体的科普活动评估要承载哪些使命，实现怎样的目的，一般要由科普活动组织方，通常也是评估的委托一方来确定。评估目的的确定，通常要基于科普活动的目标及科普活动组织者的工作需求。案例 1 是某次"节约水资源"主题科普活动的评估目的。

---

**案例 1**

**某次"节约水资源"主题科普活动的评估目的**

1. 了解社会公众对活动策划设计、组织实施的满意度和评价。
2. 测度活动对参与公众在与"节水、爱水"相关的知识、态度、行为方面产生的积极影响。
3. 测度活动的社会影响。
4. 了解科普志愿者队伍参与活动的收获。
5. 采集公众、专家、组织及服务者对活动今后改进和提升的意见与建议。

（1）基于活动目标

效果评估的根本目的是检验科普活动是否取得了预期效果，是否实现了既定目标。因此，确定评估目的首先要充分考虑科普活动的目标。科普活动的目标制定得越具体，评估目标也就越容易具体。例如，某科普活动制定了这样的目标：

1）公众参与人数逐年递增5%；

2）公众对活动的满意度超过85%；

3）对90%的活动组织者提供有效的服务支持。

科普活动评估目的确定如果能基于这样详细、明确的活动目标，科普活动评估才有可能详细、具体、有指向性。

（2）结合工作需求

评估是科普活动项目实施整体工作中的一个环节，是服务于活动项目管理的工具。确定评估目的，除了要结合活动目标之外，还要充分考虑活动组织方工作层面的需求。开展评估，可能是为了与上年工作进行比较，可能是为了给经费资助方提供效果反馈，也可能更注重发现问题并不断改进，抑或是上述目标兼而有之。总之，评估的目标确定需要结合工作需求。此外，活动组织方一般都比较关注当年活动中的创新点和新举措的效果，因此，在评估中需要对其加以特殊的关注。

2. 构建评估指标体系

指标体系法是科普活动评估中经常采用的方法。科普活动评估指标体系的确定一方面要基于科普活动的属性，另一方面要服务于评估目的的实现。评估指标体系是一项评估的技术框架，也是理论框架。因此，构建评估指标体系是关键步骤，也是一项系统的工作。此部分内容在本章第三节详细阐述。

3. 选择评估角度和方法

从不同的角度着手评估，获取的数据与信息是不同的。一般来说，科普活动评估可以从四个角度入手，即公众、组织及服务者、专家、媒体宣传。这四个角度的评估功能不同，具体的研究方法也有区别。有关评估角度和评估方法，在本章第四节详细阐述。

4. 开发评估工具

评估工具是指在科普活动效果评估执行过程中使用的各类调查研究手段，主要包括调查问卷、访谈提纲、观察提纲、评定表格等。不管哪种类型的调查研究手段，它的制定和开发都要紧扣评估指标体系，是评估指标的具体化实现。

**（二）评估实施**

科普活动效果评估的实施可以分五个步骤进行，如图6-2所示。

评估队伍组建 → 执行团队培训 → 评估工作执行 → 评估数据分析 → 评估报告撰写

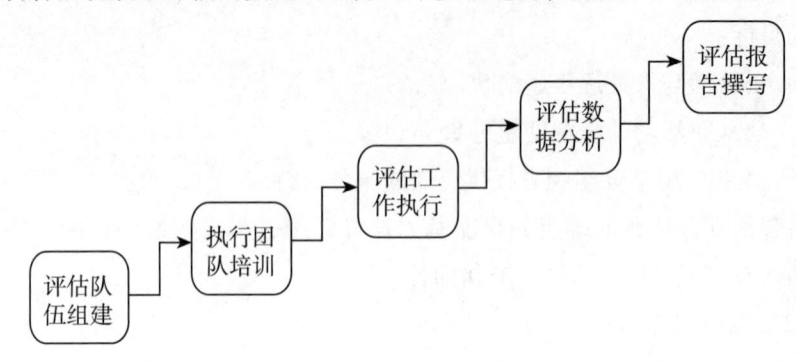

**图6-2　科普活动效果评估实施步骤**

1. 组建评估队伍

从分工角度讲，科普活动效果评估的团队由研究团队和执行团队组成。研究团队负责根据评估目标研究制订评估方案、设计指标体系、开发评估工具、制订调查研究方案等，是评估的总设计者；执行团队主要负责调查评估人员，负责具体执行问卷调查、访谈、观察记录、媒体监测等活动现场及场外的评估工作。在实际工作中，研究团队和执行团队可以由同一团队来担任，也可以分工开展工作。科普活动效果评估研究团队应该由科普领域、评估领域具有一定研究能力的人员组成；执行团队应该由具有一定社会调查经验的人员组成。

2. 执行团队培训

评估工作执行前，有必要对调查评估人员进行培训。通常，培训主要针对开展问卷调查员、访谈员、观察记录员，以及现场打分的专家等人员进行。培训内容包括两方面：一是对所评估科普活动的全方位介绍，加深评估人员对评估对象的认识和理解；二是对评估目的、评估工具的解读，对调查方法和技巧的训练。对评估调查人员进行有效的培训是确保评估质量的重要因素。理想的培训者应是直接参与科普活动评估研究的、具有丰富社会调查经验的人员。

3. 评估工作执行

评估执行是指在科普活动开展同期或活动开展前、后的特定时间点或时间段，依据既定评估方案实际开展调查评估工作的过程。评估执行阶段要确保评估按照预定方案有效执行，确保评估的时间、样本、过程、方法等符合预定方案。

（1）评估时间与地点

尽量选择没有外界干扰因素的时间段开展调查评估工作。例如，应避开领导视察时段，避开活动尾声和撤展阶段，并且，不宜选择活动刚一开始的时段。理想状态下，科普活动效果评估的被访公众须是充分参与被评估的科普活动、自愿受访的人；被访的组织及服务者也应是实际参与活动组织实施的工作人员。

针对公众的问卷调查分直接调查和间接调查。间接问卷调查通常通过网络、电话、邮件等手段开展，不涉及评估地点问题；而直接问卷调查则主要在活动现场进行，偶尔也有在观众所在的单位、学校开展的情况。个人访谈主要在活动现场开展，访谈场所随机性较大，而小组访谈则一般需要会议室等固定的场所。观察法评估则需要在科普活动现场开展。

（2）抽样调查

抽样，又称取样，就是从组成某个总体的所有元素的集合中按一定方式选择或抽取样本的过程。科普活动评估中，问卷调查、访谈的目的并不只是为了了解受访样本，更是要通过样本来推断科普活动观众、组织及服务者总体的情况。因此，在科普活动效果评估中，问卷调查、访谈、观察法的调查样本选择很大程度地决定了评估的有效性，影响着评估的质量。

根据抽取对象的具体方式，抽样方法可以分为两大类：概率抽样和非概率抽样。概率抽样又称作随机抽样，即遵循随机化原则的抽样。概率抽样不受研究者或抽样者任何人为因素影响，按随机抽样的方式抽样，使总体中的每一元素被抽取的机会是均等的，即有同等被抽中的可能性。概率抽样方法大致可以分为简单随机抽样、系统抽样、分层抽样、整群抽样和多阶段抽样五种基本类型。非概率抽样又称非随机抽样，即主要根据研究者主观意愿、是否方便等因素来抽取样本。根据非概率抽样得到的样本往往难以保证样本的代表性。非概率抽样方法又可以分为偶遇抽样、判断抽样、定额抽样、滚雪球抽样四种基本类型[166]。

科普活动效果评估在选择调查样本时，当然要以概率抽样为追求目标。因为使用概率抽样能够比较精确地给出样本的抽样误差，能够在相当大程度上确定样本对总体的代表性。然而，在科普活动评估实际开展过程中，概率抽样设计经常会因为观众的流动性、不确定性、不合作等因素打破。因此，非概率抽样被经常采用。非概率抽样的代表性与概率抽样不可比拟，但是也具有操作简便、统计简便等特点，对于帮助了解总体有益。

表6-1是对各种抽样方法的简介[166]。

**表6-1 各种抽样方法简介**

| 抽样方法 | | 定　　义 |
|---|---|---|
| 概率抽样 | 简单随机抽样 | 又称纯随机抽样，按等概率原则直接从含有 $N$ 个元素的群体内随机抽取 $n$ 个元素组成样本（$N>n$） |
| | 系统抽样 | 又称机械抽样或等距抽样，即先将总体的每个单位（元素）按某一顺序进行编号，再计算出某种间隔，然后按照规定的间隔抽取一个单位（元素）并组成样本的方法 |
| | 分层抽样 | 又称分类抽样或分组抽样，即先按对观察指标影响较大的某种特征，将总体分为若干个类型或层次，再从各个类型或层次内随机抽取（简单随机抽样或系统抽样）一定数量的观察单位，合起来组成样本 |
| | 整群抽样 | 又称集体抽样，即从总体中随机抽取（简单随机抽样或系统抽样）一些小的群体，然后由所抽出的若干个小群体内（如家庭、班级、车间、居委会、社区等）的所有元素构成样本 |
| | 多阶段抽样 | 又称多级抽样或分段抽样，即按抽样元素的隶属关系或层次关系，把抽样过程分为几个阶段进行。具体做法是：先从总体中随机抽取若干大群（组），然后再从这几个大群（组）内抽取几个小群（组），这样层层抽下来，直至抽到最基本的元素构成样本为止 |
| 非概率抽样 | 偶遇抽样 | 又称方便抽样或自然抽样，是指调查者根据现实情况，在一定时间、一定环境里，根据自己的方便，任意抽取偶然遇到的人或者选择那些离自己最近、最容易找到的人作为样本 |
| | 判断抽样 | 又称主观抽样或立意抽样，是指调查者根据研究的目标和自己的主观分析来选择和确定样本的方法 |
| | 定额抽样 | 又称配额抽样，是指调查者首先确定所要抽取样本的数量，再按照一定的标准和比例分配样本，然后从符合标准的对象中任意地抽取样本 |
| | 滚雪球抽样 | 是指先找少量的甚至个别的调查对象进行访问，然后通过他们再去寻找新的调查对象 |

4. 评估数据分析

通过问卷调查、访谈、观察、数据填报等一系列方法获得的各类信息，可以统称为评估数据，常以数量的形式给出，当然也包括定性的非数量描述信息。对评估数据分析，目的是把隐没在一大批杂乱无章的数据中的信息集中、萃取和提炼出来，以找出所研究对象的内在规律。目前，数据分析通常采用 SPSS、EXCEL 等工具进行。

5. 评估报告撰写

评估报告是评估成果的集中体现，一般由总报告和分报告组成。总报告提纲挈领地呈现评估的目的、方法、角度、过程及数据和结论。分报告则可以依照评估角度撰写，或依照评估对象不同分别报告。评估报告的撰写要求为立场客观、观点明确、数据翔实，以简练、精确为宜。

## 第三节 科普活动效果评估指标体系

通过对特定指标进行测度和考量，并将结果与相应指标的既定目标对比得出结论，这是评估的基本做法。科普活动效果是一个复杂的体系，需要构建指标体系加以系统地表现和评估。因此，评估科普活动效果，需要在建构主义理论指导下，架构由若干层级、若干数量、彼此有内在联系的指标组成的指标体系[167]。

### 一、科普活动效果评估指标体系构建

**（一）评估指标体系确定的关联因素**

建立评估指标体系要以评估对象的基本属性为基础[168]。构建科普活动效果评估指标体系，首先要考虑科普活动的社会性、教育性、公益性。社会性决定其效果评估要体现公众的主体地位，要体现公众的认可程度；教育性决定其效果评估要反映公众对这种社会干预效果的反馈；公益性决定其效果评估要体现对社会公众的惠及能力与效果。

科普活动效果评估指标体系的构建，同时要遵循项目评估指标及指标体系构建的基本原则：一是要立足科普活动所设立的既定目标；二是要兼顾评估目的；三是评估指标要具有可操作性与可实现性，即数据可获得性和获得

数据的经济性。

### （二）评估指标体系生成技术路线

科普活动评估指标体系生成需要经过设计、筛选、确定三个过程。首先，通过专家咨询、组内研讨、实地调研等途径研究科普活动的属性，在此基础上初步设计若干指标。这些指标要涵盖活动目标、评估目的，要体现公众主体地位。随后，用各种社会调查方法收集数据，并根据数据的可获得情况和获得数据以后的指标相关性分析，删除那些数据不易获得和存在强相关的指标，最终筛选和确定评估指标体系。

## 二、评估指标体系解析

基于中国科普研究所对全国科普日北京主场活动、全国科技周北京主场活动的评估实践，构建了科普活动效果评估的指标体系（表6-2）。该表中同时呈现了各项评估指标的评估角度与评估方法。

表6-2 科普活动效果评估指标体系、角度与方法

| 评估指标 | | | 评估角度 | 评估方法 |
|---|---|---|---|---|
| 一级指标 | 二级指标 | 三级指标 | | |
| 策划与设计 | 主题 | 时代性 | 专家 | 访谈评分 |
| | | 感召力 | | |
| | 内容 | 科学性 | 公众<br>组织与服务者<br>专家 | 问卷调查<br>访谈 |
| | | 贴近公众性 | | |
| | | 丰富性 | | |
| | | 通俗性 | | |
| | | 兴趣 | | |
| | | 公众偏好 | | |
| | 形式 | 多样性 | | |
| | | 吸引力 | | |
| | | 适合性 | | |
| | | 公众偏好 | | |

续表

| 评估指标 一级指标 | 评估指标 二级指标 | 评估指标 三级指标 | 评估角度 | 评估方法 |
|---|---|---|---|---|
| 宣传与知晓 | 媒体报道 | 渠道 | 宣传 | 统计<br>媒体报道监测<br>问卷调查<br>访谈 |
| 宣传与知晓 | 媒体报道 | 数量 | 宣传 | 统计<br>媒体报道监测<br>问卷调查<br>访谈 |
| 宣传与知晓 | 媒体报道 | 深度 | 宣传 | 统计<br>媒体报道监测<br>问卷调查<br>访谈 |
| 宣传与知晓 | 非媒体宣传 | 渠道 | 宣传 | 统计<br>媒体报道监测<br>问卷调查<br>访谈 |
| 宣传与知晓 | 非媒体宣传 | 数量 | 宣传 | 统计<br>媒体报道监测<br>问卷调查<br>访谈 |
| 组织与实施 | 安保 | 设施 | 专家<br>公众<br>组织与服务者 | 数据填报<br>问卷调查<br>访谈<br>评分<br>观察 |
| 组织与实施 | 安保 | 人员 | 专家<br>公众<br>组织与服务者 | 数据填报<br>问卷调查<br>访谈<br>评分<br>观察 |
| 组织与实施 | 讲解咨询 | 态度 | 专家<br>公众<br>组织与服务者 | 数据填报<br>问卷调查<br>访谈<br>评分<br>观察 |
| 组织与实施 | 讲解咨询 | 能力 | 专家<br>公众<br>组织与服务者 | 数据填报<br>问卷调查<br>访谈<br>评分<br>观察 |
| 组织与实施 | 讲解咨询 | 充足性 | 专家<br>公众<br>组织与服务者 | 数据填报<br>问卷调查<br>访谈<br>评分<br>观察 |
| 组织与实施 | 展项与活动 | 展项完好率 | 专家<br>公众<br>组织与服务者 | 数据填报<br>问卷调查<br>访谈<br>评分<br>观察 |
| 组织与实施 | 展项与活动 | 活动正常开展率 | 专家<br>公众<br>组织与服务者 | 数据填报<br>问卷调查<br>访谈<br>评分<br>观察 |
| 组织与实施 | 现场秩序 | 布局合理性 | 专家<br>公众<br>组织与服务者 | 数据填报<br>问卷调查<br>访谈<br>评分<br>观察 |
| 组织与实施 | 现场秩序 | 有序参与性 | 专家<br>公众<br>组织与服务者 | 数据填报<br>问卷调查<br>访谈<br>评分<br>观察 |
| 组织与实施 | 场地与时间 | 交通便利性 | 专家<br>公众<br>组织与服务者 | 数据填报<br>问卷调查<br>访谈<br>评分<br>观察 |
| 组织与实施 | 场地与时间 | 设施便利性 | 专家<br>公众<br>组织与服务者 | 数据填报<br>问卷调查<br>访谈<br>评分<br>观察 |
| 组织与实施 | 场地与时间 | 时间便利性 | 专家<br>公众<br>组织与服务者 | 数据填报<br>问卷调查<br>访谈<br>评分<br>观察 |
| 影响与效果 | 社会影响 | 社会知晓度 | 公众 | 问卷调查<br>访谈 |
| 影响与效果 | 社会影响 | 公众满意度 | 公众 | 问卷调查<br>访谈 |
| 影响与效果 | 科学传播效果 | 知识影响 | 公众 | 问卷调查<br>访谈 |
| 影响与效果 | 科学传播效果 | 情感影响 | 公众 | 问卷调查<br>访谈 |
| 影响与效果 | 科学传播效果 | 态度影响 | 公众 | 问卷调查<br>访谈 |
| 影响与效果 | 科普能力提升效果 | 社会动员 | 组织与服务者 | 问卷调查<br>访谈 |
| 影响与效果 | 科普能力提升效果 | 队伍建设 | 组织与服务者 | 问卷调查<br>访谈 |

整个评估指标体系分为 3 个层级，包括 4 个一级指标、13 个二级指标和 36 个三级指标。下面进行解释说明。

## （一）一级指标

一级指标4个，分别是策划与设计、宣传与知晓、组织与实施、影响与效果，它们涵盖了一次大型科普活动的各阶段。关注大型科普活动前期策划设计工作的效果检验，是这个效果评估框架的特点之一。

## （二）二级指标

二级指标是对一级指标的进一步解释，也是一级指标的组成部分。

"策划与设计"下设"主题、内容、形式"3个二级指标，重在考察一次大型科普活动策划设计的整体水平。需要指出的是，在"内容"和"形式"指标中设计"公众偏好"三级指标，是为了解公众最欢迎的科普活动内容与形式，作为日后改进工作的参考依据。"宣传与知晓"下设"媒体报道、非媒体宣传"2个二级指标，是对一次大型科普活动的各种宣传、营销工作及其效果的综合评估。"组织与实施"下设"安保、讲解咨询、展项与活动、现场秩序、场地与时间"5个二级指标，是要评估一次大型科普活动为现场参与公众提供的科普服务及与之相关的必要保障的有效性。"影响与效果"下设"社会影响、科学传播效果、科普能力提升效果"3个二级指标，是评估开展一次大型科普活动能够对社会、公众、科普队伍所产生的积极影响。

## （三）三级指标

表6-3是对科普活动效果评估指标体系三级指标的说明。

**表6-3　科普活动效果评估指标体系三级指标说明**

| 三级指标 | 说　　明 |
| --- | --- |
| 时代性 | 活动主题与社会经济发展和时代要求的贴切性 |
| 感召力 | 活动主题唤起公众认同感与参与意识的感染力和号召力 |
| 科学性 | 活动内容所涉及的概念、原理、定义和论证等内容的叙述是否清楚、确切，历史事实、任务，以及图表、数据、公式、符号、单位、专业术语和参考文献写得是否准确，或者前后是否一致等 |
| 贴近公众性 | 活动内容与公众生活、工作的关联性 |
| 丰富性 | 与活动主题对应的活动内容的广度和全面性 |
| 通俗性 | 活动内容符合公众的理解、接受能力的程度 |
| 兴趣 | 活动内容与公众兴趣的契合性 |
| 公众偏好（内容） | 公众优先喜爱的活动内容 |

续表

| 三级指标 | 说　　明 |
| --- | --- |
| 多样性 | 活动形式不单调 |
| 吸引力 | 活动形式吸引公众的程度和能力 |
| 适合性 | 活动中所包含的活动形式满足不同人群喜好的能力 |
| 公众偏好（形式） | 公众优先喜爱的活动形式 |
| 报道渠道 | 发布活动相关报道媒体类别 |
| 报道数量 | 媒体发布活动相关报道数量 |
| 报道深度 | 媒体报道活动方式与深度 |
| 宣传渠道 | 非媒体渠道宣传方式类别 |
| 宣传数量 | 非媒体宣传次数或数量 |
| 安全设施 | 活动所配备的安全设施的完好性与充足性 |
| 保卫人员 | 活动所配备的安保人员在岗率与充足性 |
| 服务态度 | 活动现场讲解咨询工作人员服务是否热情、主动、友好、平等 |
| 服务能力 | 活动现场负责讲解、咨询的工作人员为公众答疑解惑的能力 |
| 充足性 | 活动现场讲解咨询工作人员数量与岗位分配的充足性 |
| 展项完好率 | 现场活动中完好运行展项与全部展项数量之比 |
| 活动正常开展率 | 现场活动中正常开展的分项活动与全部分项活动数量之比 |
| 布局合理性 | 活动现场各分项活动空间、布局适应活动自身需求并方便公众参与的程度 |
| 有序参与性 | 公众参观参与活动的有序性 |
| 交通便利性 | 活动场地周边交通的便利性，是否方便公众前往 |
| 设施便利性 | 活动场地休息、卫生等必备设施的便利性 |
| 时间便利性 | 活动时间与目标人群可能参与时间的匹配程度 |
| 社会知晓度 | 活动所在地区知晓活动的居民与全体居民数量之比 |
| 公众满意度 | 参与公众对活动的总体满意度评价 |
| 知识影响 | 公众通过参与活动在科学知识、技术等方面发生的变化 |
| 情感影响 | 公众通过参与活动在科学情感方面发生的变化 |
| 态度影响 | 公众通过参与活动在科学态度、理念方面发生的变化 |
| 社会动员 | 活动动员社会力量参与科普工作的效果 |
| 队伍建设 | 科普活动组织者、科普志愿者等通过参加活动在业务能力上的提升 |

本章呈现的科普活动效果评估指标体系是一种在经费、人员等各项支撑条件完备情况下的理想评估方式。在实际评估中，评估的角度与指标可根据评估目的、经费、人员情况进行选用和调整。最后要说明的是，评估目的是优化管理，促进科普活动可持续发展。因此，通过评估形成的结论、建议需要及时反馈给科普活动主办者及相关利益方，以供今后的决策、实践层面进行参考。

## 第四节　科普活动效果评估常用角度和方法

### 一、评估角度

科普活动效果评估需要定性描述，也需要定量分析。多元的评估角度与评估方法可以确保评估中定量与定性的有机结合。在本章第三节介绍的科普活动效果评估框架中，评估角度指评估指标对应的视角。对大型科普活动而言，公众、组织与服务者、专家和宣传是通常要考虑的评估角度。评估指标不同、角度不同，选用的评估方法也有差异（表6-2）。

#### （一）公众角度

公众是科普活动的直接服务对象。一方面，公众能够根据亲身经历与体验，对活动的主题、内容、形式等前期策划，服务、设施、秩序等实施过程的实现效果做出最直接的评价；另一方面，科普活动的科学传播效果是直接体现在公众身上的。因此，公众角度是大型科普活动效果评估中最关键的角度。如表6-2所示，公众角度经常使用的评估方法包括问卷调查、访谈和观察记录等。

#### （二）组织与服务者角度

组织者与服务者在大型科普活动中具有多重身份。首先，他们是活动组织者，他们亲历活动全程，所掌握的有些信息是公众等其他角度所不具备的。因此，从组织者与服务者角度审视活动组织与实施过程的有效性与合理性，实际上也是一个自我评估过程。其次，组织与服务者作为科普工作人员，还是科普活动的另一个直接受益群体，通过评估可以了解活动对他们产生的影响。最后，通过这个角度评估，还可以得到组织与服务者眼中公众参与活动的形象。组织与服务者角度的评估数据与结论，往往能与公众角度、专家角度评估得到的数据进行对照，互相佐证，从而增强评估的客观性与自我纠正能力。组织与服务者角度评估经常采用问卷调查法、访谈法和数据分析法等。

### （三）专家角度

科普活动本身与教育学、传播学密切相关，活动主题往往涉及一个或多个自然科学领域，活动实施也与公共安全领域相关。因此，组织相关领域的专家进行现场观摩与评估，可以获得更专业的评价信息。专家角度评价与判断也能与公众角度、组织与服务者角度评估数据进行对照，互相佐证，同时也是活动今后改进和提高的重要根据与对策来源。专家角度评估通常采用的方法包括现场参观活动并打分和场外集体访谈等。

### （四）宣传角度

大型科普活动既是实实在在的现场活动，也是一个科普宣传社会平台。因此，增加活动的社会知晓度，营造科普的整体社会氛围，扩大活动受益面，同样是活动目标所在。从这个意义上说，对活动的宣传和报道效果进行检验也十分必要，可以形成日后宣传工作改进的依据。宣传角度评估通常采用的方法包括文献分析法、媒体报道监测法、问卷调查法、访谈法、统计法等。其中，媒体报道监测法主要利用现代电子专用设备系统和统计软件，对媒体新闻报道和广告宣传片进行实时跟踪与监测。该方法是国际上近年比较流行和公认的，可以通过与专业舆情调查公司合作来实现。

## 二、评估方法

科普活动效果评估中常用的社会调查方法包括问卷调查法、访谈法、观察法、数据分析法、专家打分法等。下面进行详细介绍。

### （一）问卷调查法

问卷调查法也称问卷法，它是调查者运用统一设计的问卷向被选取的调查对象了解情况或征询意见的调查方法。根据资料收集方式不同，问卷调查可以分为自填问卷调查和访问问卷调查。其中，访问问卷调查又可以分为直接访问问卷调查和间接访问问卷调查。

1. 问卷设计的原则

问卷设计是整个问卷调查过程中举足轻重的一环，问卷设计的水平和质量直接影响整个问卷调查研究工作的成果。问卷设计有一定的原则可遵循。首先，要以明确的理论框架为指导，缺乏理论指导的问卷目的性会打折扣；其次，要站在被调查者的立场设计问卷，确保问卷能被被调查者理解、记住，确保被调查者愿意配合调查并能够清晰表达;最后,问卷设计要保证信度和效度。

2. 问卷设计的方法

一份科普活动效果评估的调查问卷,在结构上包括标题、封面信、导语、问题和答案、编码等要素。问卷设计通常要经过如下几个步骤:前期研究——初稿设计——预调查——修改——排版定稿。问卷设计过程中,要做到标题概括性强,封面信言简意赅、说服能力强,导语详细周到,问题必要、无倾向性、表达明晰、与被访者的理解一致;答案完备、相互无交集、与被访者客观情况相符,排序有条理、有逻辑,文字无误。案例2是某次科学节活动公众调查问卷。

---

**案例 2**

### 某次科学节活动公众调查问卷

您好!欢迎您参加本次科学节活动。我们想了解您对活动的评价和建议,便于今后科普活动的提升和改进!调查不记名!感谢您的配合!

**Q1. 您是专程来参加这次活动的吗?[单选]**

1. 是     2. 不是 [选此项直接答题 Q3]

**Q2. 您专程来参加这次活动的主要原因是什么?[可选 1—3 项]**

1. 单位(学校/社区)组织来参观
2. 对这个活动感兴趣
3. 对这个活动感到好奇
4. 离我工作(生活)的地方比较近
5. 活动的宣传吸引了我
6. 听别人说这个活动很好
7. 其他(请注明)_____

**Q3. 您是通过什么渠道知道本次活动的?[多选]**

1. 报刊          2. 微信
3. 微博          4. 亲友
5. 广播          6. 网站
7. 电视          8. 路过(看到场地附近的宣传)

9. 赠票　　　　　　　10. 其他（请注明）

**Q4.** 您喜欢本次活动吗？[单选]

　　1. 喜欢　　　　　　2. 一般

　　3. 不喜欢　　　　　4. 不确定

**Q5.** 您对本次活动的总体满意度如何（5 分代表评价最高，1 分代表评价最低）？[单选]

　　1. 5 分　　　　　　2. 4 分

　　3. 3 分　　　　　　4. 2 分

　　5. 1 分

**Q6.** 您觉得这次活动内容丰富吗？[单选]

　　1. 丰富　　　　　　2. 一般

　　3. 不丰富　　　　　4. 不确定

**Q7.** 活动中的内容，有多少是您以前从来不知道或没接触过的？[单选]

　　1. 全部　　　　　　2. 大部分

　　2. 约一半　　　　　4. 一小部分

　　5. 没有

**Q8.** 您觉得这个活动的内容通俗易懂吗？[单选]

　　1. 通俗易懂　　　　2. 一般

　　3. 不通俗易懂　　　4. 不确定

**Q9.** 本次活动中，您对哪方面的内容最感兴趣？[可多选]

　　1. 能源与环境　　　2. 食品与健康

　　3. 通信与科技　　　4. 生命与自然

　　5. 都不是

**Q10.** 您觉得活动的形式新颖吗？[单选]

　　1. 新颖　　　　　　2. 一般

　　3. 不新颖　　　　　4. 不确定

**Q11.** 您最喜欢的三种活动形式是什么？[多选]

　　1. 展板　　　　　　2. 互动展品

　　3. 动手实验或制作　4. 游戏互动

5. 领宣传资料　　　　6. 科普剧

7. 科学表演　　　　　8. 科普音像

9. 其他（请注明）_____

Q12. 参与活动过程中，当您遇到问题时，能不能找到相关的工作人员给您解答？［单选］

  1. 每次都能　　　　　2. 多数时候能

  3. 约半数时候不能　　4. 多数时候不能

  5. 找不到　　　　　　6. 没遇到问题（选5、6者直接答Q14）

Q13. 您对工作人员给您的解答和他们的态度满意吗（5分代表评价最高，1分代表评价最低）？［单选］

  1. 5分　　　　　　　2. 4分

  3. 3分　　　　　　　4. 2分

  5. 1分

Q14. 参与过程中，您接触到的各项展品、模型、活动等，正常运行和开展的情况如何？［单选］

  1. 无故障　　　　　　2. 个别出现故障

  3. 少部分出现故障　　4. 约半数出现故障

  5. 多数出现故障　　　6. 全部出现故障

  7. 没注意

Q15. 您参加这次活动主要有什么收获？［可选1—3项］

  1. 在活动中找到了自己感兴趣的内容

  2. 开阔眼界，了解到科学技术的新进展

  3. 体会到科学技术为人类生活带来的便利与好处

  4. 知道了这项科普活动

  5. 其他（请注明）_____

Q16. 您会告诉并让身边的人来参加本次活动吗？［单选］

  1. 会　　　　　　　　2. 不会

  3. 不确定

Q17. 您认为这次活动有什么不完美或者需要改进的地方？如果有，具体是什么？您建议怎么解决？

_____

_____

最后，我们还想了解一下您的个人信息：

**T1. 性别：**

   1. 男                  2. 女

**T2. 年龄：**

   1. 13 岁以下          2. 13—18 岁

   3. 19—24 岁          4. 25—34 岁

   5. 35—44 岁          6. 45—54 岁

   7. 55—64 岁          8. 65 岁以上

**T3. 文化程度：**

   1. 小学及以下         2. 初中

   3. 高中/中专/技校     4. 大专

   5. 本科                  6. 研究生（硕士、博士）

**T4. 您的职业是_____**

### （二）访谈法

访谈法是访谈者通过口头交谈的方式向被访者了解社会实际情况的一种调查方法[169]。访谈调查有明确的目标、预订的计划和确定的交谈主题。根据内容不同，可以分为标准化访谈和非标准化访谈；根据交流方式的不同，可分为直接访谈和间接访谈、集体访谈和个人访谈。

1. 访谈过程

整个访谈过程一般分为预备性谈话和正式访谈两个部分。预备性谈话是调查者与被调查者直接接触之后，进行正式访谈之前的沟通联络过程。相当于调查问卷中的封面信和导语功能。预备性谈话通常从访谈者和被访谈者的相互介绍开始，并表明访谈目的和意义，借此消除被访谈者的心理顾虑。正式访谈提问方式可以是开门见山，也可以采用迂回的方式，通过引导和追问，逐步接近调查主题。调查人员提问时应耐心、慎重，给被访谈者逐步适应的心理过程，实现访谈者和被访谈者之间的良性互动。

### 2. 访谈类型及选用

非标准化访谈自由、灵活，但后期整理统计费时费力；标准化访谈有内容、顺序固定的访谈提纲，可以避免访谈者个人因素造成的干扰，便于后期统计处理，但也有形式呆板、缺乏弹性的缺点。间接访谈节省费用，保护隐私；直接访谈计划性强，便于进行过程控制和获得被访谈者体态语等额外信息。个人访谈被访谈者受外界影响因素小；集体访谈具有相互启发、相互补充的优势，但不利于个人深入交谈。实际工作中，标准化的个人访谈应用比较普遍。

科普活动效果评估中，可以视经费、人员、场地等条件，根据不同的评估要求，选择不同的访谈方式。理论上讲，各类访谈都可以用于科普活动的效果评估。案例3是对科普活动志愿者有关培训问题的访谈提纲，供参考。

---

**案例3**

#### 科普活动志愿者访谈提纲（关于培训）

**访谈对象：** 参加科普活动的大学生志愿者

**访谈时间：** 活动最后一天，工作人员午休时间

**访谈人数：** 男、女各 10 名

**访谈内容：**

1. 活动之前，您是否接受过来自活动主办方的相关培训？（回答"否"者结束访问）
2. 您接受的培训主要涉及哪些方面？
3. 您对培训的总体感觉怎么样？
4. 您本人通过培训主要有什么收获？
5. 在服务本次科普活动过程中，您接受过的培训有没有派上用场？主要在哪方面派上了用场？
6. 您在服务本次科普活动过程中，是否觉得还有不能完全胜任的地方？您之前接受的培训中对这方面内容有涉及吗？您能分析一下为什么接受了此方面培训却仍然觉得不能胜任的主客观原因吗？
7. 如果满分是 100 分，您给本次培训打多少分？
8. 您觉得培训需要在哪些方面改进或提高？您有什么具体的建议或意见？

### （三）观察法

观察法，也可称作观察记录法，是指评估者作为观察员在活动现场用感官及其他辅助工具，直接感知和记录正在发生的一切与研究目标有关的信息和现象的一种调查方法[169]。

观察法最大的特点是直观性和可靠性。实施观察法需要周密准备，设计观察方案。一份完备的观察方案通常包括观察目的、观察对象、观察时间、观察地点、观察方法、观察提纲。观察法实施前，要对观察员进行培训，培训内容包括对观察活动的介绍及观察方案解读。

在科普活动效果评估中，观察法通常与问卷调查法、访谈法等配合使用。利用观察法可以获取很多方面的信息。比如，不同年龄段公众对科普活动内容、形式的偏好，公众与工作人员交流的情况、公众对某项具体活动参与的情况，等等。以下提供了一个观察法评估公众对某科普展项参与情况的案例，供评估者在实践工作中参考。

---

**案例4**

**公众参观某科普展项观察记录方案**

一、观察目的：了解成人公众对某体验式节水装置的评价和反应

二、观察对象

样本选取：入口处每间隔30人抽取一人

样本数量：男、女各20人

三、观察时间：9：00—15：00

四、观察地点：科普活动场地内

五、观察方法：观察员对观察对象从入口进入出口离开期间，进行连续追踪式、非交流观察。

六、观察提纲（由观察员根据观察情况记录）

（一）观察对象特征：

性别：_____

估计年龄区间：18—25岁　　　　26—35岁

　　　　　　　36—45岁　　　　46—55岁

　　　　　　　56—65岁　　　　66岁以上

(二) 被观察对象参观记录
1. 是否进入目标展项所在地：是　　否 [选择"否"，结束观察]
2. 进入目标展项区域时间：_____
3. 是否阅读展项介绍：　　是　　否
4. (1) 是否亲自动手体验：　　是　　否 [选择"否"者答4 (2)]
   (2) 是否因为人多拥挤无法参与体验：是　　否
5. (1) 是否与讲解员交流：　　是　　否
   (2) 交流内容：_____
6. 是否领取宣传资料：　　是　　否
7. 离开目标展项区域时间：_____

### (四) 数据分析法

数据分析法是为了提取有用信息和形成结论而对数据加以详细研究与概括总结的过程。在科普活动效果评估中，数据分析法可以用来了解开展一次科普活动动用的科普资源、科普志愿者、社会力量、媒体、宣传报道、经费投入情况等。通常由评估方设计相应的数据填报表格，请主办方配合填写。

### (五) 专家打分法

专家打分法是根据评价对象确定恰当的评价项目、制订评价等级和标准，并请相关领域有经验、权威的专家据此进行打分的一种方法。专家打分法简便易行，将能够进行定量计算的评价项目和无法进行计算的评价项目都加以考虑。专家打分法起初应用于经济领域的债券价值评估，目前，在经济领域之外也得到广泛采用。

科普活动效果评估中，专家打分法的实施要经过打分指标设计、打分表制定、专家培训、现场观摩、打分五个步骤。通过专家打分得出的评价是科普活动效果评估中从公众、组织及服务者角度评估所获信息和数据的重要支撑。

## 第五节 科普活动评估案例——2017年全国科普日北京主场活动评估[①]

### 一、评估对象与评估目的

**(一) 评估对象**

1. 活动背景与活动概况

2017年全国科普日活动围绕"创新驱动发展，科学破除愚昧"主题，于9月16—22日在全国集中开展，遍布32个省、自治区、直辖市及新疆生产建设兵团。全国各地有8800余家单位参与组织各项活动，包括科协系统、各级学会、高等院校、科研院所、科普教育基地、科普示范社区、各类企业等。科普日活动类型丰富，据全国上报数据统计，其中有网络活动924项、展览展示5503项、互动体验4459项、现场咨询5498项、科普讲座5249项、科普表演1697项、科普宣传6780项、科普开放日1537项。各类活动充分利用现代信息技术手段，打造主题性、全民性、群众性科普活动，使受众有针对性地覆盖各类人群，包括未成年人、社区居民、城镇劳动者、农民、公务员等。[②] 同时，本次科普日以"科普中国"品牌为统领，紧扣"科学破除愚昧"主题，依托科普中国各主要渠道，充分运用互联网、移动互联网、大数据、云计算等技术手段，组织开展形式多样、内容生动、线上线下相结合的科普中国系列体验活动，全面展示近年来科普信息化建设成果，让公众身临其境地感受科学的魅力。

2. 北京主场活动

2017年全国科普日北京主场活动采用A区（中国科学技术馆）+B区（北京奥林匹克公园庆典广场）的模式开展。活动采取展览展示、现场体验等形式，组织科学家、科普专家、科普形象大使等公众人物发声，通过线

---

[①] 本案例为2017年全国科普日北京主场活动效果评估，该评估采用了本章第三节表6-2中的评价指标体系，课题组组长为北京青年政治学院王玥博士。

[②] 以上相关数据统计来自全国科普日官网"数说科普日"栏目：http://ts.kepuri.org/2017/index.html。

上线下等多种方式与公众进行互动交流，就群众关切的问题解疑释惑，消除公众疑虑；活动聚焦科技和产业变革的前沿热点，以实物、模型展示、多媒体展示、互动体验等为主要方法，集中体现创新驱动发展战略实施以来，科技创新在助力发展、改善民生方面取得的新进展、新成就。

2017年全国科普日北京主场活动主要包括科学破除愚昧主题活动、创新驱动发展展示活动、科学助力成长系列活动、科普中国系列体验活动、全国科普日特别节目、科学破除愚昧专题片展映六大板块活动，并首次引入国防科技科普内容和海洋科考直播活动。中国科技馆现场共设34个展区，170余项展项（活动），其中互动体验及动态演示展项（活动）达112项。

（二）评估目的

首先，对活动实施成果进行客观评价。通过评估，获取大量统计数据和相关信息，评价项目实施工作开展的质量、成果，对项目实施单位各方面工作的成效进行认定。

其次，为改善决策和管理服务提供依据和参考。通过评估，发现和诊断活动的策划设计及组织实施中存在的问题与不足，总结经验教训，为今后活动的改进提供依据和参考；同时，评估报告中的结论也可作为资源调整和优化配置的依据。

最后，促进活动进一步发挥实效、形成品牌。通过对"全国科普日"的评估，了解该活动的科普效果及其社会影响，同时挖掘和提炼活动中的优秀经验与做法，进一步提升活动质量。

二、评估的指标体系、角度和方法

（一）评估采用的指标体系、评估角度

2017年全国科普日北京主场活动评估采用了本章第三节表6-2所示的科普活动效果评估指标体系，评估角度主要是公众角度、组织及服务角度和宣传角度，如表6-4所示。

表6-4 评估的指标体系、评估角度与方法

| 一级指标 | 二级指标 | 三级指标 | 评估角度 | 评估方法 |
|---|---|---|---|---|
| 策划与设计 | 主题 | 时代性 | 公众<br>组织与服务者 | 问卷调查<br>访谈<br>文本分析 |
| | | 感召力 | | |
| | 内容 | 科学性 | | |
| | | 贴近公众性 | | |
| | | 丰富性 | | |
| | | 通俗性 | | |
| | | 趣味性 | | |
| | | 公众偏好 | | |
| | 形式 | 多样性 | | |
| | | 吸引力 | | |
| | | 适合性 | | |
| | | 公众偏好 | | |
| 宣传与知晓 | 媒体报道宣传 | 渠道 | 宣传 | 文本分析<br>统计<br>问卷调查 |
| | | 数量 | | |
| | | 深度 | | |
| 组织与实施 | 讲解咨询 | 服务能力 | 公众<br>组织及服务者 | 问卷调查<br>访谈<br>评分<br>观察 |
| | | 服务态度 | | |
| | | 充足性 | | |
| | 展项与活动 | 展项完好情况 | | |
| | | 活动正常开展情况 | | |
| | 现场秩序 | 有序参与性 | | |
| | | 布局合理性 | | |
| | 场地与时间 | 交通便利性 | | |
| | | 设施便利性 | | |
| | | 时间便利性 | | |
| | 安保 | 设施 | | |
| | | 人员 | | |
| 影响与效果 | 社会影响 | 社会知晓度 | 公众 | 问卷调查<br>访谈 |
| | | 总体满意度 | | |
| | 科普效果 | 知识影响 | | |
| | | 态度影响 | | |
| | | 情感影响 | | |

本次评估，在活动策划设计及组织实施方面，重点聚焦全国科普日北京主场活动，同时兼顾由主办方组织发起的各类线上活动；在宣传方面，主要通过对各类媒体（网络媒体为主）进行监测，收集科普日期间全国活动宣传、报道相关信息，同时调查了解公众对活动的知晓度和信息获取渠道；在活动影响与效果方面，聚焦参与全国科普日北京主场活动的公众反馈和北京社区居民对活动的知晓度和参与意愿。

### （二）评估方法

为了实现上述评估目标，本次评估采用了问卷调查、半结构化访谈、文本分析、现场观察等研究方法。

#### 1. 问卷调查

基于评估的角度，对场内外公众、参与机构、媒体参与者进行问卷调查。

参考评估指标及评估角度，本次评估开发面向现场公众、社区公众、参展机构及媒体参与者4种调查问卷，见表6-5。题型包括基本人口统计学信息、评估指标中针对不同群体要调查的内容和活动策划组织实施的评价等；问卷以里克特五点量表（Likert' Five-option Scale）为主；设置1—2个开放性问题供被调查群体补充观点。其中，现场公众问卷采取纸质问卷和手机扫码填写电子问卷结合的方式，方便老人及青少年的参与；其余问卷均采用电子问卷形式。

表6-5 评估调查问卷

| 序号 | 评估角度 | 问卷名称 | 问卷填写者 |
| --- | --- | --- | --- |
| 1 | 公众 | 2017年全国科普日北京主场活动调查问卷（公众卷） | 主场活动现场公众 |
| 2 | 公众 | 2017年全国科普日知晓度及参与意愿调查问卷（社区卷） | 北京地区社区公众 |
| 3 | 参与机构 | 2017年全国科普日北京主场活动调查问卷（参展机构卷） | 主场活动参展机构工作人员 |
| 4 | 媒体人员 | 2017年全国科普日北京主场活动调查问卷（媒体卷） | 主场活动到场媒体人员 |

#### 2. 半结构化访谈

基于评估角度，对现场公众、参与机构、媒体参与者进行半结构化访谈调查。

半结构化访谈提纲参考评估指标及评估角度，拟定面向现场公众、社区公众、参展机构工作人员、媒体人员共 4 类访谈提纲，主要针对问卷内容进行细化和补充，增加开放性内容。

3. 文本分析

对全国科普日各类文件、通知、活动方案、总结材料及媒体文本材料等进行文本分析。

4. 现场观察

对北京主场活动整个实施过程进行总体观察，并对本年度的创新、特色活动进行重点深度观察（包括参与式观察），直观了解活动内容、组织实施、公众反馈等信息。结合活动内容、类型和特点，细化观察内容，编制观察记录单。

### 三、评估过程及样本

#### （一）评估过程

本次科普日活动评估过程主要分三个阶段：第一阶段，在大型公众科普活动组织与评估的理论指导下，通过文献研究和活动相关文本分析确定评估方案、设计评估工具；第二阶段，根据评估方案开展实地调查及信息和数据的收集；第三阶段，对数据和信息进行分析解读，得出评价结果，并针对发现的问题或不足提出改进对策。

其中，第二阶段的具体调查及数据收集过程如下：

1. 公众角度评估数据的收集

9 月 11—14 日：选取北京城六区及 10 个远郊区中的 50 个社区，通过共青团北京市委员会社区部的社区平台宣传和发放电子问卷，对社区居民进行问卷调查，了解社区居民对全国科普日的知晓度及参与意愿。

9 月 14—18 日（北京主场活动期间）：全时段在活动主场分区片进行问卷调查和访谈，收集现场公众的评价及反馈数据。

9 月 14—18 日（北京主场活动期间）：对主场活动整体实施情况进行观察记录；选取本年创新特色活动进行现场观察和参与者随机访谈。

2. 媒体角度评估数据的收集

通过专业媒体监测平台，对媒体进行数据监测，搜集抓取活动相关宣传报道数据及舆情。

9月1—7日：通过专业媒体监测平台进行媒体数据监测，搜集抓取活动相关宣传报道数据及舆情，进行周报。

9月8—13日：通过专业媒体监测平台进行媒体数据监测，搜集抓取活动相关宣传报道信息，进行两次3日报。

9月14—18日（北京主场活动期间）：通过专业媒体监测平台进行媒体数据监测，搜集抓取活动相关宣传报道信息，了解舆情及公众参与反馈，进行每日报；同时，在主场对媒体人员进行问卷调查和随机访谈。

9月19—25日：通过专业媒体监测平台进行媒体数据监测，搜集抓取活动相关宣传报道信息，了解舆情及公众参与反馈，进行周报。

3. 组织服务者（参展机构）角度评估数据的收集

9月14—18日（北京主场活动期间）：进行问卷调查和随机访谈。

（二）评估样本

1. 样本总体情况

按照预先制订的评估方案，采用多元方式面向各调查对象共发放问卷5885份，回收有效问卷5588份，问卷回收率为95%。

对公众问卷部分，通过在活动现场传单宣传及拦访，完成并提交电子问卷2612份，全部为有效问卷；现场通过拦访的方式重点向老年人及青少年发放纸质问卷1500份，回收有效问卷1203份，问卷回收率为80.2%；现场公众有效问卷总数3815份，总回收率为92.8%。对社区公众、参展机构、媒体均通过社区平台或相应群体微信群发布电子问卷方式采集数据，在问卷后台对答题方式、完成度和问卷提交都做了相应控制，保证问卷有效性，所以这几类问卷的有效问卷回收率均为100%，详见表6-6。

表6-6 问卷回收及样本总体情况

| 调查对象 | 发放问卷/份 | | 回收有效问卷/份 | | 回收率/% | |
| --- | --- | --- | --- | --- | --- | --- |
| 现场公众 | 电子问卷 | 2612 | 2612 | 3815 | 100 | 92.8 |
| | 纸质问卷 | 1500 | 1203 | | 80.2 | |
| 社区公众 | 1654 | | 1654 | | 100 | |
| 参展机构 | 98 | | 98 | | 100 | |
| 媒体 | 21 | | 21 | | 100 | |
| 总计 | 5885 | | 5588 | | 95 | |

现场公众、社区公众的有效回收问卷都达到了大样本的统计量；参展机构和媒体两个群体本身总量较小，所以问卷数也相应较少，但也可达到基本统计量。

此外，为了辅助问卷调查的结果解读，评估项目组还对主场活动现场公众、社区公众、参展机构工作人员和媒体人员进行了抽样访谈。秉持不同时段、不同区片、参展机构不重复、媒体类型不重复的原则，抽取了20名现场公众、10名社区公众、5名参展机构工作人员及2名媒体人员进行访谈。

2. 主场活动现场公众样本情况

全国科普日主场活动期间收集公众样本有效问卷共有3815个，现场公众样本基本情况如表6-7所示。

（1）从性别来看，参与问卷调查的女性（占比59.2%）总体高于男性（占比40.8%）。

（2）从年龄分布段来看，26—40岁年龄段群体占比最高，接近50%。

（3）从身份职业来看，现场公众职业身份分布广泛。参与问卷调查人员中，学生群体计744人，占比最多；企业工作人员计679人，居第二位；科技工作者计614人，位列第三。紧随其后的分别是专业技术人员计532人，教师计217人，产业工人194人，全职主妇计179人，离退休人员160人，公务员137人，个体商户108人，创业者94人，军人45人。此外，其他职业人群合计有112人，其中包括社工8人及国际组织1人。

（4）从观众来源来看，北京市城六区观众合计2586人，占比最多，达67.8%。从各区具体分布来看，朝阳区占比24.5%、海淀区17.4%、西城区10.0%、东城区9.5%、昌平区6.0%、丰台区4.7%、通州区3.4%、大兴区3.3%、房山区2.9%、顺义区2.6%、石景山区1.7%、密云区1.5%、门头沟区1.4%、平谷区1.2%、怀柔区1.1%、延庆区1.0%。

除北京地区公众，来自全国其他省份的观众合计有301人，占比7.9%。其中，离北京较近的省份的人数较多，河北38人、辽宁25人、山东23人、内蒙古15人、河南14人、天津12人；其余人员的来源涵盖了湖北、广东、湖南、山西、福建、黑龙江、江苏、四川、安徽、陕西、云南、上海、新疆、吉林、深圳、甘肃、广西、贵州、江西、重庆等省、自治区和直辖市；此外，还有来自香港地区的观众3人，海外澳大利亚的观众1人。

表 6-7　现场公众样本基本信息

| 类别 | 选项 | 人数 | 占比/% | 类别 | 选项 | 人数 | 占比/% |
|---|---|---|---|---|---|---|---|
| 年龄 | 14 岁以下 | 401 | 10.5 | 性别 | 女 | 2257 | 59.2 |
| | 14—18 岁 | 144 | 3.8 | | 男 | 1558 | 40.8 |
| | 19—25 岁 | 653 | 17.1 | 地区 | 朝阳区 | 933 | 24.5 |
| | 26—40 岁 | 1895 | 49.7 | | 海淀区 | 662 | 17.4 |
| | 41—60 岁 | 492 | 12.9 | | 西城区 | 382 | 10.0 |
| | 60 岁以上 | 230 | 6.0 | | 东城区 | 363 | 9.5 |
| 职业 | 学生 | 744 | 19.5 | | 丰台区 | 180 | 4.7 |
| | 企业工作人员 | 679 | 17.8 | | 石景山区 | 66 | 1.7 |
| | 科技工作者 | 614 | 16.1 | | 昌平区 | 227 | 6.0 |
| | 专业技术人员 | 532 | 13.9 | | 通州区 | 129 | 3.4 |
| | 教师 | 217 | 5.7 | | 大兴区 | 125 | 3.3 |
| | 产业工人 | 194 | 5.1 | | 房山区 | 110 | 2.9 |
| | 全职主妇 | 179 | 4.7 | | 顺义区 | 99 | 2.6 |
| | 离退休人员 | 160 | 4.2 | | 密云区 | 59 | 1.5 |
| | 公务员 | 137 | 3.6 | | 门头沟区 | 52 | 1.4 |
| | 个体小商户 | 108 | 2.8 | | 平谷区 | 46 | 1.2 |
| | 创业者 | 94 | 2.5 | | 怀柔区 | 41 | 1.1 |
| | 军人 | 45 | 1.2 | | 延庆区 | 40 | 1.0 |
| | 农林牧副渔劳动者 | 34 | 0.9 | | 其他地区 | 301 | 7.9 |
| | 其他 | 78 | 2.0 | 参与调查的有效问卷人数：3815 人 | | | |

## 四、评估数据及主要结论

### （一）全国科普日主场活动策划与设计

该部分内容包括对全国科普日主场活动的策划与设计质量的总体评价分析，对其中具体的"主题""内容"和"形式"三个维度的评估分析。所有的评价及分析数据都来源于现场公众、参展机构工作人员和媒体人员三个不同调查群体的观点，反映了不同视角群体的满意程度。同时，根据问卷数据，还对现场公众对此次科普日主场活动内容与形式的偏好度进行了分析。

1. 各调查对象对活动策划与设计质量的总体评价较高

在现场公众问卷、参展机构问卷和媒体问卷中，用于评价主场活动策划与设计质量的题目共 12 道，各题都是关于活动策划与设计不同方面的正向描述，调查对象通过选择对描述的赞同度来体现评价。从表 6-8 中可以看出，现场公众、参展机构和媒体人员对活动策划与设计质量的总体好评率[①]都较高。其中，参展机构的好评率最高，达到 96.5%；其次是媒体为 92.5%；公众也达到了 91%。同时，三个群体中选择最高赞同度（完全赞同）的平均比例占比最高，远远高于其他几项赞同度，都在 60% 以上；参展机构更是高达 74%（参展机构的好评率和最高赞同度的平均比例都高居首位，并与另外两个群体拉开一定差距，对此可做以下推断和假设：因参展机构的展示内容是整体活动策划与设计中的一部分，出于对自身肯定的角度，倾向于给出较高的评价）。

从评价数据来看，三个群体对活动策划与设计质量的评价有着较高的一致性，科普日主场活动的策划与设计得到普遍认可，说明本次主场活动整体策划与设计质量较高。

表 6-8　各调查对象对主场活动策划与设计的总体评价

（单位:%）

| 调查对象 | 总体好评率 | 完全赞同（平均比例） | 比较赞同（平均比例） | 中立（平均比例） | 比较不赞同（平均比例） | 完全不赞同（平均比例） |
| --- | --- | --- | --- | --- | --- | --- |
| 现场公众 | 91.0 | 66.8 | 24.2 | 7.3 | 1.1 | 0.6 |
| 参展机构 | 96.5 | 74.0 | 22.5 | 2.8 | 0.5 | 0.2 |
| 媒体人员 | 92.5 | 62.3 | 30.2 | 7.5 | 0 | 0 |

2. 活动主题紧扣时代发展，贴近生活现实，受到公众认可与好评

2017 年全国科普日的主题是"创新驱动发展，科学破除愚昧"，紧扣我国"创新驱动发展"的国家战略，聚焦破除日常生活常见的愚昧思想和行为。在三个群体问卷中，主场活动策划与设计的 12 个题目中有 2 道关于活动主题的问题，分别对应主题维度的时代性和感召力两个评估指标；在社区公众的调查问卷中也加入了 2 道关于活动主题评价的题目。从表 6-9 中可以看出，

---

① 此评估报告中将好评率定义为：调查样本对欲评价内容正向描述的赞同比例，即"完全赞同"率与"比较赞同"率之和。总体好评率为该部分每题好评率的均值。

现场公众、参展机构和媒体人员对活动主题各指标的总体好评率都较高，均达到90%以上。同时，三个群体中选择最高赞同度（完全赞同）的平均比例占比最高，其中参展机构达到了76%；社区公众在还未参加活动的情况下，对活动的主题也给出了81.7%的好评率。

从评价数据来看，四个群体对活动主题的评价有着较高的一致性，普遍认可科普日主场活动的主题，说明主题有着较强的时代性和感召力。

表6-9 各调查对象对主场活动主题的评价

（单位：%）

| 调查对象 | 总体好评率 | 完全赞同（平均比例） | 比较赞同（平均比例） | 中立（平均比例） | 比较不赞同（平均比例） | 完全不赞同（平均比例） |
|---|---|---|---|---|---|---|
| 现场公众 | 92.0 | 67.9 | 24.1 | 6.5 | 0.8 | 0.7 |
| 参展机构 | 96.9 | 76.0 | 20.9 | 2.6 | 0.5 | 0 |
| 媒体人员 | 90.5 | 57.2 | 33.3 | 9.5 | 0 | 0 |
| 社区公众 | 81.7 | 48.2 | 33.5 | 16.6 | 1.0 | 0.7 |

3. 活动内容丰富多元[①]，广受不同群体的喜爱和好评

北京主场活动的展示内容丰富多彩，表现形式多样，受到了观众的热烈欢迎。本次调查问卷中涉及活动内容18项、活动形式7项，公众喜欢的活动内容通过多选题调查。

对现场公众调查样本的统计分析显示：在所有的活动内容选项中，畅想蓝天、垃圾变身、专家大讲堂、VR迷你体验中心和科技兴军固国防几项活动内容公众喜好度排在前五位，公众喜好度占比分别为44.7%、31.5%、26.2%、24.7%、23.6%；从各项活动内容的样本数据来看，没有过高或者过低的数据，说明本次科普日主场内的各项活动既体现了大众性，也体现了针对性，有大家共同关注和喜欢的内容领域，不同群体也有各自关注喜好的内容。公众对各项活动内容的喜爱情况如图6-3所示。

在三个群体问卷中，主场活动策划与设计的12个题目中有6个关于活动内容的问题，分别对应内容维度的科学性、贴近公众性、丰富性、通俗性、趣味性以及公众偏好性六个评估指标。从表6-10中可以看出，现场公众、

---

[①] 本评估中的调查主要聚焦科普日北京主场A区的活动内容及形式。

参展机构和媒体人员对活动内容各指标的总体好评率都较高，均达到90%以上。同时，三个群体中选择最高赞同度（完全赞同）的平均比例也占比最高，远远高于其他几项赞同度。从评价数据来看，三个群体对活动内容的评价有着较高的一致性。

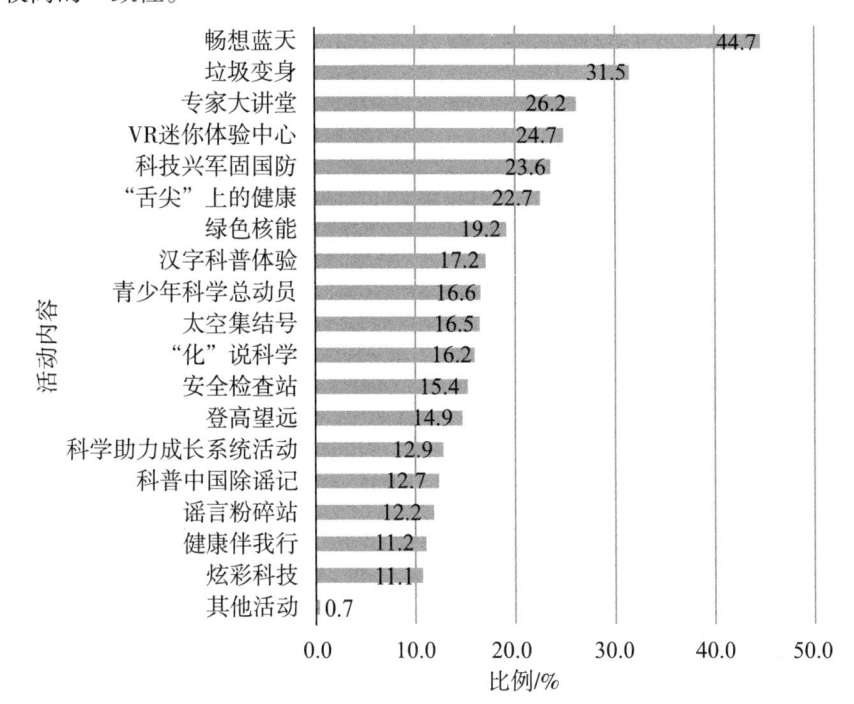

活动内容：
- 畅想蓝天 44.7
- 垃圾变身 31.5
- 专家大讲堂 26.2
- VR迷你体验中心 24.7
- 科技兴军固国防 23.6
- "舌尖"上的健康 22.7
- 绿色核能 19.2
- 汉字科普体验 17.2
- 青少年科学总动员 16.6
- 太空集结号 16.5
- "化"说科学 16.2
- 安全检查站 15.4
- 登高望远 14.9
- 科学助力成长系统活动 12.9
- 科普中国除谣记 12.7
- 谣言粉碎站 12.2
- 健康伴我行 11.2
- 炫彩科技 11.1
- 其他活动 0.7

图6-3 现场公众对活动内容喜好度

表6-10 各调查对象对主场活动内容的评价

（单位：%）

| 调查对象 | 总体好评率 | 完全赞同（平均比例） | 比较赞同（平均比例） | 中立（平均比例） | 比较不赞同（平均比例） | 完全不赞同（平均比例） |
|---|---|---|---|---|---|---|
| 现场公众 | 91.0 | 66.0 | 25.0 | 7.4 | 1.0 | 0.6 |
| 参展机构 | 96.3 | 72.8 | 23.5 | 3.2 | 0.3 | 0.2 |
| 媒体人员 | 92.9 | 64.3 | 28.6 | 7.1 | 0 | 0 |

4. 活动形式多样，得到参与公众的高度认可

在三个群体问卷中，主场活动策划与设计的12个题目中有4个关于活动形式的问题，分别对应形式维度的多样性、吸引力、适合性、公众偏好性四

个评估指标。从表 6-11 可以看出，现场公众、参展机构和媒体人员对活动形式各指标的总体好评率都较高。同时，三个群体中选择最高赞同度（完全赞同）的占比最高。从评价数据来看，三个群体普遍认可主场活动形式，对活动形式的评价有着较高的一致性，说明科普日主场活动的形式比较适合并能满足公众参与科普活动的需求。

表 6-11　各调查对象对主场活动形式的评价

（单位：%）

| 调查对象 | 总体好评率 | 完全赞同（平均比例） | 比较赞同（平均比例） | 中立（平均比例） | 比较不赞同（平均比例） | 完全不赞同（平均比例） |
|---|---|---|---|---|---|---|
| 现场公众 | 90.6 | 67.6 | 23.0 | 7.6 | 1.3 | 0.5 |
| 参展机构 | 96.7 | 74.8 | 21.9 | 2.3 | 0.8 | 0.2 |
| 媒体人员 | 92.9 | 61.9 | 31.0 | 7.1 | 0 | 0 |

在所有活动形式选项中，实物模型展示、互动体验、多媒体展示等活动形式公众喜好度排在前三位，公众喜好度占比分别为 69.5%、40.1% 和 37.6%。可以看出，公众更喜欢通过较为直观具体、可参与、带有一定娱乐性的方式了解科普知识。现场公众对活动形式的偏好度如图 6-4 所示。

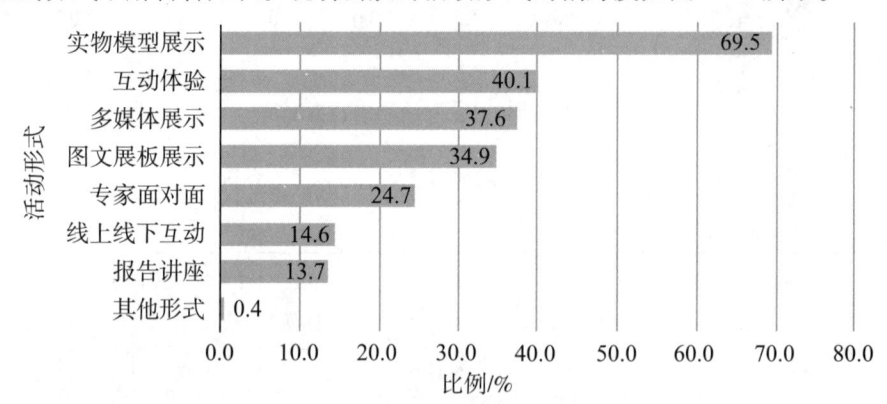

活动形式：
- 实物模型展示　69.5
- 互动体验　40.1
- 多媒体展示　37.6
- 图文展板展示　34.9
- 专家面对面　24.7
- 线上线下互动　14.6
- 报告讲座　13.7
- 其他形式　0.4

图 6-4　现场公众对活动形式偏好度

（二）全国科普日主场活动的组织实施情况

该部分内容包括对全国科普日主场活动组织实施情况的总体评价分析，以及对其中具体的"讲解咨询""展项与活动""现场秩序""场地与时间""安保"五个维度的评估分析。所有的评价及分析数据都来源于现场公众、参展机构工作人员和媒体人员三个不同群体的调查数据，反映不同视角群体的满意程度。

1. 全国科普日主场活动整体组织实施合理有序，受到各方好评

在现场公众问卷、参展机构问卷和媒体问卷中，用于评价主场组织实施情况的题目共12道，各题从不同维度对具体组织实施和服务事项进行了描述，公众根据实际感受和体验对各项进行打分，每题5分，满分为60分。从表6-12中可以看出，三个调查群体对主场活动组织实施情况给出的平均分分别为55.9分、56.9分和53.5分，得分率分别为93.2%、94.8%和89.2%，说明调查对象对活动组织实施的情况比较满意。各群体平均分的标准差系数较小，都在0.15之下，说明参与调查的三个群体内部对科普日主场活动整体评价结果较一致，很可靠。综上所述，三个群体对科普日主场活动组织实施情况的整体满意度较高（表6-12）。

表6-12 各调查对象对主场活动组织实施的总体评价

| 调查对象 | 满分 | 平均分 | 得分率/% | 标准差 | 标准差系数 |
| --- | --- | --- | --- | --- | --- |
| 现场公众 | 60 | 55.9 | 93.2 | 6.55 | 0.12 |
| 参展机构 | 60 | 56.9 | 94.8 | 5.18 | 0.09 |
| 媒体人员 | 60 | 53.5 | 89.2 | 6.24 | 0.12 |

注：得分率为平均分占满分的比率，表示调查对象对活动组织实施情况的满意程度。

2. 咨询讲解人员配备充足，服务能力和态度受到一致认可

用于评价主场活动组织实施情况的12道题目中有3道是关于讲解咨询维度的，包括讲解咨询人员的充足性、态度和能力三方面内容，每题5分，该维度满分15分。从表6-13可以看出，三个调查群体对讲解咨询维度的评价分别为14.0分、14.3分和13.5分，得分率分别为93.3%、95.3%和90%。各群体平均分的标准差系数都在0.15之下，说明参与调查的三个群体内部对讲解咨询维度评价结果较一致，很可靠。可以看出，三个群体对科普日主场活动组织实施中的讲解咨询评价也比较高。

3. 展项完好率与活动正常开展率较高，提升了公众参与度和满意度

关于展项与活动维度评价的题目在评价主场活动组织实施情况的12道题目中有2道，分别从展项完好率和活动正常开展率两方面进行考评，每题5分，该维度满分10分。从表6-14可以看出，三个调查群体对展项与活动维

度评价的平均分分别为 9.31 分、9.52 分和 9.00 分,得分率分别为 93.1%、95.2%和 90.0%。各群体平均分的标准差系数都在 0.15 之下,说明参与调查的三个群体内部对展项与活动维度评价结果较一致,很可靠。可以看出三个群体对科普日主场活动组织实施中的展项及活动评价都比较高。

表 6-13  各调查对象对主场活动咨询讲解人员的评价

| 调查对象 | 满分 | 平均分 | 得分率/% | 标准差 | 标准差系数 |
|---|---|---|---|---|---|
| 现场公众 | 15 | 14.0 | 93.3 | 1.72 | 0.12 |
| 参展机构 | 15 | 14.3 | 95.3 | 1.42 | 0.10 |
| 媒体人员 | 15 | 13.5 | 90.0 | 1.81 | 0.13 |

表 6-14  各调查对象对主场活动展项的评价

| 调查对象 | 满分 | 平均分 | 得分率/% | 标准差 | 标准差系数 |
|---|---|---|---|---|---|
| 现场公众 | 10 | 9.31 | 93.1 | 1.22 | 0.13 |
| 参展机构 | 10 | 9.52 | 95.2 | 0.87 | 0.09 |
| 媒体人员 | 10 | 9.0 | 90.0 | 1.18 | 0.13 |

4. 活动期间现场秩序良好,展项布局合理,便于公众有序参与

关于现场秩序维度评价的题目在评价主场活动组织实施情况的 12 道题目中有 2 道,分别从布局合理性和有序参与性两方面进行评价,每题 5 分,该维度满分 10 分。从表 6-15 可以看出,三个调查群体对活动现场秩序维度评价的平均分分别为 9.30 分、9.42 分和 8.90 分,得分率分别为 93.0%、94.2%和 89.0%。各群体平均分的标准差系数都在 0.15 之下,说明参与调查的三个群体内部对活动现场秩序维度评价结果较一致,很可靠。三个群体对科普日主场活动组织实施中的现场秩序评价也都比较高。

表 6-15  各调查对象对主场活动现场秩序的评价

| 调查对象 | 满分 | 平均分 | 得分率/% | 标准差 | 标准差系数 |
|---|---|---|---|---|---|
| 现场公众 | 10 | 9.30 | 93.0 | 1.21 | 0.13 |
| 参展机构 | 10 | 9.42 | 94.2 | 1.08 | 0.12 |
| 媒体人员 | 10 | 8.90 | 89.0 | 0.94 | 0.11 |

5. 主场活动场地交通便利、设施完备，时间安排较为合理

关于活动场地与时间维度评价的题目在评价主场活动组织实施情况的 12 道题目中有 3 道，分别从交通便利性、设施便利性和时间便利性三方面进行评价，每题 5 分，该维度满分 15 分。从表 6-16 可以看出，三个调查群体对活动场地与时间维度评价的平均分分别为 13.9 分、14.2 分和 13.3 分，得分率分别为 92.7%、94.7% 和 88.7%，得分率也都比较高。各群体平均分的标准差系数分别为 0.14、0.11 和 0.16，也都较小，说明参与调查的三个群体内部对活动场地与时间维度评价结果较一致，比较可靠。以上数据说明，三个群体对科普日主场活动场地与时间维度评价都比较好。

表 6-16　各调查对象对主场活动场地时间的评价

| 调查对象 | 满分 | 平均分 | 得分率/% | 标准差 | 标准差系数 |
| --- | --- | --- | --- | --- | --- |
| 现场公众 | 15 | 13.9 | 92.7 | 1.88 | 0.14 |
| 参展机构 | 15 | 14.2 | 94.7 | 1.52 | 0.11 |
| 媒体人员 | 15 | 13.3 | 88.7 | 2.16 | 0.16 |

6. 主场活动期间安保人员充足，安保措施充分

用于评价主场活动组织实施情况的 12 道题目中有 2 道是关于安保维度的，分别从安保人员充足性和设施安全提醒两方面进行评价，每题 5 分，该维度满分 10 分。从表 6-17 中的数据可以看出，三个调查群体对安保维度评价的平均分分别为 9.30 分、9.47 分和 8.81 分，得分率分别为 93.0%、94.7% 和 88.1%，比较高。各群体平均分的标准差系数分别为 0.14、0.11 和 0.16，说明参与调查的三个群体内部对安保维度评价结果较一致，比较可靠。三个群体对科普日主场活动组织实施中的安保评价也都比较高。

表 6-17　各调查对象对主场活动安保的评价

| 调查对象 | 满分 | 平均分 | 得分率/% | 标准差 | 标准差系数 |
| --- | --- | --- | --- | --- | --- |
| 现场公众 | 10 | 9.30 | 93.0 | 1.29 | 0.14 |
| 参展机构 | 10 | 9.47 | 94.7 | 1.01 | 0.11 |
| 媒体人员 | 10 | 8.81 | 88.1 | 1.48 | 0.16 |

(三) 全国科普日主场活动的影响与效果

全国科普日主场活动的影响与效果主要从两大方面来考量，即社会影响

和科普效果。

**1. 全国科普日活动有积极的社会影响,影响力在逐步扩大**

全国科普日活动的社会影响分别从公众满意度、活动品牌塑造情况和社会力量参与度三个具体指标来评估。

(1) 公众总体满意度较高

在现场公众问卷、参展机构问卷和媒体问卷中都设计了为科普日主场活动总体打分的题目,该题目的总分为 5 分。如表 6-18 所示,三个调查群体对活动整体打出的平均分别为 4.68 分、4.81 分和 4.57 分,得分率分别为 93.6%、96.2% 和 91.4%,都在 90.0% 以上,三个群体对科普日主场活动的整体评价都很高。同时,各群体平均分的标准差系数都较小,在 0.15 之下,说明参与调查的三个群体内部对科普日主场活动整体评价结果较一致,很可靠。

表 6-18 公众总体满意度情况

| 调查对象 | 满分 | 平均分 | 得分率/% | 标准差 | 标准差系数 |
|---|---|---|---|---|---|
| 现场公众 | 5 | 4.68 | 93.6 | 0.62 | 0.13 |
| 参展机构 | 5 | 4.81 | 96.2 | 0.42 | 0.09 |
| 媒体人员 | 5 | 4.57 | 91.4 | 0.6 | 0.13 |

(2) 活动品牌有一定的知晓度

对现场公众问卷调查(3815 个有效样本)了解到:知道"全国科普日"由来的有 2030 人(占 53.2%),不知道的有 1785 人(占 46.8%);对于往年全国科普日相关活动非常了解的公众占 17.3%,了解一些的占 63.5%,也就是说对往年活动有不同程度了解的公众比例达到 80.8%,完全不了解的占 19.2%;有 39.1% 的公众参与过往年科普日活动,60.9% 的公众没有参与过,如表 6-19 所示。

表 6-19 现场公众对科普日了解情况

| 调查项目 | 非常了解 || 了解一些 || 不了解 || 参与过往年活动 || 没有参与过往年活动 ||
|---|---|---|---|---|---|---|---|---|---|---|
| 3815 人 | 数量/人 | 占比/% | 数量/人 | 占比/% | 数量/人 | 占比/% | 数量/人 | 占比/% | 数量/人 | 占比/% |
|  | 660 | 17.3 | 2423 | 63.5 | 732 | 19.2 | 1492 | 39.1 | 2323 | 60.9 |

对社区公众问卷调查中了解到,在 1654 个有效样本中,知道"全国科普日"的占 39%,知道并参加过往年活动的占 16%;不知道"全国科普日"的占 61%,如图 6-5 所示。

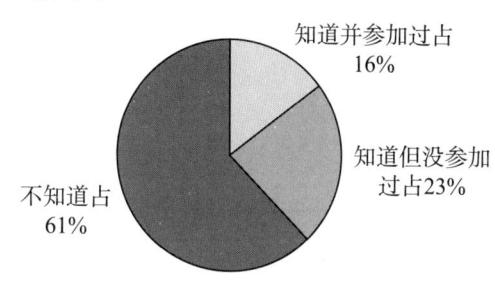

**图 6-5　社区公众对全国科普日知晓度及往年参与情况**

(3) 对活动扩散传播及持续关注参与意愿较强

此次评估中,在现场公众问卷和参展机构问卷中都设计了对活动扩散传播及持续关注与参与意愿的问题。二者的区别在于现场公众问卷偏向于向其他公众的扩散传播及个人持续关注参与意愿,而参展机构问卷偏向于被调查者所在机构向其他机构扩散传播及本机构持续关注和参展意愿。

如表 6-20 所示,现场公众对活动扩散传播及持续关注参与意愿的三个观点描述都有着较高的认同率(指对所描述观点及事实完全赞同和比较赞同的样本比例)。

**表 6-20　现场公众对活动扩散传播与持续关注意愿**

(单位:%)

| 观　　　点 | 认同率 | 完全赞同<br>(平均比例) | 比较赞同<br>(平均比例) |
| --- | --- | --- | --- |
| 活动后会跟家人或朋友分享参与活动的经历、感受 | 93.5 | 70.7 | 22.8 |
| 活动后会向家人、朋友推荐参加明年的科普日活动 | 93.4 | 70.3 | 23.1 |
| 自己明年还会继续关注并参加科普日活动 | 93.6 | 72.2 | 21.4 |

如表 6-21 所示,参展机构工作人员对活动扩散传播及持续关注参与意愿的三个观点描述也都给出了较高的认同率。

(4) 社会力量参与度较高

全国科普日主场活动是中国科协、北京市人民政府、国家发展改革委、教育部、科技部、中宣部、环境保护部、农业部、中科院、国家能源局、中央军委科学技术委员会等单位共同举办,汇聚了各方力量和特色资源优势。同时,全国范围内的各级科协系统、各级学会、高等院校、科研院所、科普教育基地等都积极参与科普日活动,涉及主办单位8839个、承办单位8859个、协办单位7252个。科普日活动已经成为具有较大社会影响力、全社会共同参与、共同分享的盛大科普节日。

表6-21 参展机构工作人员对活动扩散传播与持续关注意愿

(单位:%)

| 观　　点 | 认同率 | 完全赞同<br>(平均比例) | 比较赞同<br>(平均比例) |
| --- | --- | --- | --- |
| 活动后会跟同行业机构或公司分享参展感受 | 91.0 | 66.0 | 25.0 |
| 会向同行业机构或公司推荐参展明年的科普日活动 | 96.3 | 72.8 | 23.5 |
| 自己所在机构明年还会继续关注并参展科普日活动 | 92.9 | 64.3 | 28.6 |

2. 全国科普日主场活动科普效果较好,在影响公众方面发挥积极作用

大型公众科普活动的主要对象是公众,所以对全国科普日主场活动科普效果的评估主要从活动对公众产生的影响进行考量,包括了知识影响、情感影响和态度影响三方面,主要通过问卷调查由公众自评。在调查现场公众的问卷中共设计了5道问题。其中,知识影响2道题、情感影响2道题、态度影响1道题。

知识影响方面,如表6-22所示,现场公众在参加活动后对受该方面知识影响的2个观点描述有着较高的认同率,都为90.0%以上。

表6-22 科普日活动对参与公众科学知识影响认同度

(单位:%)

| 观　　点 | 认同率 | 完全赞同<br>(平均比例) | 比较赞同<br>(平均比例) |
| --- | --- | --- | --- |
| 参加本次活动后学到了新的科学技术知识、打开了视野,了解了新的科技发展资讯 | 94.4 | 70.7 | 23.7 |
| 参加过本次活动后将会对我今后的生活和工作产生积极的影响 | 93.1 | 68.3 | 24.8 |

情感影响方面,如表6-23所示,现场公众对参加活动后对受该方面影响的2个观点描述有着较高的认同率,都为90.0%以上。

表6-23 科普日活动对参与公众的科学情感影响认同度

（单位:%）

| 观点 | 认同率 | 完全赞同（平均比例） | 比较赞同（平均比例） |
| --- | --- | --- | --- |
| 参加过本次活动后对相关科学技术内容更感兴趣了 | 93.3 | 69.3 | 24.0 |
| 参加过本次活动后我会继续关注活动中涉及的科技领域和内容 | 93.4 | 71.5 | 21.9 |

态度影响方面，如表6-24所示，现场公众参加活动后对受该方面影响的1个观点描述，有着较高的认同率。

表6-24 科普日活动对参与公众的科学态度影响认同度

（单位:%）

| 观点 | 认同率 | 完全赞同（平均比例） | 比较赞同（平均比例） |
| --- | --- | --- | --- |
| 参加本次活动后一定程度上改变了我的一些不科学的观念 | 93.1 | 69.5 | 23.6 |

### （四）全国科普日主场活动的宣传

对于全国科普日主场活动宣传情况的评估主要从三方面考量，即宣传的渠道、宣传的数量和宣传的深度。以下将对这三方面的总体情况进行分析说明。

1. 宣传方式多元，公众获取相关信息渠道广泛

通过对现场公众、社区公众和参展机构工作人员进行问卷调查了解到此次科普日主场活动的宣传方式多元，公众可以从多种渠道了解相关信息，受众覆盖面更广、更符合不同类型公众资讯获取习惯。

从图6-6和图6-7可以看出，公众通过多种渠道了解全国科普日主场活动的相关信息，覆盖了大众媒体、新媒体、海报宣传等不同渠道，在选择"其他"渠道的公众中还包括了学校组织、单位通知、科协宣传等多种渠道。与全国科普日活动早些年情况相比较可以发现[170]，在宣传上，媒体渠道（尤其是新媒体）已成为活动传播的主要渠道，组织宣传渠道也同时发挥着重要作用，公众了解活动信息的渠道越来越丰富和多元。

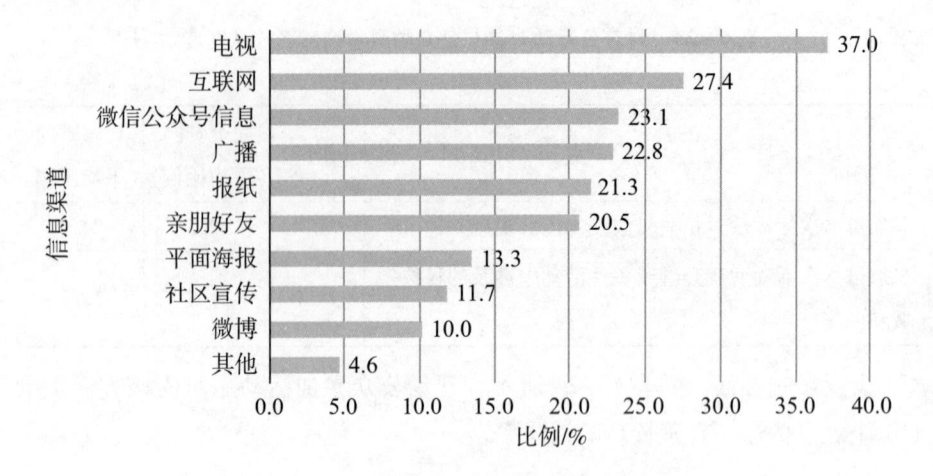

## 图6-6 现场公众获取科普日信息渠道

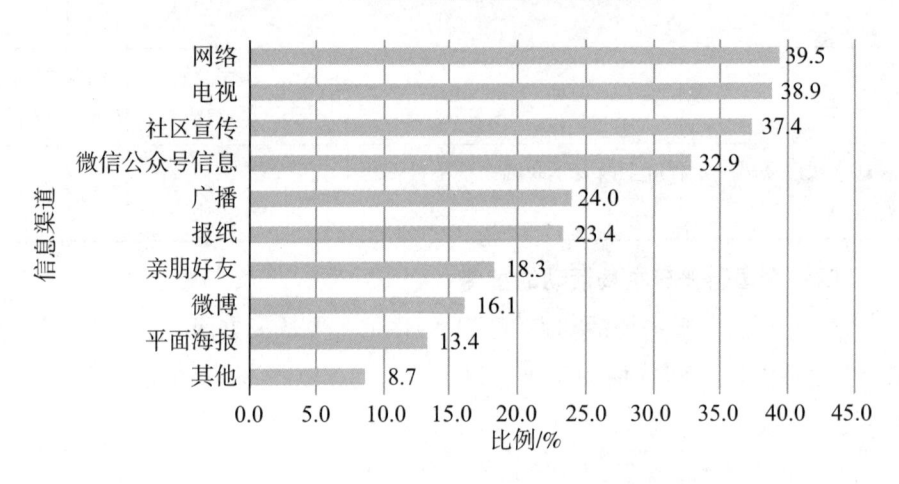

| 信息渠道 | 比例/% |
|---|---|
| 电视 | 37.0 |
| 互联网 | 27.4 |
| 微信公众号信息 | 23.1 |
| 广播 | 22.8 |
| 报纸 | 21.3 |
| 亲朋好友 | 20.5 |
| 平面海报 | 13.3 |
| 社区宣传 | 11.7 |
| 微博 | 10.0 |
| 其他 | 4.6 |

## 图6-7 社区公众了解科普日活动信息途径

| 信息渠道 | 比例/% |
|---|---|
| 网络 | 39.5 |
| 电视 | 38.9 |
| 社区宣传 | 37.4 |
| 微信公众号信息 | 32.9 |
| 广播 | 24.0 |
| 报纸 | 23.4 |
| 亲朋好友 | 18.3 |
| 微博 | 16.1 |
| 平面海报 | 13.4 |
| 其他 | 8.7 |

2. 媒体宣传报道数量多，新媒体带动公众转发传播热情

9月1—25日，以全国科普日及全国科普日主场活动为关键词进行媒体监测，共监测到相关信息228725篇（北京主场活动13.6万篇）。其中，微博203899条、网站新闻11212篇、微信7589篇、APP新闻3377篇、纸媒767篇、论坛689篇、视频602条、博客482篇、评论49条、问答9条、境外信息50篇，如表6-25所示。值得关注的是，所有信息中微博信息多达203899条，占总信息量的89.14%，成为相关信息在新媒体传播的重要平台。其中，原发微博106955条，转发微博96944条，转发量达到原信息的90.6%，凸显了新媒体带动公众共同推动传播的优势和特性。

表 6-25  科普日活动媒体宣传报道情况

| 渠道 | 微博 | 网站新闻 | 微信 | APP新闻 | 纸媒 | 论坛 | 视频 | 博客 | 其他 | 合计 |
|---|---|---|---|---|---|---|---|---|---|---|
| 数量/篇 | 203899 | 11212 | 7589 | 3377 | 767 | 689 | 602 | 482 | 108 | 228725 |
| 占比/% | 89.14 | 4.90 | 3.32 | 1.48 | 0.34 | 0.30 | 0.26 | 0.21 | 0.05 | 100 |

3. 多角度宣传报道，拉开层次现深度

通过媒体监测数据可以知晓，各媒体对 2017 年全国科普日活动在不同时段、从不同角度进行了不同深度的宣传报道，包括活动前的宣传预热，活动中的整体报道和专题报道，活动后的总结性报道等。比如，在全国科普日活动正式开展前，各大媒体对 9 月 6 日的 2017 年科普日新闻发布会的集中报道；活动开展期间，人民网在科普日主场（A 区）设立专门的直播间，进行活动全程跟踪报道；中央电视台焦点访谈节目针对与全国科普日主题最密切相关的活动及主场专家、公众反馈进行了专题报道；各大门户网站进行了科普日活动整体报道；微博、微信公众号等社交媒体在活动全程引领话题先锋，等等。从对参与本次科普日主场活动的媒体人员的问卷调查中了解到，他们所在的媒体也会从不同角度、以不同形式进行宣传报道。

综上所述，各类媒体对科普日活动的宣传报道既有同质性，又有差异性，角度多样，层次丰富，体现出了一定的宣传深度。

（五）相关建议

1. 活动策划与设计方面

（1）进一步明确活动定位，与场馆科普活动有所区别

科普活动的策划和设计是与科普活动的定位紧密联系在一起的，只有先对活动做好准确的定位，才能相应确定活动主题、受众范围、资源等，乃至最终有针对性地进行活动策划设计。全国科普日发展至今已成为我国重要的大型公众科技节事活动[171]，从国际上各国科技节事活动的特点和定位来看，此类活动是在相对集中时间段内进行的综合性的、覆盖公众面较广、调动各方资源支持的大型科普实践活动。

从全国范围来讲，科普日期间全国各地通过不同组织、渠道，面向不同公众开展了丰富多彩、形式多样的科普活动，调动公众参与到科技的"节庆"中来。反观北京主场活动在定位上还是有一定局限性。主场 A 区的多数活动

设在中国科技馆内（部分设在馆外），虽然公众参与活动的方式呈现了多元的发展趋势，但其他形式也是以"展"为主导引领，在空间布局上也是呈一个个展位的形态。在此次评估中，抽访到之前并不知道科普日而仅以参观科技馆为目的的公众类。该类公众起初以为科普日活动仅仅是科技馆进行的特别临展活动；问卷调查的主观题部分也有部分公众的意见是针对科技馆常设展区及工作人员的，而并非针对科普日主场准备的活动。由此看出，一些公众对科普日主场活动和科技馆常设展览是做不出明确区分的。可见，这样的活动呈现方式往往容易弱化了全国科普日作为科技节事活动的综合性、趣味性、互动性和感召力。结合媒体监测数据，显示在活动正式开展前存在相关报道量不足的现象，建议在以后主场活动的策划设计前应进一步明确全国科普日这一科学节事活动的定位，在活动的呈现方式上有所创新，即使在科技场馆内举行也应有一定的辨识度，以便让公众有所区分，在潜移默化中形成科普节事活动的概念。

（2）主题应更具包容性，拉近与公众距离

大型群众性科普活动的主题设计往往需要在时代发展、社会需求、引导公众等方面找到一个很好的结合点。2017年全国科普日的主题为"创新驱动发展，科学破除愚昧"，在对各群体的调查中都得出了较好的评价，但从数据对比中也不难发现，与到场公众好评率92%相比，还未参加活动的社区居民给出的好评率为81.7%，与前者还是有一定差距的。现场公众因为直接参加了活动，对于主题与实际活动的契合度、与公众生活工作的关联度等都会有更立体的评判；而社区居民的评价是对活动主题最单纯、直观的感受，剔除了其他方面因素的影响，更容易客观了解主题的感召力和对公众的吸引力。同时，从媒体监测中"传播热词"的数据来看，作为活动主题的"创新""愚昧"等关键词传播效果并不明显，被淹没在其他关键词中，虽然这种情况跟宣传工作及媒体环境有一定关系，但从一定意义上也说明了主题对公众的吸引力不足，不能增加公众敏感度。另外，在访谈中有社区公众指出"主题的前半句感觉过于宏观笼统，后半句又有一种高高在上的说教感"；有在现场的年轻公众谈道，"一开始看到主题中的'愚昧'就联想到了落后的封建社会，尽管到了现场参与了'谣言粉碎机'等活动后了解到'愚昧'是指我们身边存在的很多'科学谣言'和错误的认识，但还是很难把'愚昧'跟自己联系起来"；也有作为普通公众到场参与活动的科技工作者提出，活动的主题应覆盖更广泛群体，想看到更多科技前沿的内容。

社会公众在科学传播与普及的传统关系中基本上处于受众的位置。传统意义上的社会公众也主要指的是那些远离科学的社会大众，对科学缺乏了解的外行群体。但在当代科技传播与普及发展的背景下，传播关系已经发生了根本性的变化，不再将公众群体视为整齐均一的同质群体，而是认识到公众群体是异质多样、可以分层的。社会公众不仅在许多情况下（如共识会议）与作为传播者的科学家处于一种事实上的平等对话关系，而且出于关注科学技术发展、监控科学技术应用的需要，公众需要主动地了解各种相关信息，积极参与科技事务，成为科技传播的主体。当代科技传播与普及在坚持"主体多元化"的同时，还要特别坚持"公众主体论"的理念[130]。

未来在活动主题的设定上：首先，全国科普日从定位上看是面向广泛公众群体的大型科普活动，而不同公众群体之间也会存在差异性的科普需求，所以活动主题除了要进行较宏观意义上的考量，还应该更注重主题的包容性，拉近与不同类型公众之间的距离；其次，主题要避免给人居高临下的、说教的单向科学传播方式之感，在主题的描述中可以更多地使用"共动式"，让公众在科普活动中有参与感、融入感；最后，要充分了解和利用新媒体快速发展下的媒体环境特点，参考能吸引公众关注的新媒体表达方式，如对不易调和雅俗共赏的问题，可适当运用主副主题结合的方式调和。

（3）创新活动呈现形式和公众参与方式，加强"沉浸式"体验

全国科普日对应其大型科技节事的定位，在特定的主题和内容之下要寻求呈现形式和公众参与方式的创新，主场活动更应该引领先锋。在"主体多元化"和"公众主体论"的科学传播发展趋势下，借鉴建构主义理论，科普日主场活动的形式可从以下三个方面突破创新。

首先，以参与者为中心。参与者是活动参与的主体，要逐渐转变现有的"以展示内容（展品）为中心""以参与者的被动观察式"为主的展陈理念，要强调以参与者为中心，使公众能在参与活动的过程中充分发挥他们的主动性、积极性。2017年的"健康伴我行"活动在这方面体现了一些新意，借助国人耳熟能详的《西游记》故事，策划设计"健康取经之路"，加入"三借芭蕉扇""坎途逢三难""三打白骨精"等游戏元素，共设置了14个健康关卡，引导公众在互动体验中了解相关的健康知识，拿到通关文牒（盖章），最终完成健康取经之路。但是，每一个健康关卡最后还是落在了各个常规展位

上，使公众又进入了普通观展体验模式，各展位的内容之间又没有一个必然的逻辑和需求链条一直吸引着公众，所以西游故事主线的通关也仅是作为外在表现形式存在了。

其次，强调对"真实情境"的设计。建构主义指导下的科普活动设计，必须要创设有利于参与者对科学活动意义建构的情境。真实的情境通常包含有各种各样的刺激，为参与者提供直接操作和深入探究的机会，可以激发参与者浓厚的兴趣和欲望，并促进相关科学知识的习得。在科普日主场中，军事科技活动的任务驱动式的尝试就很不错，以对敌作战为背景，完成模块化任务为参观主线，通过图文、实物、模型、视频、虚拟体验等多种方式创建情境，使公众在情境体验中了解我国在防空、海防、对地打击、航空航天、无人机作战等国防领域的科技成果。但在参与公众较多的情况下，因设施有限就导致不是所有的公众都有机会深入体验各种情境，所以在活动设计时对实施容量要有所考虑和平衡。

最后，加强展陈（展品）的"探究互动性"。建构主义的科普讲求"自主探究"，即展陈方式和展品能促进公众主动探究它们背后承载的科学知识。此次科普日主场活动中虽然很多展位运用了展板、模型、电视视频、多媒体，甚至虚拟现实等手段，但很多仅仅是将其中的科学原理加以简单的画面化，或者干脆就是一段解释的文字，模型也不能直观地看出原理，不知如何参与探究。比如，绿色核能展区有很多制作精细又精致的模型，但如果不听工作人员讲解、不看干涩解释原理的展板文字是不容易仅通过模型获得直观理解的，而且可动手参与度也不高。

2. 活动组织实施方面

（1）合理安排活动时间，利于公众分流

大型公众科普活动具体组织实施阶段的时间安排会直接决定公众的参与度和参与量，从科普主要对象——公众的角度考量安排会更好地提升活动的整体效果。一般来讲，多数公众集中安排业余文化生活的时间多是在公休日和节假日，科普活动的组织实施时间最好能有效利用公众这个时间段。从2017年科普日主场活动的情况来看，9月14—18日跨越了一个周末公休日，安排还是比较合理的，但17日（周日）主场A区并不对公众开放，使人流集中在了16日，一定程度上影响了公众的参与度和活动体验。通过现场观察，16日（周六）主场活动人流量巨大，达到非公休日参加活动人数的三到四倍，各类活动及体验展项前排队现象严重，当日受访的一些公众就表示，很多体验活动由于人多排队时间长而没能体验到感到很遗憾。同时，通过问卷量来看，平时每日收集问卷数在 500—600 份，16 日当日截至 14:30 收集问卷数已达 1500 份；在问卷的主观题目中也有公众提出建议，希望能延长活动的时间，最好能集中在公休日或节假日；还有公众提出可在平常时间集中开设某些时间充裕群体的专场，比如老年人或学校团队参与的专场，这样可在一定程度上实现人员分流，避免各类公众集中在一个时间段参观。

（2）安排整体导览人员，让有限资源发挥更大效果

活动咨询讲解人员的充足性、服务能力和态度等也是本次活动评估的重要指标。从问卷调查的数据来看，公众对该项指标的评价较好，并且在实际观察中也发现每一项活动都专门配备了讲解与咨询人员，相关人员都很尽职尽责，表现了一定的专业能力。但从活动整体来看，除了西门附近有科技馆及科普日活动服务台给公众提供基本咨询服务外，并没有针对整个活动的总体导览人员。公众进入现场后只能单凭自己的感觉，按照各类活动展项的陈列顺序参与活动，很多公众没能在掌握整体活动信息的情况下去合理安排自己的参与顺序和时间分配，导致错过不少展项。如果能安排一些导览人员，根据不同群体给出观览意见，将更有利于发挥有限科普资源的效果，提升公众参与体验的满意度。

3. 活动宣传方面

（1）拓宽宣传渠道，新旧渠道融合互补

2017 年全国科普日在媒体宣传方面力度很大，媒体监测和公众调查的数据都显示出，通过媒体渠道传播的相关信息对公众的知晓度、参与意愿产生了积极影响，但反观前些年曾经起了重要作用的组织渠道却有所萎缩。从对社区公众的调查可以看出，该群体对全国科普日活动的知晓度还有较大的可提升空间，知道的仅占 39%，说明社区这一宣传渠道还应该通过组织力量来打通。类似的如各机关、企事业单位工会及全国总工会，共青团系统各青年组织、高校、中小学等，都是可以利用的组织宣传渠道，并且这些渠道利用好一般会产生较高的参与度。例如，评估组在社区做过科普日问卷调查并进行活动宣传发放门票后，在活动现场就发现有个别社区会统一组织公众来参加活动。问卷调查职业信息中也多出了"社工"这一样本，他们参加完活动回到社区后也更容易成为活动的二次传播者。另外，媒体监测中未监测到电

信运营商渠道中有关科普日活动的短信通知，这也是可以利用的并且十分有效的传播渠道。所以，在以后的活动宣传中应该进一步拓宽渠道，使新旧渠道齐头并进、融合互补，在实践中进一步探索宣传的新渠道。

（2）发挥新媒体优势，积极引导网友互动关注

本次活动的媒体宣传报道，得益于境内外媒体的积极关注，以及人民网、新华网等重要媒体的推动，使全国科普日活动的影响力持续高涨，传播相关信息的数量也高达228725条，其中作为新媒体代表的微博发布的信息占较大比例。但需要注意的是，相关事件虽然媒体关注较高，但引发网友互动的内容更多集中在关注明星本人方面，对全国科普日活动具体内容的关注则比较少。从网友互动情况来看，微博平台利用明星人气进行活动宣传取得了良好的效果，其带来的话题关注和讨论量十分巨大。

但需要注意的是，选择娱乐人气明星参与宣传虽然能够吸引年轻人的关注，但能够吸引的群体仍有局限，对各年龄段网民的兼顾仍显不足。所以，在后续开展宣传工作时需注意方式的全面性和舆论方向的引导，具体可以选择不同行业领域的领军人物和"大V"等参与微博微信互动宣传工作。同时，设计有关注度的话题吸引网友进行讨论甚至辩论，让更多公众的注意力关注到科学传播的内容上来，在互动中完成科普知识的传播，在传播的"量"达到一定程度后，使"量"中的"质"得到保证。

（3）挖掘话题深度，促进科普内容二次传播

从新闻媒体的宣传报道情况看，具备影响力的电视媒体报道大多集中在科普日活动这一新闻事件上，对科普活动向公众传播科学这一目标很少进行深入的话题挖掘。一些专题节目囿于播出区域及播放时间，受众有限，难以形成热点话题，应归咎于传统新闻媒体追求时效性及播出时间有限。同时，也有媒体工作人员自身对于科普工作认识的局限性所致，在编排内容时没有将科学传播作为报道重点。因此，科普工作与媒体工作人员的主动交流互动就显得十分有必要。科普日活动的宣传，有必要通过主办方提供素材、话题启发等方式引导新闻媒体深度挖掘并制作出不一样的新闻内容，避免千篇一律地转载同质新闻。结合新媒体背景下传播渠道特征以及受众特性，必须进行话题设计和引导才有可能引发公众关注的事实。因此，科普内容借助科普活动事件通过新闻媒体渠道进行二次传播就显得十分有必要，是一项需要统筹规划并尽快开展的工作。

# 第七章　科普活动项目申请

本章介绍科普组织与机构如何申请科普活动资助项目。其中，概括介绍主要的科普活动资助机构，详细介绍科普活动资助项目评审的一般程序，项目申请书的撰写方法及项目申请的答辩技巧。

## 第一节　主要的科普活动资助机构

科普是一项全民事业，也是一个社会性工程。随着国家对科普事业的重视与推动，科普经费投入渠道也由政府主导逐步趋于社会化与多元化。当前，科技、教育、环保等政府部门，中国科协、共青团中央等群团组织，以及一些知名大企业都通过一定方式资助科普活动开展。其中，中国科协、科技部及其地方组织机构，连续多年面向社会科普组织采取资金资助的方式推动科普活动的开展。例如，面向北京地区的科普活动资助机构主要包括中国科协、科技部等部门，以及北京市与下属区县的各级相关组织机构。本节简单介绍中国科协系统和科技部系统的科普活动资助。

### 一、中国科协系统的科普活动资助

中国科协系统由全国学会、协会、研究会和地方科协组成。地方科协由同级学会和下一级科协及基层组织组成。科协的组织系统横向跨越绝大部分自然科学学科和大部分产业部门，是一个具有较大覆盖面的网络型组织体系。

作为中国科技工作者的组织，中国科协肩负着推动经济社会发展的多项重任，其中包括"依照《科普法》，弘扬科学精神，普及科学知识，传播科学思想和科学方法。捍卫科学尊严，推广先进技术，开展青少年科学技术教育活动，提高全民科学素质"。中国科协是当前我国开展科学普及的重要力量[①]。

中国科协及省级科协面向社会的科普活动资助项目比较丰富。

中国科协主要面向全国各省级科协开展科普活动专项资助。例如，北京市属的青少年活动中心、社区、科普教育基地，可以通过北京市科协参与中国科协的科普活动资助申请。近年来，中国科协面向社会的科普活动资助项目主要包括全国科技活动周北京主场活动、全国科普日北京主场活动、创作类科普活动、培训类科普活动、竞赛类科普活动等。

省级科协层面，以北京市为例，北京市科协是中国科协的地方组织，接受中国科协的业务指导，由全市性学会、协会、研究会，区科协，市属及国家在京的企业、事业单位科协和高等院校科协组成。北京市科协面向社会资助的科普活动项目主要是全国科普日、全国科技活动周等活动。此外，北京市共有16个区科协，各区科协有面向本区青少年活动中心、社区和科普教育基地等的科普活动资助项目。各省级科协资助科普活动的力度、项目设置等，因各地科普经费条件不一，有较大差别。

## 二、科技部系统的科普活动资助

科技部是国务院直属主管科技的部门，其官网上列出了十七项基本职能，包括：拟订国家创新驱动发展战略方针以及科技发展、引进国外智力规划和政策并组织实施；统筹推进国家创新体系建设和科技体制改革，会同有关部门健全技术创新激励机制；牵头建立统一的国家科技管理平台和科研项目资金协调、评估、监管机制；拟订科学普及和科学传播规划、政策等。在科普工作方面采取的措施主要包括：完善鼓励科普发展政策措施；加快科普基础设施基地建设；联合开展多种形式科普活动；重视科普人才队伍建设；加强科普国际交流合作等[②]。科技部在部分专项中设立了对科普项目的资助，但是

---

① 中国科学技术协会简介[EB/OL]. (2016-06-02)[2019-06-18]. http://www.cast.org.cn/n35081/n37592/10181819.html.

② 科技部职能配置、内设机构和人员编制规定[EB/OL]. (2018-09-10)[2019-06-18]. http://www.most.gov.cn/zzjg/kibzn/201907/t20190709-147572.html.

在科技部层面没有直接面向社会的科普活动资助项目。在科技部所对应的省科技厅、直辖市科委甚至基层（科委）科技局等地方层面，大多设有相应的科普活动资助项目。

例如，上海市浦东新区每年发布《浦东新区科普项目资助申报指南》，还出台了专门的《浦东新区科普项目资助管理办法》，并定期对管理办法进行修订和更新。资助项目包括：①科普活动（展览）类。对科普主题宣传、科普专题展示给予资助，包括组织开展的大型系列公益科普活动和在广场、商场、公园、科普基地等公共空间开展的专题科普展览展示等。②科普阵地（建设）类。对新建的科普设施项目和已列为浦东新区科普教育示范单位的项目建设、提升和改造给予资助，包括科普教育基地和场馆的新建、提升改造、青少年科技创新活动室建设、社区科普设施建设、新媒体建设等。③科普作品（产品）类。对原创的科普作品（影视作品、文字作品、剧本等）和研制开发的科普产品（科普展教具、科学实验包等）的研制和推广给予资助。科普项目可以由一个单位申报，也可以由多个单位联合申报。[①]

与科协系统的科普资助项目情况类似，各地科技系统也因经费等多种因素影响，对科普活动的资助力度和方式不尽相同。

## 第二节　科普活动项目的申请与评审

### 一、科普活动项目申请信息发布渠道

目前，青少年科技活动中心、科普基地等科普组织机构和社区的科普活动经费来源中，有一部分来自不同层面的社会机构或组织的资助。通常情况下，社会资助项目的操作方式主要有两种，一种是定向委托，另一种是公开招标。无论是哪一类的资助项目，都需要规范地履行项目申报程序。因此，科普活动项目申请也是科普活动组织者的一项必备技能。

科普活动资助项目申请信息发布主要有两个渠道。

一是项目资助机构的官方网站，通常在"通知通告"栏目中公布申报

---

[①] 浦东新区科普项目资助管理办法[EB/OL]. (2018-09-25)[2019-10-16]. http://www.pudong.gov.cn/shpd/department/20180925/019010002003001_71964b0c-5575-4e84-b287-f74538770b0b.htm.

通知。

二是项目资助机构向资助范围内的有关单位下发文件。下发的文件一般直接发至单位领导或办事机构。这就需要相关领导和办事机构收到文件后及时在本单位内传达。

案例1是中国科协科普部关于组织实施2018年度推动实施全民科学素质行动申报评审项目的通知，以及其中与科普活动相关的部分项目[①]。

---

**案例1**

**中国科协科普部关于组织实施2018年度推动实施**
**全民科学素质行动申报评审项目的通知**

各全国学会、协会、研究会科普部（科普工作委员会），各省、自治区、直辖市科协科普部，新疆生产建设兵团科协科普部，各有关单位：

为深入贯彻落实《全民科学素质行动计划纲要实施方案（2016—2020年）》《中国科协科普发展规划（2016—2020年）》及《中国科协2018年科普工作要点》，提升公民科学素质，中国科协科普部组织实施2018年度推动实施全民科学素质行动项目，重点做好科学传播能力建设、基层科普服务能力建设、科普人才队伍建设等工作。其中，部分重点任务通过申报评审方式遴选确定承担单位。请符合条件的单位积极申报。现将有关事项通知如下：

**一、申报对象及条件**

（一）申报对象

符合政府购买服务相关规定的科技类社会组织、公益二类或转为企业的事业单位、企业和机构等社会力量。

（二）申报条件

1. 在中华人民共和国境内（港澳台除外）注册，具有独立承担民

---

[①] 中国科协科普部关于组织实施2018年度推动实施全民科学素质行动申报评审项目的通知[EB/OL]. (2018–06–15)[2019–10–16]. http://www.cast.org.cn/art/2018/6/15/art_459_73837.html.

事责任的能力。

2. 具有健全的财务管理机构和制度，信用良好，无违法记录。

3. 具有项目实施能力和基础，配备专门团队，能提供实施项目所必备的保障条件。

4. 熟悉科普工作，在科技工作者中具有广泛号召力，与科普机构有广泛联系。

## 二、项目设置

（一）食品安全科普活动组织实施项目（项目编号：×××1）

项目内容：组织实施科普活动，提升全民食品安全科学素养。在中国科协"科普中国·百城千校万村"的示范引领下，开展食品安全科普宣传周相关活动，推动学会"食品安全进万家"活动的落实推广，并在全国食品安全宣传周期间进行活动的发布。推进建设专家团队，加强食品安全科普内容制作。组织食品安全与健康科普工作研讨会。

经费额度：50万元

项目周期：2018年完成

申报要求：项目负责人和主要参与人员应熟悉食品安全科普活动组织实施工作，具备食品安全互动相关组织协调、项目指导和管理经验。

联系人：×××

联系电话：×××

（二）开展农民科学素质行动计划（项目编号：×××2）

项目内容：做好农民科学素质协调小组办公室日常工作，完成2018年全国农民科学素质网络竞答活动系列工作，做好乡村振兴农业科普示范基地（暂定）遴选与推介前期策划、调研等筹备工作，以及农民妇女科学素质培训工作。

经费额度：60万元

项目周期：2018年完成

申报要求：项目支持单位能够满足项目实施要求，有举办相关或相似活动的经验。

联系人：×××

联系电话：×××

（三）青少年科普阅读行动（项目编号：×××3）

项目内容：组织在不少于260所学校开展科普杂志公益漂流活动，组织开展"科学家进校园"科普讲座，定期举办科普写作活动，举办青少年科普竞赛等校园科普活动，激发青少年科普阅读兴趣。建立青少年科普网络传播机制，形成线上线下互动传播模式，制作新媒体微刊不少于5册，组织开展小记者团科普宣传活动。

经费额度：98万元

项目周期：2018年完成

申报要求：项目负责人和主要参与人员应熟悉青少年科普阅读行动活动，具有组织开展相关活动的知识结构和能力水平，具有大型活动的传播能力，具有活动相关组织协调、项目指导和管理经验。

联系人：×××

联系电话：×××

（四）青少年科技辅导员继续教育示范活动（项目编号：×××4）

项目内容：开发青少年科技辅导员教学课程，建设师资和教材队伍，为全国青少年科技辅导员队伍建设提供公共服务和指导。组织科技辅导员参加网上慕课培训，开展2—3次示范性培训活动。

经费额度：30万元

项目周期：2018年完成

申报要求：项目申报单位和负责人应熟悉青少年科技教育工作，与全国学会、地方科协等科普机构和中小学等教育机构有广泛联系，具备相关组织协调、指导、管理经验。

联系人：×××

联系电话：×××

（五）科普场馆人员继续教育培训示范活动（项目编号：×××5）

项目内容：开发教学课程，建设师资和教材队伍，为全国科普场馆专门人才队伍建设提供公共服务和指导。用好科技馆、自然博物馆、天文馆等科普场馆设施资源，围绕科普场馆的建设与运行管理，重点加强培养急需紧缺的科普展览设计开发、科学教育活动组织策划、科学实验、场馆情报理论和运营管理等方面的科普场馆专门人才，组织开展2—3次示范性培训或学术交流活动。形成科普场馆人才评价体系。

经费额度：40万元

项目周期：2018年完成

申报要求：项目申报单位和负责人应熟悉科普场馆工作，在科普场馆专门人才中具有广泛号召力，与科普场馆、全国学会、地方科协等科普机构有广泛联系，具备相关组织协调、指导、管理经验。

联系人：×××

联系电话：×××

（六）科学传播专家团队培训交流组织实施（项目编号：×××6）

项目内容：开展学会专家团队建设的调研，形成调研报告，通过座谈走访推动未组建团队的学会尽快组建，编写科学传播专家团队建设指南。接收整理全国学会组建科学传播专家团队相关材料，进行备案，维护科学传播专家团队信息库。组织开展首席科学传播专家聘任工作，对聘任期满的首席科学传播专家开展考核和续聘工作，新聘任首席科学传播专家30人，开展首席科学传播专家、科学传播专家团队及其科普先进事迹宣传。为科学传播专家团队提供重大科普工作及活动信息，为其发挥作用提供平台和帮助。

经费额度：30万元

项目周期：2018年完成

申报要求：项目负责人和主要参与人员应熟悉科学传播团队建设工作，与全国学会和科普机构有广泛联系，具备相关组织协调、指导、管理经验。

联系人：×××

联系电话：×××

（七）优秀科普作品遴选与推介项目（项目编号：×××7）

项目内容：开展优秀科普图书征集，形成"优秀科普作品清单"200种。组织开展对征集入选图书和作品的评介200篇，将优秀科普作品清单上所有图书和作品及其评介内容汇总，结集成册，在相关平台以专题形式发布，其中新媒体发布推送稿件100篇。

经费额度：50万元

项目周期：2018年完成

申报要求：项目负责人和主要参与人员应熟悉科普图书的创作和编辑工作，具有组织实施科普图书征集评介活动的经验，具备相关活动的组织协调、项目指导和管理经验。

联系人：×××

联系电话：×××

（八）全国科技馆免费开放组织实施项目（项目编号：×××8）

项目内容：全国科技馆免费开放工作日常管理，如经费测算、数据统计、情况盘点、媒体统计和免费开放网站搭建及运行等系列工作；研究制定科技馆免费开放工作评价的指标体系、方式、方法，指导科技馆免费开放工作逐年有序开展；科技馆免费开放工作绩效检查；制作免费开放媒体报道合集；组织开展5次免费开放座谈和培训。

经费额度：30万元

项目周期：2018年完成

申报要求：项目负责人和主要参与人员应熟悉全国科技馆免费开放组织实施工作，与科技场馆密切联系，具备相关组织协调、项目指导和管理经验。

联系人：×××

联系电话：×××

（九）学术资源科普化项目（项目编号：×××9）

项目内容：开展科学研究和科学普及相结合的机制研究，以实际科研项目为例，探索科研与科普同步开展、及时向公众开展科学普及的有效模式，引导支持优秀科技工作者面向社会公众及时传播最新科研成果。

经费额度：10万元

项目周期：2018年完成

申报要求：项目负责人和主要参与人员具有科研和科普工作相结合的工作经验，具有组织开展科普活动的组织协调、项目指导和管理经验。

联系人：×××

联系电话：×××

（十）2018年度科普人员培训组织管理及绩效评估工作（项目编号：×××10）

项目内容：承担2018年度科普人员培训组织管理及绩效评估工作，负责培训组织管理、跟班服务、绩效评估；全国科普人员培训基地遴选、全国科普人员培训基地及培训单位沙龙活动；科普培训师资库建设、科普人员师资专项培训；科普人员继续教育体制机制研究。

经费额度：50万元

项目周期：2018年完成

申报要求：项目申报和负责人应熟悉培训活动组织与培训研究相关工作，有成熟的培训活动组建经历或相关培训案例，具备相关组织协调、指导、管理经验，有完备实用的培训管理绩效考核系统。

联系人：×××

联系电话：×××

三、申报办法

（一）申报单位可根据自身条件选择合适的项目进行申报。同一项目不得以不同名称重复申请，已获得中国科协其他项目经费支持的项目不得申请。同一单位申报项目原则上不超过2个，一经受理不再调整。

（二）本项目申报评审工作委托×××单位组织实施。申报材料为中国科协科普项目申报书（以下简称《项目申报书》）（附件），请登录中国科协网站（www.cast.org.cn）"通知通告"下载填写，申报材料应客观真实、要素齐全、目标合理、结构清晰、形式规范，不得弄虚作假。不能在申报书内表述清楚的部分，可添加附页。必须在法定代表人签署审核意见、加盖单位公章等手续齐全后将纸质版和电子版同步上报×××单位，纸质文本一式3份。

（三）申报受理时间截至 2018 年 6 月 20 日，逾期不予受理。中国科协科普部将组织专家开展项目评审，结果将通过中国科协网站公布。

**四、项目要求**

（一）项目实施

1. 项目单位应严格按照《项目申报书》明确的事项实施项目，必须于 2018 年内启动并完成。

2. 项目应由项目单位本级执行，严禁转包，发现此类情况将取消项目承办资格并追缴项目拨款。如需有关单位参与协作，请在《项目申报书》中写明由第一申报单位牵头项目实施和管理，并明确承办单位和协作单位双方在任务分工、经费使用等方面的责、权、利。

3. 项目单位可结合自身情况配套资金，申请中央财政资金与配套资金须分别编报，并详列测算依据。预算不可列支管理费。已有财政支持人员经费的单位，不可列支固定人员工资类预算。同一项目不得以不同名称申请中国科协其他经费支持。

4. 对获得的项目资金须专款专用，对照预算使用资金，不得擅自变更资金用途，不得擅自挤占、截留和挪用，保证资金支出和财务管理工作的规范性。财政补助单位须对项目经费单独核算。

（二）项目变更

项目事项确需变更的，项目单位应当以书面形式，专门就调整向科普部上报，具体、完整地说明调整的原因、工作内容、预算金额和内容等，经科普部书面批准后方可实施调整。未履行规范调整程序的变更视为无效。

（三）项目监督与验收

项目单位应积极配合相关部门做好项目执行情况的监督管理、中期检查、总结验收和绩效评价工作，按要求在规定时间及时报送中期和验收自评报告、项目总结和经费决算与管理等资料。对项目检查或验收情况不好、检查或验收后不及时整改的单位，科普部将采取警告通报等惩罚措施；对结果较好的单位予以奖励。

(四)项目绩效信息收集

项目单位应加强对项目效果的实时评估,在项目实施的关键节点,对各类主要的受众人群开展服务对象满意度调查和统计分析,准确、实时、完整地量化、具体化服务效果。

联系方式及联系人:

中国科协科普部:×××1　×××2

联系电话:×××1;×××2

附件:中国科协科普项目申报书[请登录中国科协网站(www.cast.org.cn)"通知通告"栏下载]

中国科协科普部

2018 年 6 月 13 日

## 二、科普活动项目申请的一般程序

### (一)解读申报信息

拟申请科普活动资助项目的单位及工作人员,在申请项目之前,需认真阅读申报资助项目的通告或通知,并确定所在单位及部门是否符合申请资助项目的资格。通常,申报的资格主要包括申请单位的性质、资质和申请时间等。

### (二)策划科普活动项目

申报阶段的项目策划有别于项目申请资助获批后的具体活动策划。申报阶段的策划更多的是对科普活动主题、内容、形式、目标人群、规模等的初步构想,不用涉及过细的环节。

策划申请资助的科普活动项目,一定要做到有据可依。这里说的依据,就是资助机构通过官方渠道发布的资助项目文件和项目指南。项目指南主要介绍项目资助的内容,帮助申请者了解资助范围,选择合适的科普活动主题和形式。不同科普活动资助项目的项目指南的体现方法不太一样,有时候项目指南在项目申报通告中以项目内容形式直接体现,有时候会以附件形式单独出现。申请者需要认真阅读和全面领会项目资助的内容和方向，以确保科普活动选题符合资助要求。

确定科普活动的主题和内容，就是选题的过程。科普活动的选题方法主要有两种：第一，有的资助项目明确列出了要资助的科普活动的主题，那么，申请者可以从招标范围中选题；第二，申请者也可以在自己原有工作基础上进行延伸和拓展，这样的选题往往要求具备实施基础。

科普活动项目的策划要遵循重要性原则、创新性原则、科学性原则和可行性原则[172]。重要性原则是指选题方向须符合国家经济社会发展需求和科普需求；创新性原则体现在科普活动主题、内容、形式上要有继承、有发展；科学性原则体现在科普活动主题、内容符合科学本质，不违背科学精神；可行性原则指科普活动申请方需具备实施科普活动的条件和能力，活动实施具有可操作性。成功策划一项科普活动项目，往往需要有经验的科普活动组织实施人员、申请单位的主管领导、部门领导共同探讨，必要时候可以向科普活动专家咨询。

总之，就科普活动项目申请而言，精心的策划是申请成功的基石，非常关键。完成项目策划后，方可进入项目申请书的撰写阶段。

（三）撰写项目申请书

确定拟申请科普活动主题和类型后，申请者开始着手撰写项目申请书。科普活动项目申请书的撰写将在本章第三节介绍。

（四）报送申请材料

科普活动资助项目的申请材料一般包括项目申请书和申请书之外的一些资格材料。比如，申请单位在相应领域获奖情况的材料证明等，这些材料一般以复印件形式提供。有的项目还可能会要求项目申请方提供一些之前举办科普活动的视频材料或新闻报道材料，作为评审过程中的参考依据。

科普活动资助项目申请材料准备齐全之后，申请者须在依托单位知情并同意的情况下，由单位统一报送或单独报送至项目资助机构。同时，要按照规定的时间和方式提交申请材料。

项目申请材料提交一定要遵守时间，不得超过既定期限。这是因为，项目资助方有既定的工作日程，项目申请材料收集完备后，马上进入下一个评审流程。因此，迟到的申请材料一般不会被接纳。当然，在实际工作中，在特殊情况下，也有科普活动资助项目申请期限延长的情况。

项目申请资料提交方式通常有两种：一种是电子方式提交，另一种是邮寄实物申请材料。其中，电子提交方式有以电子邮件形式将项目申请资料发送指定邮箱和网上系统填报两种渠道。

### 三、科普活动资助项目的评审程序

一般情况下，科普活动资助项目的评审有初审、复审、主管单位审核三个环节。通过初审和复审并最终通过主管单位审核的，将获得项目资助。

#### （一）初审

通常，项目申请材料经统一编号并登记后，由科普活动资助项目的管理工作人员完成初审。初审往往在项目申请材料提交日期截止后马上开始。初审主要审查申请者的资质和申请项目的主题和内容、申请金额是否符合资助项目要求；审查申请资料是否齐备、项目申请书是否有单位加盖的公章等。初审不通过者，不能进入复审环节。

科普活动资助项目评审初审中经常出现的问题主要集中在以下四方面。

（1）申请单位的性质或其他条件不符合科普活动资助项目要求的资格和条件。

（2）申请材料不符合要求。比如，纸质申请书与电子版申请书内容不一致；申请项目的类别代号不正确，申请单位没有按要求在申请书的签字盖章页加盖单位公章，单位法人没有签字；有合作单位的，没有按要求加盖合作单位的公章等。

（3）申请时间不符合要求。申报材料上交时间超过规定时限者一般不予受理。

（4）申请经费不符合要求。项目申请的资助额度超出项目可资助金额的，一般视为不符合要求。

---

**案例 2**

**××年中国科协"繁荣科普创作资助计划"初审情况**

××年中国科协"繁荣科普创作资助计划"共收到 181 个创作团队的 236 个项目申请。经资格审查，共有 128 个创作团队的 167 项申请

> 符合申请条件。其中，申请科普创新展品类资助的创作团队59个，项目77项；申请科普影视作品类资助的创作团队11个，项目15项；申请科普图书类资助的创作团队9个，项目13项；申请科技创新成果科普素材类资助的创作团队49个，项目62项。
>
> 共有69项不符合申报条件。其中，科普创新展品类7项，原因为申报项目为已完成项目。科普图书、影视类31项，原因为申报单位不具备申报资格。科技创新成果科普素材类31项，原因为进行申报的23个团队均不属于全国学会、协会、研究会，不符合资助对象的条件要求。另有1个全国学会申请的项目主题与本资助项目的主题不符。

**（二）复审**

项目申请材料经工作人员初审通过后，进入复审程序。复审一般由科普活动项目资助机构邀请科普活动、科学传播、科技教育等领域的同行专家，依照项目评审标准进行。在申请项目数量较大时，一般依照申请项目的主题和内容分组，每一组遴选3—5名同行专家进行复审，最后综合专家评议意见确定入选项目。

**（三）主管单位审核**

经专家组复审确定的入选资助项目，经项目资助主管单位审核与批准后，最终被确定为资助对象。通常，主管单位相关部门审批后，正式发布文件公布获得资助单位与项目的信息。

**四、科普活动资助项目手续签订程序**

**（一）填写项目任务书**

项目申请书是项目申报阶段的文本材料，是项目评审的依据之一。项目任务书则是在确定申请项目获得资助后，项目申请单位要填写的另一份文本。项目任务书与项目申请书在内容上基本一致，但功能不同。项目任务书的功能主要是明确项目资助方在获得相应经费资助后应完成的主要工作任务，以及项目的实施过程等。

**（二）签订项目协议**

一般情况下，受资助单位还要同项目任务书一道，与项目资助方签署一份项目协议。项目协议是约定双方权利义务的具有法律效力的文本，也是项目拨款的有效依据。项目协议一般由项目资助方起草。通常，项目协议书中约定的内容包括：①项目的甲方和乙方；②项目名称；③项目实施起止时间；④项目资助金额；⑤项目实施过程中甲方、乙方的权利与义务；⑥项目成果的知识产权处理办法；⑦受资助单位的账户信息；⑧资助单位向受资助单位拨款的期限等。

当然，不是所有的资助项目都有签订协议这一环节。一些项目以项目任务书作为确定资助单位和受资助单位达成协议的有效法律文本。

## 第三节　科普活动项目申请书的撰写

科普活动项目能否申报成功，主要取决于如下因素。第一，项目本身是否有重要的社会意义和实用价值，是否具有创新性，是否可行；第二，申报单位是否具有组织实施能力，主要看其以往主办活动的经验、成绩、效果影响，以及申报单位是否具备组织科普活动所需的硬件条件，如场地、设施、科普资源等。所有上述要素，最终通过项目申请书的形式体现出来。撰写规范的申请书并向资助单位或部门按时提交，是获得资助的前提。

虽然科普活动项目资助渠道不同，其评审要求侧重点各异，但基本评价程序和原则相同。一般来说，科普活动项目资助的评审专家主要依据申请者提交的申请书，按照评审原则和相应的评审标准进行评价，据此提出是否资助的建议，随后报送相应的部门进行审批，以最终决定是否资助。因此，要求申请者在项目申请书中阐述项目立项的必要性及可行性，尤其必须阐明拟开展科普活动的意义及其理由，并阐明开展此项科普活动要解决的问题和实现的目标和效益。同时，科普活动项目申请书须重点突出，条理清楚，通俗易懂。

### 一、项目申请书的构成要素

科普活动项目申请书，因资助机构不同，会在形式、内容、表述上呈现出一定差别和个性化因素。不同机构的申请书格式虽有不同，但基本内容和要素是相同的。作为项目申请的文本范式，它们都包括基本信息和项目主体信息两个部分。

基本信息一般包括项目申请者信息、依托单位信息、项目基本信息。项目主体信息一般包括科普活动立项依据、项目任务和内容、项目可行性、项目实施条件、项目实施方案、项目预期目标、项目组成员、项目预算等。当然，也有一些资助机构的科普活动项目申请书相对简单，只涉及立项依据、项目内容与经费。本章案例1附件的申请书就是一种比较简洁的科普活动项目申请书，包括的主要内容有：项目申报单位基本情况、项目负责人及主要参加人员、立项依据和目的、项目主要内容、项目目标及预期成果、项目组织实施条件、项目实施步骤和进度计划、项目经费预算、项目申报单位意见、项目资助机构意见等。中国科协发布的科普活动类项目申请书的基本结构大致如此。

**二、如何撰写项目申请书**

项目申请书的第一页一般都有填报说明，撰写时要认真阅读，按要求填写。

**（一）项目申请书基本信息的撰写**

项目申请书基本信息包括封面信息以及内文中的基本信息。填写的第一要义是真实、准确、规范。

第一，申请单位信息要准确、规范。项目申请书中可能涉及的依托单位包括申请单位、承担单位、上级单位、合作单位等。所有要求填写的单位名称都要写全称。其中，申请单位的基本信息填写会更细更全，通常包括单位类型、组织机构代码、注册时间、注册地点、单位地址、邮政编码、电子邮箱、单位传真、单位负责人、单位财务负责人、单位科技管理部门负责人、联系人及其联系方式，等等。上述信息的填写要求准确、规范。如遇到申请单位无相应信息的项目，如"高新证书号""所在高技术开发区"等，需在相应处填写"无"（表7-1）。

第二，项目基本信息要新颖、规范。项目基本信息包括项目名称、项目所属领域，等等。填写时，项目名称（也称"工作名称"）要新颖，突出新构思、新理念、新内容、新形式。这是因为标题是向读者展示申请书的框架和视角，醒目的标题会吸引读者注意并将读者引到你所希望关注的问题上。项目所属领域要依据科普活动项目资助的相关文件确定。

另外,有的资助机构使用项目类型、项目属性、项目代码等信息来标识具体项目的类别。

表7-1　科普活动项目承担方基本信息样例

| 单位名称 | | | |
|---|---|---|---|
| 组织机构代码 | | 隶属关系 | |
| 上级主管单位名称（一级法人） | | | |
| 单位类型 | | | |
| 单位地址 | | | |
| 注册地所属区县 | | 注册时间 | |
| 邮政编码 | | 单位传真 | |
| 电子邮箱 | | | |
| 高新证书号 | | 所在高技术开发区 | |
| 单位负责人 | | 联系方式 | |
| 项目负责人 | | 联系方式 | |
| 财务负责人 | | 联系方式 | |
| 联系人 | | 联系方式 | |

**（二）项目申请书主体信息的撰写**

1. 立项依据和意义

立项依据是整个项目的立论基础,也是体现项目意义的部分。以北京市为例,此部分需要说明科普活动项目设立的背景、主题、相应依据以及实施的意义,阐述该活动立项与国家相关战略、规划的适应性,以及与《北京市科学技术普及条例》《北京加强全国科技创新中心建设总体方案》《北京市"十三五"时期科学技术普及发展规划》等北京市科普工作相关战略、规划中工作任务内容的适应性。具体地讲,要阐明所申请的科普活动能够解决哪些问题,满足哪类人群的需求,对公众、对单位、对科普事业发展能起到怎样的作用。总之,立项依据要体现选题的重要意义。

2. 项目目标、内容和任务

（1）项目目标

项目目标即通过科普活动实施要达到的预期效果,要侧重社会效益。在填写项目申请书时,科普活动项目目标要能够系统、完整地表达任务完成情况,一般包括定性、定量两个部分。定性部分应概括科普活动预期效果的几方面,如满足科普事业发展需求、服务特定人群、填补特定领域工作空白等。定量部分应说明预期效果的程度、数量和范围,如要反映活动时间、场次、规模、受益人数、资源开发数量等,是对项目全部工作和成果的描述。定量的预期成果一定要可量化,可检查;不能空对空,泛泛而谈。否则,将直接影响项目申请书的质量。案例3是某获得资助的科普活动项目目标,供参考。

---

**案例3**

××× 科普活动项目目标

希望通过本项目的实施,进一步推动国际化学年系列科普活动的开展,在全国青少年中激发"了解化学、喜爱化学"的兴趣,为推动实施《全民科学素质纲要》做出贡献。

(1) 建设水体验活动网站,设计3项网上体验活动,并链接在中学生教育网、国际化学年官网等网站进行宣传。

(2) 7月初到9月底,利用中学生的暑期,调动学生利用暑期进行科学体验活动的兴趣,预计开展活动10次,5万人参加活动。

(3) 活动利用百度地图平台,绘制一张全国水质地图,并在3所中小学的科技节活动中展示(互动)。

---

(2) 项目内容和任务

申请者要阐明拟开展科普活动的主题、内容、形式、时间、地点、目标受众等,要让阅读者通过项目内容的阅读勾勒出活动的概貌。活动内容和任务的撰写要实,避免内容庞杂而空泛、重点不突出等问题。

对科普活动来讲,重特色、求创新也是一个评审标准。科普活动的特色与创新主要体现在以下三点。一是主题新,二是内容新,三是形式新。多数情况下,创新点就是项目的亮点或优势,会给评审专家留下深刻印象。因此,在项目的内容和任务中,应该在项目创新与特色的撰写中浓墨重彩地发挥。

3. 项目组织方式与实施方案

项目承担单位应根据所申请科普活动项目的具体特点、内容和规模,确定组织方式，拟订科学、合理、可行的实施方案。在项目组织方式和实施方案中，重点要阐明项目实施条件，也就是项目实施基础。科普活动的举办需要多种实施条件的支撑，一般包括组织条件、人员条件、设施条件、经费支撑等。另外，也要说明项目申请者和申请单位与本科普活动项目有关的实践工作积累，以及取得的经验或成绩。

同时，科普活动项目还要有相应组织管理和协调措施以保障项目的正常实施。项目负责人应能切实履行管理职责，应能落实项目任务所需的科普活动团队和配套资源、经费等条件，有完善的项目管理制度。

此外，科普活动项目中如有委托实施的任务，受托单位应确保具备委托任务完成的措施；如有多家单位承担项目任务，要阐明委托项目的任务分工、经费使用及相应的目标和考核指标。

4. 项目实施步骤与进度

实施步骤和进度计划是体现科普活动项目可行性的内容之一。实施步骤要明确，能体现不同工作阶段的时间节点，体现项目可按期完成。总体上讲，科普活动的项目周期安排要合理，体现可行性。

5. 项目考核指标

考核指标应体现项目预期目标完成程度和水平，包括：①工作主体方、受众、社会反响等方面的指标；②其他应考核的指标。考核指标应能够系统、完整地表达任务完成情况，具有成果的依附形式或载体，体现实际效果，可查、可测、可看。

科普活动项目的考核指标可以通过以下材料来说明：①完整的活动方案和活动总结；②活动参与人员对活动的反馈意见；③各类媒体对科普活动的报道；④活动照片、影像等资料；⑤财务报告；⑥专家验收意见；等等。

6. 项目负责人、参与人员相关信息

项目申请书中，要体现科普活动项目的实施团队，包括项目负责人和参与人员信息。这些信息应当包括：姓名、性别、出生年月、身份证号码、技术职称、职务、学历、从事专业、主要分工、工作单位等。

7. 其他未尽事宜

凡不在前述6项内容之内的、与科普活动项目实施有关的、必要的信息和内容，可在"其他未尽事宜"中进行约定。

## 第四节　科普活动资助项目评审答辩

目前来看，多数科普活动资助项目的评审主要以项目申报书为评审依据，一般情况下，答辩不是必备环节。随着科普活动资助项目不断走向规范，有些项目也将答辩环节纳入评审过程。因此，作为科普活动资助项目申请方，也要在应对评审答辩方面做好充分准备。

### 一、答辩材料准备

科普活动项目申请方需要提前准备好答辩的材料。案例4展示了通常需要准备的答辩材料［包括文字材料、演示文件（PPT）和视频等材料］。

---

**案例4**

**某社会征集科普项目答辩要求**

答辩人员为申报单位项目负责人或项目主管，答辩人数一般不超过2人。答辩材料包括三类：文字材料为《科普项目社会征集答辩申报表》；制作演示文件，答辩现场演示；影视或图片材料，需要展厅类项目必须提供，答辩现场演示。

答辩时间15分钟。其中，汇报10分钟、专家质询5分钟。各单位于5月10日15：00前，将参会人员回执、答辩文字材料和演示文件，以及影视或图片材料的电子版上传至指定电子邮箱。如未按时提交材料，视为自动放弃答辩。答辩者于答辩前15分钟到达答辩现场。

---

上述三种答辩材料中，文字材料准备相对简单，活动视频材料的准备主要依赖于平时的积累，而演示文件的准备则需要投入更多精力。

PPT文件是项目申请书的浓缩，同时也是其更生动的展示。在准备PPT文件时，应注意以下几点事项。

内容方面：充分阐述科普活动的立项依据与意义；突出展示科普活动的特色、创新之处；详尽描述活动的预期效果；摆明科普活动实施的可行性与申请单位的工作基础及优势。PPT 封面页上不可缺少的内容包括项目名称、申请单位、答辩人姓名、答辩时间。凡是出现在 PPT 文件中的内容，答辩者都要能够自圆其说，没有把握的不去展示。

形式方面：PPT 模板设计避免刻板，可展示特色化、活泼的元素；文字不要太多，图优于表，表优于文字；为每张 PPT 标记页码，方便评委提问；字号最好选择 PPT 默认的，避免使用少见字体；正文内文字排列一般一行字数为 20—25 个，一页 PPT 一般写 6—7 行字；行与行之间、段与段之间要有一定的间距，标题之间的距离（段间距）要大于行间距。

## 二、答辩礼仪

参加科普活动项目评审的答辩环节时，讲究答辩礼仪是起码的要求。答辩礼仪主要包括两方面内容。

其一，要遵守答辩时间。做到不迟到，不超时，不影响整个答辩进程和顺序。为确保不迟到，建议提前进入指定地点等候答辩。为严格遵守答辩时间，建议答辩者进行充分的提前演练；同时，要重视答辩现场工作人员的时间提示。

其二，注意开场、结束时的礼仪。答辩者在开场白时，要使用礼貌用语问候在场专家、工作人员；在答辩结束后要致谢。问候、致谢语言要得体、简短、真诚，体态语要适度，态度要谦和。

## 三、答辩技巧

参加项目申请答辩，要讲究一定的技巧。科普活动项目申请的答辩，与一般科研项目申请答辩、研究生毕业答辩有共同之处。各种答辩的技巧也是通用的。下面介绍一些常用的答辩技巧。

（一）项目陈述技巧

第一，陈述信息分布要合理。科普活动项目的意义、内容、预期目标等是重点，要合理分配时间，保证充分陈述和展示。第二，答辩者陈述项目时要坦然镇定；声音要洪亮，确保在场所有人都能听到；语言表达要准确简洁，避免过多使用口头语，尽量不重复。

（二）回答问题技巧

在答辩过程中，评审专家会依据答辩者的陈述内容，结合自己理解，围绕科普活动项目申请提出问题，请答辩者回答。

1. 提前对评委提问的问题有所准备

答辩现场，评委提问主要基于科普活动项目申请书及答辩者的项目陈述，可能会涉及方方面面的问题。有一些问题是评审专家普遍关注的，因此提问也经常围绕此开展。比如，所申请科普活动的内容或形式有何特色或者创新点，所申请科普活动的社会效益具体何在，申请单位是否具备或者何种程度上具备实施科普活动项目的条件或资源，申请单位如何评估科普活动效果等。答辩者应该在这些方面提前做好充分的准备和考虑。

2. 现场回答问题的技巧

（1）听取问题精神要高度集中。听取评审专家提问，精神要高度集中，同时，将提问的问题一一笔录，记录过程要整理思路，考虑回答方法。遇到没有听懂的提问，不能放过，要以谦虚的语气请评审专家再次提问或者进行必要解释。遇到自己没有把握确信听明白的问题，可以在提问后试着表达自己的理解，然后问专家自己是否正确地理解了问题。

（2）对提出的问题，要在短时间内迅速做出反应，最好不要有较长停顿和思考时间。要做到这一点，需要记录问题时就开始思考问题。

（3）回答问题要充满自信，语言流畅，语气肯定，不急躁。要让评委感受到申请方对所申请的科普活动已经做了充分准备，并具备扎实的工作基础，表明申请方有能力搞好科普活动。

（4）实事求是回答问题。对有把握的疑问要回答、辩解或者申明理由；对拿不准的问题，可不进行辩解，而是实事求是地回答，态度要谦虚，说明不能回答的原因。要体现出申请方实事求是的工作作风。

（5）回答问题要有条理。所谓有条理，一方面是对全部问题的回答要有条理；另一方面体现在回答同一个问题时要有条理。总之，回答问题要有明确的指向性，逻辑性要强。

（6）逐条回答，必要时可合并。要认真回答每一位评委提问的问题，不可漏答。如果遇到有两位或者两位以上专家同时提问同一方面问题时，在确认可以合并回答的前提下，可以先征求专家意见，获得应允方可合并回答。

# 参 考 文 献

[1]任福君,翟杰全.科技传播与普及概论(修订版)[M].北京:中国科学技术出版社,2014:133,52.

[2]李大光.理解科学是否就能信赖科学?[N].中华读书报,2006-01-25(2).

[3]Walter E. Massey. Science Education in the United States:What the Scientific Community Can Do[J]Science,1989,245(4921):915-921.

[4]高文,徐斌艳,吴刚.建构主义教育研究[M].北京:教育科学出版社,2008:2.

[5]科学技术部政策法规司,中国科学技术信息研究所.全国科普统计培训教材附件4:2010年度科普统计培训教材[EB/OL].(2012-01-09)[2019-06-18]. http://www.istic.ac.cn/Portals/O/documents/sgdt/.

[6]任福君,翟杰全.科技传播与普及概论(修订版)[M].北京:中国科学技术出版社,2014:251-252.

[7]Abrão Possik P, Cantisani Shumiski L, Corrêa E M, et al. Você já comeu DNA hoje? Divulgação científica durante a Semana da Ciência e Tecnologia no Brasil[J]. História, Ciências, Saúde-Manguinhos, 2013(20):1353-1362.

[8]Gillan, Amy Larrison; Hebert, Terri. It´s a Zoo out There![J]. Science and Children. 2014, 51(9):59-65.

[9]Landsman Y, Landsman K, Metuki O, et al. "the spaceship"-live and interactive space news in Hebrew[C]. Proceedings of the International Astronautical Congress, IAC. 2015,13:10218-10221.

[10]Fogg-Rogers L, Sardo A M, Grand A. Beyond Dissemination—Science Communication as Impact[J]. Journal of Science Communication, 2015, 14(3):1-7.

[11]Bonney R, Phillips T B, Ballard H L, et al. Can Citizen Science Enhance Public Understanding of Science?[J]. Public Understanding of Science, 2016, 25(1):2-16.

[12]Amaral S V, Montenegro M, Forte T, et al. Science in Theatre—An Art Project with Researchers[J]. Journal of Creative Communications, 2017, 12(1):13-30.

[13]张波.建构主义指导下的馆校合作的活动设计研究[D].武汉:华中科技大

学,2015.

[14]高爱,王庆涛."互联网+"形势下科普活动的实践与思考[J].现代企业,2015(11):27-28.

[15]张辉.具身认知视角下的科普场馆教育活动设计实证研究[J].自然科学博物馆研究,2017(Z2):3-10.

[16]张娅菲.从传播学视角看科技馆科普探究活动模式——以武汉科技馆"寰宇川行"主题科普探究活动为例[C]//中国科普研究所,广东省科学技术协会.中国科普理论与实践探索——第二十四届全国科普理论研讨会暨第九届馆校结合科学教育论坛论文集.北京:科学普及出版社,2017:200-205.

[17]陈冰.亚洲潜水学院潜水展览馆科普活动设计暨潜水VR素材开发研究[J].中国校外教育,2018(2):98-100.

[18]徐海,段仁杰,付刚华,等.利用《名侦探柯南》开展化学科普——创新型的科普设计与实践[J].科普研究,2018,13(4):67-73.

[19]何家琪,杨舒敏,韦杰琼,等.青秀山风景区科普教育活动组织及优化建议[J].安徽农业科学,2018,46(32):189-191.

[20]阎姝伊,郑曦.植物园科普教育系统规划设计探析[J].中国城市林业,2018,16(3):52-56.

[21]张丹丹,张建军.东莞市科学技术博物馆"科技梦·少年梦·飞行梦"科普活动的设计理念与成效[C]//中国科普研究所,湖南省科学技术协会.全球科学教育改革背景下的馆校结合——第七届馆校结合科学教育研讨会论文集.北京:科学普及出版社,2015:139-146.

[22]吴晶平,杨帆.广州科普交流系列活动实践与探索[J].科技风,2019(6):240—242.

[23]Jones Gail, Childers Gina, Stevens Vanessa, et al. Citizen Scientists: Investigating Science in the Community[J]. Science Teacher,2012, 79(9): 36-39.

[24]Gaio-Oliveira G, Delicado A, Martins-Loução M A. Botanic gardens as communicators of plant diversity and conservation[J]. The Botanical Review, 2017, 83(3): 282-302.

[25]Besley J C, Dudo A, Yuan S, et al. Understanding scientists' willingness to engage[J]. Science Communication, 2018, 40(5): 559-590.

[26]Kato-Nitta N, Maeda T, Iwahashi K, et al. Understanding the public, the visitors, and the participants in science communication activities[J]. Public Understanding of Science, 2018, 27(7): 857-875.

[27]Nielsen K, Gathings M J, Peterman K. New, Not Different: Data-Driven Perspectives on Science Festival Audiences[J]. Science Communication, 2019, 41(2): 254-264.

[28]黄文超,冯颖竹,赵荣芳,等.基于海珠湿地环保科普活动宣传效果的问卷调查与分析[J].现代农业,2015(7):80-82.

[29]余小英.边境地区青少年科普教育活动现状调查与研究——以广西崇左市为例[J].广西民族师范学院学报,2015(3):78-81.

[30]李宏,张敏.科技馆青少年教育活动研究——基于黑龙江省科技场馆教育活动开展情况的调研与实践[C]//中国科普研究所,广东省科学技术协会.中国科普理论与实践探索——第二十四届全国科普理论研讨会暨第九届馆校结合科学教育论坛论文集.北京:科学普及出版社,2017:67-76.

[31]余炳宁,陆祖双,黄小江,等.科普基地服务模式创新与实践——广西亚热带植物园开展青少年科普活动体会[J].农业研究与应用,2018(3):63-66.

[32]白莹,张竞文,赖纯米.云南省健康科普知识的公众需求分析[J].预防医学,2017(11):96-9+140.

[33]杨露.长沙县农村科普发展状况分析[J].南方农业,2015(27):138-139.

[34]陈少婷,贺丽容,梁欢容,等.2016年广州"三农"科普的发展情况与对策建议[J].广东畜牧兽医科技,2017,42(4):9-14.

[35]赵兰兰.城镇社区居民科普需求及满意度调研——以北京市为例[J].科普研究,2018,13(5):40-49.

[36]原野,杨春竹,郑奕.多种传播形式下的校园气象科普活动分析[J].气象研究与应用,2017(3):135-138.

[37]俄沂彤,刘海荣,齐立海,等.大学生科普需求调查研究[J].科技创新与应用,2019(6):51-52.

[38]A Artigas,A Costa,C H Eyraud,et al. The Eratosthenes space project[J]. Physics Education,2011,46(1):17-19.

[39]McAlpine K. Ships, Clocks & Stars: the quest for impact[J]. Journal of Science Communication, 2015, 14(3): 1-7.

[40]Fabbri F L, Battistini L, Boccardi B,et al. The birth of Adotta Scienza Arte Nella Tua classe a project for teaching and popularisation of science[C]. APLIMAT 2016—15th Conference on Applied Mathematics 2016, Proceedings, 2016: 298-323.

[41]Pittman, Jason. Celebrating Science with the Community: An Approach to Science Fairs Intended to Create Learning Celebrations[J]. Science and Children,2016, 54(1): 46-51.

[42]Skjoldager-Nielsen K, Skjoldager-Nielsen D. Theatre, Science, and the Popular: Two Contemporary Examples From Scandinavia[J]. Nordic Theatre Studies, 2017, 29(2): 137-161.

[43]Hagmann D. Reflections on the Use of Social Networking Sites as an Interactive Tool for

Data Dissemination in Digital Archaeology[J]. Interdisciplinaria Archaeologica, 2018, 9(1).

[44]Grimberg B I, Williamson K, Key J S. Facilitating scientific engagement through a science – art festival[J]. International Journal of Science Education, Part B, 2019,9(2):114 – 127.

[45]闻娟,高闯,武欣欣,等. 科普场馆3D打印展教活动的实践与探索——以中国科学技术馆为例[J]. 自然科学博物馆研究,2016(Z2):57 – 62.

[46]郭峰,戴晨元. 国土资源实物地质资料中心创新科普活动介绍[J]. 中国矿业,2017(Z1):92 – 95 + 125.

[47]张静蓉,王明慧,陈永梅,等. 农村环境科普的实例及建议[J]. 环境保护,2016(21):60 – 62.

[48]王冠. 青少年科技教育新模式的探索与实践——高校科学营湖北营助力全国青少年科技教育活动[J]. 教育现代化,2018,5(53):379 – 381.

[49]张建华. "菜单式"团队活动:馆校结合新模式的实践探索——以"科普欢乐行进校园"系列活动为例[C]//面向新时代的馆校结合·科学教育——第十届馆校结合科学教育论坛论文集. 北京:科学普及出版社,2018:2 – 5.

[50]刘强. 专利年度大集——区域科普教育活动的一种新形式——以济南市长清区科普创新宣传活动为例[J]. 科教导刊,2018(15):144 – 145.

[51]敖妮花,龚惠玲,何林. 关于科普展览的实践与思考——以中国科学院的实践探索为例[J]. 科技传播,2018(5):176 – 178.

[52]董青,王晨,胡亚,等. 气象宣传科普品牌活动建构与发展——以直击天气活动为例[J]. 科技传播,2018(8):181 – 183.

[53]达月珍,赵庆,王再军. 我国校园气象站科普功效分析及其发展的思考[J]. 广东气象,2019,41(1):51 – 54.

[54]Fauville G, Dupont S, von Thun S, et al. Can Facebook be used to increase scientific literacy? A case study of the Monterey Bay Aquarium Research Institute Facebook page and ocean literacy[J]. Computers & Education, 2015(82): 60 – 73.

[55]Maher Z, Khorasgani A R, Hashemianfar S A. Investigating citizens' experience of Public Communication of Science (PCS) and the role of media in contributing to this experience (A case study on Isfahan citizens)[J]. Global Media Journal, 2015, 13(24): 1 – 30.

[56]Michael A. YouTube videos of research in action foster diverse public interest in science[J]. Ideas in Ecology and Evolution,2017,10(1): 27 – 36.

[57]Stojanovski L. Space outreach and the web: The Rise of You Tube and Its use in Engaging the Public with Space[C]. Proceedings of the International Astronautical Congress, IAC, 2017, 17: 11328 – 11332.

[58]Pacini G, Bagnoli F. Science Cafés in the internet era[J]. Lecture Notes in Computer

Science,2017:79-89.

[59]Lessard B D, Whiffin A L, Wild A L. A Guide to Public Engagement for Entomological Collections and Natural History Museums in the Age of Social Media[J]. Annals of the Entomological Society of America,2017,110(5):467-479.

[60]吴晶平. 联合大众媒体开展科普活动的实践与探索[J]. 广东科技,2015(14):91-93.

[61]刘启强,赵恒煜. 全媒体时期广东科普宣传的现状与对策研究[J]. 科技传播,2017(5下):96-100.

[62]张加春. 新媒体背景下科普的路径依赖与突破[J]. 科普研究,2016,11(4):19-26+44.

[63]孙静,汤书昆. 新媒体环境下"微信"科学传播模式探析[J]. 科普研究,2016,11(5):10-16.

[64]钟声贤. 新媒体视野下科普传播模式探析——以广西科学技术情报研究所科普微信公众平台建设为例[J]. 企业科技与发展,2017(11):32-34.

[65]潘龙飞,周程. 基于新媒体的大型科普活动效果评估——以2015年全国科普日为例[J]. 科普研究,2016,11(6):48-56.

[66]刘菁. "互联网+天文科普"在科技馆体系的创新应用探析[J]. 自然科学博物馆研究,2017(Z2):119-123.

[67]陈艳红,刘娟. 互联网+背景下航天科普传播路径研究[J]. 北华航天工业学院学报,2018(3):48-50.

[68]刘美,刘锦绣,孔令强. 论深度参与科普模式在实践中的应用——基于漳州气象科普工作的实证研究[J]. 海峡科学,2018(12):83-85.

[69]刘道华,宋玉婷,王景慧,等. 基于大数据应用的科普资源精准推送和实施路径研究[J]. 福建电脑,2018(11):29-30.

[70]Kochigami K, Okada K, Inaba M. Social Acceptance of Interactive Robots in Japan: Comparison of Children and Adults and Analysis of People's Opinion[C]//Companion of the 2018 ACM/IEEE International Conference on Human-Robot Interaction. ACM,2018:157-158.

[71]Didegah F, Mejlgaard N, Sørensen M P. Investigating the Quality of Interactions and Public Engagement around Scientific Papers on Twitter[J]. Journal of Informetrics,2018,12(3):960-971.

[72]杨嘉檬. 基于设计型学习(DBL)的青少年机器人科普活动设计与实施[D]. 杭州:浙江大学,2017.

[73]钱航,尚玮,扈佳林,等. 航天企业开展青少年科普教育志愿服务创新实践[J]. 中国校外教育,2018(9下):5-6+22.

[74]罗隆.高职院校开展科普活动途径探析——以广州工程技术职业学院机器人科普为例[J].科技与创新,2018(13):53-54.

[75]申耀武,许文燕,唐细永.高职院校依托专业优势开展科普活动探索与实践——以广州南洋理工职业学院机器人科普活动为例[J].科技与创新,2018(23):124-125.

[76]李成范.高校走在人工智能科普大道上[J].科技风,2018(2):72.

[77]陶红梅,张艳花,张雪,等.曲靖市青少年校外科技活动中心开展科普活动情况[J].农村实用技术,2018(5):22-23.

[78]Sardo A M,Grand A. Science in culture: Audiences' Perspective on Engaging with Science at a Summer Festival[J]. Science Communication,2016,38(2): 251-260.

[79]Zang T,Wang Y,He Z,et al. A Self-determined Evaluation Method for Science Popularization Based on IOWA Operator and Particle Swarm Optimization[C]//International Conference of Pioneering Computer Scientists, Engineers and Educators. Springer, Singapore, 2016: 96-108.

[80]Sánchez-Mora M C. Towards a Taxonomy for Public Communication of Science Activities[J]. Journal of Science Communication, 2016, 15(2): Y01.

[81]Ann Grand,Ana Margarida Sardo. What Works in the Field? Evaluating Informal Science Events[J]. Frontiers in Communication, 2017, 2 (22):1-6

[82]Tajmel T, Salzmann I. From Stage to Classroom—the Transfer of Knowledge through the Festival "Science on Stage"[J]. MRS Advances, 2017, 2(31/32): 1643-1649.

[83]谭超.大型科普活动前期宣传效果评估的探讨——以2010年全国科普日北京主场活动宣传为例[J].科普研究,2011,6(6):80-83.

[84]张志敏,郑念.大型科普活动效果评估框架研究[J].科技管理研究,2013(24):48-52.

[85]何丹,谭超,刘深.北京市科普工作社会化评价指标体系研究[J].科普研究,2014,9(3):29-33+40.

[86]王江平,高文,靳鹏霄,等.2014年度天津市科普活动绩效评价[J].天津科技,2015(12):41-45.

[87]严波,区明思,乔锦杨,郭权.专题科普活动成效监测评估指标设计探讨[J].广东科技,2017(5):80-84.

[88]王荣泉,莫扬.中美科普展览评估比较研究[J].科普研究,2015,10(4):64-70.

[89]齐培潇,郑念,王刚.基于吸引子视角的科普活动效果评估:理论模型初探[J].科研管理,2016(4):387-392.

[90]张思光,刘玉强.基于3E理论的我国科研机构科普成效评价指标体系研究[C]//中国科普研究所,广东省科学技术协会.中国科普理论与实践探索——第二十四届全国科普

理论研讨会暨第九届馆校结合科学教育论坛论文集.北京:科学普及出版社,2017:299-309.

[91]汤乐明,王海芸,梁廷政.社区科普互动厅评估指标构建及评价研究[J].科普研究,2018,13(5):68-74.

[92]马磊.走近"科学"象牙塔——国外科普活动及对广东的启示[J].广东科技,2006(7):8-9.

[93]田何志,周宇英.发达国家科普(技)教育基地建设对广东省的启示[J].科技管理研究,2012(18):31-35.

[94]李忠明,李蓓蓓,顾晓燕.西方发达国家经验对我国文化传播工作的启示——以气象科普为例[J].语文学刊,2013(9):30-33.

[95]潘津,孙志敏.美国互联网科普案例研究及对我国的启示[J].科普研究,2014,9(1):46-53.

[96]周彧.美国的"互联网+科普"[J].科学新闻,2017(12):65-66.

[97]胡熳华.例说美国科普工作的特点[J].中国农村科技,2015(2):72-73.

[98]王梅奚.美国农村科普发展模式的启示与借鉴[J].世界农业,2017(1):47-52.

[99]刘振军,刘锦鑫.城市社区科普模式创新研究——以深圳市为例[J].改革与开放,2017(23):23-24,55.

[100]郭朝晖.科普场馆实验室运营及评估框架设计研究[D].北京邮电大学,2017(3):7-20.

[101]齐海伶,刘萱,李焱,等.国外知名科普机构建设对我国科普工作的启示[J].科学与社会,2018(8):56-62.

[102]Prokop A, Illingworth S. Aiming for long-term, Objective-driven Science Communication in the UK[J]. F1000 Research, 2016, 5(02):1540-1553.

[103]Sanz Merino N, Tarhuni Navarro D. H. Attitudes and Perceptions of Conacyt Researchers towards Public Communication of Science and Technology[J]. Public Understanding of Science,2019,28(1): 85-100.

[104]杨晶,王楠.我国大学和科研机构开展科普活动现状研究[J].科普研究,2015,10(6):93-178.

[105]Chittenden D. Commentary: Roles, Opportunities, and Challenges — Science Museums Engaging the Public in Emerging Science and Technology[J]. Journal of Nanoparticle Research, 2011, 13(4): 1549-1556.

[106]Okusa Y. View of Sustainable Local Science Community Networks in Sendai-Miyagi, Planning by Local Production for Local Consumption of Science and Technology[J]. IEEJ Transactions on Sensors and Micromachines, 2014, 134: 241-242.

[107]Han H, Stenhouse N. Bridging the Research-practice Gap in Climate Communication:

Jessons from One Academic – Practitioner Collaboration[J]. Science Communication, 2015, 37(3): 396 – 404.

[108] Ishihara – Shineha S. Persistence of the Deficit Model in Japan's Science Communication: Analysis of White Papers on Science and Technology[J]. East Asian Science, Technology and Society, 2017, 11(3): 305 – 329.

[109] 姚锦烽,白雪莹,邵俊年,等. 气象科普活动现状与思考[J]. 中国校外教育,2017(5下):119 – 122.

[110] 王红强. 立足于北京国家地球观象台的科普活动总结及思考[C]//2017 中国地球科学联合学术年会论文集. 北京:中国和平音像电子出版社,2017(10):2342 – 122.

[111] 周静,朱才毅. 广东科学中心科普交流现状管窥[J]. 中国高新科技,2018(7):55 – 57.

[112] 廖珊,龚淼,钟琦. 湖南省地质博物馆科普实践与创新[J]. 国土资源导刊,2018,15(2):91 – 96.

[113] 吴晶平,钟志云. 全国科普讲解大赛的实践与思考[J]. 科技传播,2019(2下):190 – 191.

[114] "创新我国科技馆科普教育活动对策研究"课题组. 创新我国科技馆科普教育活动对策研究报告[C]//科技馆研究报告集(2006—2015)(下册). 北京:科学普及出版社,2017:630 – 657.

[115] "科技馆教育活动创新与发展研究"课题组. 科技馆教育活动创新与发展研究报告[C]. 科技馆研究报告集(2006—2015)(下册). 北京:科学普及出版社,2017:691 – 719.

[116] 李陶陶. 科普供给问题探因与对策[J]. 三峡大学学报(人文社会科学版),2018,40(5):113 – 116.

[117] 符昌昭. 高校科普资源多样性开发利用对策研究[J]. 科技创业,2018(11):40 – 42.

[118] Smyrnaiou Zacharoula, Foteini Moustaki, Kynigos Chronis. Students' Constructionist Game Modelling Activities as Part of Inquiry Learning Processes[J]. Electronic Journal of e – Learning,2012,10(2): 235 – 248.

[119] Oliveira L T, Carvalho A. Public Engagement with Science and Technology:Contributos Para a Definição do Conceito e a análise da sua Aplicação no Contexto Português[J]. Observatorio (OBS*), 2015, 9(3): 155 – 178.

[120] Medvecky F, Macknight V. Building the Economic – Public Relationship: Learning from Science Communication and Science Studies[J]. Journal of Science Communication, 2017, 16(2): A01.

[121] Harder I, Walter C, Brinksmeier E. Engaging the Public in Engineering Science—Suc-

cessful Measures for a Public Dialog[J]. Procedia Manufacturing,2017(8):96-103.

[122]Torras-Melenchon Nuria,Grau M. Dolors,Font-Soldevila Josep,et al. Effect of a Science Communication Event on Students' Attitudes Towards Science and Technology [J]. International Journal of Engineering Education,2017,33(1):55-65.

[123]Niemann P, Schrögel P, Hauser C. Präsentationsformen der externen Wissenschaftskommunikation: Ein Vorschlag zur Typologisierung[J]. Zeitschrift für Angewandte Linguistik, 2017,67(1):81-113.

[124]张辉.科普场馆教育活动如何促进儿童科学观念的形成——基于"遇见·光"主题探究活动案例的研究[C]//中国科普研究所,广东省科学技术协会.中国科普理论与实践探索——第二十四届全国科普理论研讨会暨第九届馆校结合科学教育论坛论文集.北京:科学普及出版社,2017:186-194.

[125]戴泓博.科普展品与科普活动效果比较研究——以深圳市科学馆为例[D].武汉:华中科技大学,2017.

[126]许玉球,韩俊,侯的平. AR技术在科普教育活动中的研究应用[J].广东科技, 2018(7):75-77.

[127]邓国英,李立,陈锦远,等.医疗科普活动对医患关系影响探讨[J].社区医学杂志,2018(20):1529-1531.

[128]蔡黎明.场馆非正式学习中的科普教育活动——以上海自然博物馆为例[J].科协论坛,2018(4):34-35.

[129]中华人民共和国科学技术部.中国科普统计(2009—2018年版)[M].北京:科学技术文献出版社,2009-2019.

[130]任福君,翟杰全.科技传播与普及概论(修订版)[M].北京:中国科学技术出版社, 2014:36,64,250,203,268.

[131]景佳,韦强,马曙,等.科普活动的策划与组织实施[M].武汉:华中科技大学出版社,2011:21-29,163,185,246.

[132]中国青少年科技辅导员协会.科技辅导员工作指南[M].北京:科学普及出版社, 2011:44-52.

[133]金莺莲.全球科技节的兴起原因与发展策略分析[J].科普研究,2018,13(4): 74-83+109.

[134]David Jarman. The Strength of Festival Ties: Social Network Analysis and the 2014 Edinburgh International Science Festival[J]. Critical Event Studies,2016(11):277-308.

[135]张志敏.科学节、城市文化与鸡尾酒[J].民主与科学,2018(6):48-50.

[136]姚昆仑.英国科学促进会和英国科技节[J].科协论坛,1996(3):50.

[137]丁晗炎.1995年挪威科技发展综述[J].全球科技经济瞭望,1996(6):41-44.

[138]李宏,陈晓怡,刘渐,等. 世界各国的科学家节日[J]. 科技导报,2019,37(10):103-104.

[139]周立军. 科普产业如何走向市场——首届北京科学嘉年华引发的思考[J]. 科普研究,2012,7(1):29-31.

[140]郑念,诸葛蔚东,王丽慧. 日本科普政策的演变及对我国的启示[EB/OL]. (2019-01-18)[2019-06-18]. http://www.crsp.org.cn/xueshuzhuanti/yanjiudongtai/011524252019.html.

[141]余维运. 韩国科学文化事业演变浅析[J]. 科普研究,2010,5(3):84-88.

[142]刘保平,许修宏. 欧洲"研究人员之夜"——民众的科学节日[J]. 世界华商经济年鉴·高校教育研究,2008(11):228-230.

[143]尹霖,陈玲. 英国科学节概述[EB/OL]. (2016-09-14)[2019-06-18]. http://www.crsp.org.cn/xueshuzhuanti/yanjiudongtai/09121d32016.html.

[144]黄雁翔,聂海林,蒋怒雪. 北京城市科学节与爱丁堡国际科学节的比较研究[J]. 科普研究,2015,10(6).63-71+82.

[145]高伟山. 世界最大的科技盛典——爱丁堡国际科学节[J]. 中国科技奖励,2005(10):68-70.

[146]Weihl, C. USA Science & Engineering Festival Sparks Interest in All Things STEM[J]. Welding Journal,2018(11):36-39.

[147]屈昊. 澳大利亚科学节对我国科技活动周的启示[J]. 安徽科技,2009(10):53-54.

[148]浙江水利水电学院学报编辑部. 世界水日的来历[J]. 浙江水利水电学院学报,2018,30(3):7.

[149]共产党员(辽宁)编辑部. 世界地球日各国都做了些什么?[J]. 共产党员(辽宁),2016(9):60.

[150]Jonathan R Hill. Earth Day Illustrated Poem Contest: Chemist Celebrate Earth Day - Plants: The Green Machines[J]. Journal of Chemical Education,2012(2):102.

[151]陈静. "世界地球日"各国活动集锦[J]. 地球,2011(4):17-19.

[152]冯艳艳. 新加坡"天才教育计划"研究[D]. 武汉:华中师范大学,2009.

[153]王寅枚,冯超,程黎. 新加坡天才教育的现状及特色[J]. 外国教育研究,2014,41(3):12-21.

[154]张立娅. 以色列英才教育研究[D]. 上海:华东师范大学,2015.

[155]党伟龙,王涛. 论科学咖啡馆在我国的困境与前景[J]. 科技导报,2012(17):81.

[156]党伟龙,刘萱. 论欧美"科学咖啡馆"的实践及其启示[J]. 科普研究,2013,8(1):39-44.

[157]张义芳. 国外科普工作概要[M]. 北京:科学技术文献出版社,1999:74.

[158]卓佳,颜熙,陈宝,等.国外科普工作对我国青少年科普之启示[J].重庆大学学报(社会科学版),2003(6):193-195.

[159]斯蒂芬·P.罗宾斯,玛丽·库尔特.管理学[M].李原,等,译.北京:中国人民大学出版社,2012:341.

[160]徐柳.我国志愿者组织发展的现状、问题与对策[J].学术研究,2008(5):67-159.

[161]钟虹添,奚国华,张建国.和思人才梯队建设和思8步法[M].厦门:厦门大学出版社,2011:210,248.

[162]戴光全,马聪玲.节事活动的策划与组织管理[M].北京:中国劳动社会保障出版社,2007:153,120.

[163]中国科普研究所.2010年全国科普日北京主场活动评估报告[R].2011:7.

[164]彼得·罗希,马克·李希曼,霍华德·弗里曼.评估:方法与技术[M].邱泽奇,等,译.重庆:重庆大学出版社,2007:6-8,24,25.

[165]刘彦君,吴晨生,董晓晴,等.英国科学节效果评估模式分析及思考[J].科普研究,2010,5(2):60-65.

[166]风笑天.社会调查方法[M].北京:中国人民大学出版社,2012:37-40;40-48.

[167]埃贡·C.古贝,伊冯娜·S.林肯.第四代评估[M].秦霖,蒋燕玲,等,译.北京:中国人民大学出版社,2008:2-11.

[168]郑念.科普效果评估研究案例[M].北京:中国科学技术出版社,2005:5.

[169]中国科普研究所《中国科普效果研究》课题组.科普效果评估理论和方法[M].北京:社会科学文献出版社,2003:93,109.

[170]雷绮虹,张志敏.2007年全国科普日北京主会场活动评估主要结果对大型科普活动策划与设计的启示[C]//中国科普研究所.全民科学素质行动计划纲要论坛暨全国科普理论研讨会论文集,2008:12-19.

[171]科普日与科技周比较研究课题组.全国科普日和科技活动周比较研究[J].科普研究,2015,10(6):72-79.

[172]李卓娅,龚非力.医学科研课题的设计、申报与实施[M].北京:人民卫生出版社,2008:27-28.

# 附录

## 大型群众性活动安全管理条例

2007年8月29日国务院第190次常务会议通过

### 第一章 总 则

**第一条** 为了加强对大型群众性活动的安全管理，保护公民生命和财产安全，维护社会治安秩序和公共安全，制定本条例。

**第二条** 本条例所称大型群众性活动，是指法人或者其他组织面向社会公众举办的每场次预计参加人数达到1000人以上的下列活动：

（一）体育比赛活动；

（二）演唱会、音乐会等文艺演出活动；

（三）展览、展销等活动；

（四）游园、灯会、庙会、花会、焰火晚会等活动；

（五）人才招聘会、现场开奖的彩票销售等活动。

影剧院、音乐厅、公园、娱乐场所等在其日常业务范围内举办的活动，不适用本条例的规定。

**第三条** 大型群众性活动的安全管理应当遵循安全第一、预防为主的方针，坚持承办者负责、政府监管的原则。

**第四条** 县级以上人民政府公安机关负责大型群众性活动的安全管理工作。

县级以上人民政府其他有关主管部门按照各自的职责，负责大型群众性活动的有关安全工作。

## 第二章 安 全 责 任

**第五条** 大型群众性活动的承办者（以下简称承办者）对其承办活动的安全负责，承办者的主要负责人为大型群众性活动的安全责任人。

**第六条** 举办大型群众性活动，承办者应当制订大型群众性活动安全工作方案。

大型群众性活动安全工作方案包括下列内容：

（一）活动的时间、地点、内容及组织方式；

（二）安全工作人员的数量、任务分配和识别标志；

（三）活动场所消防安全措施；

（四）活动场所可容纳的人员数量以及活动预计参加人数；

（五）治安缓冲区域的设定及其标识；

（六）入场人员的票证查验和安全检查措施；

（七）车辆停放、疏导措施；

（八）现场秩序维护、人员疏导措施；

（九）应急救援预案。

**第七条** 承办者具体负责下列安全事项：

（一）落实大型群众性活动安全工作方案和安全责任制度，明确安全措施、安全工作人员岗位职责，开展大型群众性活动安全宣传教育；

（二）保障临时搭建的设施、建筑物的安全，消除安全隐患；

（三）按照负责许可的公安机关的要求，配备必要的安全检查设备，对参加大型群众性活动的人员进行安全检查，对拒不接受安全检查的，承办者有权拒绝其进入；

（四）按照核准的活动场所容纳人员数量、划定的区域发放或者出售门票；

（五）落实医疗救护、灭火、应急疏散等应急救援措施并组织演练；

（六）对妨碍大型群众性活动安全的行为及时予以制止，发现违法犯罪行为及时向公安机关报告；

（七）配备与大型群众性活动安全工作需要相适应的专业保安人员以及其他安全工作人员；

（八）为大型群众性活动的安全工作提供必要的保障。

**第八条** 大型群众性活动的场所管理者具体负责下列安全事项：

（一）保障活动场所、设施符合国家安全标准和安全规定；

（二）保障疏散通道、安全出口、消防车通道、应急广播、应急照明、疏散指示标志符合法律、法规、技术标准的规定；

（三）保障监控设备和消防设施、器材配置齐全、完好有效；

（四）提供必要的停车场地，并维护安全秩序。

**第九条** 参加大型群众性活动的人员应当遵守下列规定：

（一）遵守法律、法规和社会公德，不得妨碍社会治安、影响社会秩序；

（二）遵守大型群众性活动场所治安、消防等管理制度，接受安全检查，不得携带爆炸性、易燃性、放射性、毒害性、腐蚀性等危险物质或者非法携带枪支、弹药、管制器具；

（三）服从安全管理，不得展示侮辱性标语、条幅等物品，不得围攻裁判员、运动员或者其他工作人员，不得投掷杂物。

**第十条** 公安机关应当履行下列职责：

（一）审核承办者提交的大型群众性活动申请材料，实施安全许可；

（二）制订大型群众性活动安全监督方案和突发事件处置预案；

（三）指导对安全工作人员的教育培训；

（四）在大型群众性活动举办前，对活动场所组织安全检查，发现安全隐患及时责令改正；

（五）在大型群众性活动举办过程中，对安全工作的落实情况实施监督检查，发现安全隐患及时责令改正；

（六）依法查处大型群众性活动中的违法犯罪行为，处置危害公共安全的突发事件。

## 第三章　安　全　管　理

**第十一条** 公安机关对大型群众性活动实行安全许可制度。《营业性演出管理条例》对演出活动的安全管理另有规定的，从其规定。

举办大型群众性活动应当符合下列条件：

（一）承办者是依照法定程序成立的法人或者其他组织；

（二）大型群众性活动的内容不得违反宪法、法律、法规的规定，不得违反社会公德；

（三）具有符合本条例规定的安全工作方案，安全责任明确、措施有效；

（四）活动场所、设施符合安全要求。

**第十二条** 大型群众性活动的预计参加人数在 1000 人以上 5000 人以下的，由活动所在地县级人民政府公安机关实施安全许可；预计参加人数在 5000 人以上的，由活动所在地设区的市级人民政府公安机关或者直辖市人民政府公安机关实施安全许可；跨省、自治区、直辖市举办大型群众性活动的，由国务院公安部门实施安全许可。

**第十三条** 承办者应当在活动举办日的 20 日前提出安全许可申请，申请时，应当提交下列材料：

（一）承办者合法成立的证明以及安全责任人的身份证明；

（二）大型群众性活动方案及其说明，2 个或者 2 个以上承办者共同承办大型群众性活动的，还应当提交联合承办的协议；

（三）大型群众性活动安全工作方案；

（四）活动场所管理者同意提供活动场所的证明。

依照法律、行政法规的规定，有关主管部门对大型群众性活动的承办者有资质、资格要求的，还应当提交有关资质、资格证明。

**第十四条** 公安机关收到申请材料应当依法做出受理或者不予受理的决定。对受理的申请，应当自受理之日起 7 日内进行审查，对活动场所进行查验，对符合安全条件的，做出许可的决定；对不符合安全条件的，做出不予许可的决定，并书面说明理由。

**第十五条** 对经安全许可的大型群众性活动，承办者不得擅自变更活动的时间、地点、内容或者扩大大型群众性活动的举办规模。

承办者变更大型群众性活动时间的，应当在原定举办活动时间之前向做出许可决定的公安机关申请变更，经公安机关同意方可变更。

承办者变更大型群众性活动地点、内容以及扩大大型群众性活动举办规模的，应当依照本条例的规定重新申请安全许可。

承办者取消举办大型群众性活动的，应当在原定举办活动时间之前书面告知做出安全许可决定的公安机关，并交回公安机关颁发的准予举办大型群众性活动的安全许可证件。

**第十六条** 对经安全许可的大型群众性活动，公安机关根据安全需要组织相应警力，维持活动现场周边的治安、交通秩序，预防和处置突发治安事件，查处违法犯罪活动。

第十七条　在大型群众性活动现场负责执行安全管理任务的公安机关工作人员，凭值勤证件进入大型群众性活动现场，依法履行安全管理职责。

公安机关和其他有关主管部门及其工作人员不得向承办者索取门票。

第十八条　承办者发现进入活动场所的人员达到核准数量时，应当立即停止验票；发现持有划定区域以外的门票或者持假票的人员，应当拒绝其入场并向活动现场的公安机关工作人员报告。

第十九条　在大型群众性活动举办过程中发生公共安全事故、治安案件的，安全责任人应当立即启动应急救援预案，并立即报告公安机关。

## 第四章　法律责任

第二十条　承办者擅自变更大型群众性活动的时间、地点、内容或者擅自扩大大型群众性活动的举办规模的，由公安机关处 1 万元以上 5 万元以下罚款；有违法所得的，没收违法所得。

未经公安机关安全许可的大型群众性活动由公安机关予以取缔，对承办者处 10 万元以上 30 万元以下罚款。

第二十一条　承办者或者大型群众性活动场所管理者违反本条例规定致使发生重大伤亡事故、治安案件或者造成其他严重后果构成犯罪的，依法追究刑事责任；尚不构成犯罪的，对安全责任人和其他直接责任人员依法给予处分、治安管理处罚，对单位处 1 万元以上 5 万元以下罚款。

第二十二条　在大型群众性活动举办过程中发生公共安全事故，安全责任人不立即启动应急救援预案或者不立即向公安机关报告的，由公安机关对安全责任人和其他直接责任人员处 5000 元以上 5 万元以下罚款。

第二十三条　参加大型群众性活动的人员有违反本条例第九条规定行为的，由公安机关给予批评教育；有危害社会治安秩序、威胁公共安全行为的，公安机关可以将其强行带离现场，依法给予治安管理处罚；构成犯罪的，依法追究刑事责任。

第二十四条　有关主管部门的工作人员和直接负责的主管人员在履行大型群众性活动安全管理职责中，有滥用职权、玩忽职守、徇私舞弊行为的，依法给予处分；构成犯罪的，依法追究刑事责任。

## 第五章 附 则

**第二十五条** 县级以上各级人民政府、国务院部门直接举办的大型群众性活动的安全保卫工作，由举办活动的人民政府、国务院部门负责，不实行安全许可制度，但应当按照本条例的有关规定，责成或者会同有关公安机关制订更加严格的安全保卫工作方案，并组织实施。

**第二十六条** 本条例自 2007 年 10 月 1 日起施行。